Peter Plaschko
Klaus Brod

Nichtlineare Dynamik, Bifurkation und Chaotische Systeme

Peter Plaschko
Klaus Brod

Nichtlineare Dynamik, Bifurkation und Chaotische Systeme

Prof. Dr.-Ing. Peter Plaschko
Departamento de Física
Universidad Autónoma Metropolitana
UAM-Iztapalapa
Av. Michoacan y La Purisma
Mexico, D.F., C.P. 09340

Prof. Dr. rer. nat. Klaus Brod
Fachbereich Mathematik, Naturwissenschaften, Datenverarbeitung
Fachhochschule Wiesbaden
Am Brückweg 26
65428 Rüsselsheim

ISBN 978-3-528-06560-7   ISBN 978-3-322-90699-1 (eBook)
DOI 10.1007/978-3-322-90699-1

Vorwort

Ein Buch über nichtlineare Dynamik und Übergang ins Chaos zu schreiben, bedeutet, sich mit zwei Extremen auseinandersetzen zu müssen. Zum einen besteht die Gefahr, über der Schönheit der graphischen Darstellung die mathematische Beschreibung zu vergessen und damit zum Stil eines Bilderbuches abzurutschen. Eine derartige Vorgangsweise spricht zwar eine relativ großen Leserkreis an und wirkt daher auflagenfördernd, bedeutet aber nicht unbedingt die Vermittlung fundamentaler Kenntnisse. Andererseits wäre es leicht möglich, den mathematischen Abstraktionsgrad überzubetonen und damit ein rein mathematisches Buch zu schreiben, was wiederum der Anwendung der Theorie nicht förderlich ist. Man kann jedoch mit Recht sagen, daß die nichtlineare Dynamik von ihren Anwendungen in allen Teilgebieten der Naturwissenschaften (Physik, Chemie, Biologie, Ingenieurwissenschaften, etc.) aber auch z. B. in der Ökonomie "lebt". Tausende Veröffentlichungen der letzten Jahrzehnte in Fach- und populärwissenschaftlichen Zeitschriften belegen dies nachhaltig.

Ein anderer Aspekt der üblichen Darstellung nichtlinearer Dynamik besteht in dem Konzept *qualitativer Mathematik*. Dies bedeutet, daß man gewisse Klassen von Problemen im Hinblick auf das Auftreten bestimmter Eigenschaften (z. B. von Attraktoren, Bifurkationen, etc.) untersucht. Die Suche nach Kriterien für das Auftreten dieser Phänomene steht dabei im Mittelpunkt, nicht die explizite Berechnung von Lösungen wie in der traditionellen Dynamik. Wir, die Autoren dieses Buches, sind, wie wohl auch die überwiegende Mehrheit unserer Leser, "linear ausgebildet" worden. Wir haben uns die Methoden der nichtlinearen Dynamik erst über die Konfrontation mit derartigen Themen in unserer Forschungstätigkeit (Akustik, Fluiddynamik, klassische und Quantenmechanik) erarbeiten müssen. Dieser Umstand hat sich zweifellos auf Stil und Inhalt dieses Buches ausgewirkt. Wir geben daher gewissen (in der reinen Mathematik weniger, in den Anwendungen jedoch sehr beliebten) Methoden wie z. B. dem Vielvariablen-Verfahren mehr Gewicht, als ihnen meist beigemessen wird, und wir legen auf die explizite Durchrechnung vieler Beispiele großen Wert. Entsprechend unseren Präferenzen haben wir auch weitestgehend auf die Darstellung numerischer Verfahren verzichtet.

Die Grafik in diesem Buch wurde mit Hilfe der Softwarepakete MacMath (Hubbard und West (1990)), Mathematica (Wolfram (1988)) und Phaser (Koçak (1989)) erstellt.

Unser Dank gilt in erster Linie Prof. Dr. Luis Mier-Teran, Chef des Departamento de Física, Universidad Autónoma-Iztapalapa (UAM-I) in Mexiko-Stadt, der es ermöglichte, die Infrastruktur des Departamento zu benutzen. Seine Geschäftsführung (jefatura) schuf eine Arbeitsatmosphäre, die die Ausarbeitung des Manuskripts dieses Buches sehr förderte. Einer der Autoren (K. B.) möchte an dieser Stelle sowohl für die Förderung des Projektes durch Einladung zu zwei Kurzzeit-Gastdozenturen (September 1993 und September 1994) an der UAM-I als auch für die Unterstützung durch die Fachhochschule Wiesbaden danken. M. Delgado fertigte die Zeichnungen mit viel Enthusiasmus und Selbständigkeit an.

Das Buch entstand durch Zusammenfassung und Ausarbeitung von Skripten zu Vorlesungen, die wir in den Jahren 1990-94 an der Technischen Universität Berlin, der Universidad Nacional Autónoma de México, México, D. F., und Universidad Autónoma Metropolitana, México, D. F., gehalten haben. Je nach Auswahl des Stoffes und der Beispiele läßt sich mit diesem Buch ein ein- bis dreisemestriger Kurs mit zwei bis vier Wochenstunden aufbauen.

Rüsselsheim und México, D. F., im Juli 1994　　　　　　　*Klaus Brod, Peter Plaschko*

Inhaltsverzeichnis

1   Einleitung   1

2   Diskrete Systeme   3

2.1   Fixpunkte   3
2.2   Lineare und nichtlineare Abbildungen   9
2.3   Abbildungen mit chaotischem Verhalten   11
2.3.1   Die Bernoulli-Abbildung   11
2.3.2   Die logistische Parabel   12
2.3.3   Die Hénon-Abbildung   14
2.4   Die Poincaré-Abbildung   17
         Anhang A (Verallgemeinerte Eigenvektoren und Jordan-Formen)   25
         Aufgaben   28

3   Kontinuierliche dynamische Systeme   31

3.1   Definitionen, Existenz- und Eindeutigkeitssätze   31
3.2   Eigenschaften der Lösungen von gewöhnlichen Differentialgleichungen   33
3.2.1   Stabilität von Lösungen   34
3.2.2   Asymptotik   35
3.3   Fixpunkte   37
3.3.1   Stabilität von Fixpunkten   38
3.3.2   Struktur von Lösungen in kleinen Umgebungen von Fixpunkten   40
3.3.3   Klassifikation von Fixpunkten   45
3.3.4   Pendelschwingungen   47
3.4   Hamilton-Systeme   50
3.5   Zentrale Mannigfaltigkeiten   52
3.5.1   Parameterabhängige zentrale Mannigfaltigkeiten   56
3.6   Normalformen   58
         Aufgaben   69

4   Bifurkationen   71

4.1   Äquivalente und konjugierte dynamische Systeme, strukturelle Stabilität   72
4.2   Verzweigungs-Grundtypen   80
4.3   Die Sattel-Knoten-Bifurkation   81
4.4   Die transkritische Verzweigung   84
4.5   Die Pitchfork-Bifurkation   85
4.6   Die Hopf-Bifurkation   86
4.7   Methode der Projektionen   89

4.8 Stabilität periodischer Lösungen 96
Anhang A (Fredholm-Alternative) 105
Anhang B (Hopf-Bifurkationen in kontinuierlichen Systemen) 106
Aufgaben 111

5 Asymptotische Methoden 116

5.1 Die Mittelwert-Methode 116
5.2 Beispiele 119
5.3 Schwach nichtlineare Oszillatoren 120
5.4 Die Vielvariablen-Methode 125
Aufgaben 131

6 Homokline Bifurkationen 133

6.1 Die Standardabbildung 133
6.2 Sattelpunkte flächenerhaltender Abbildungen 137
6.3 Elliptische Fixpunkte flächenerhaltender Abbildungen und KAM-Kurven 140
6.4 Winkel- und Wirkungsvariable 140
6.5 Schwach gestörte Hamilton-Systeme 143
6.6 Das Melnikov-Kriterium 147
6.6.1 Homokline Koordinaten 148
6.6.2 Abstand zwischen stabilen und instabilen Mannigfaltigkeiten gestörter Systeme 148
6.6.3 Definition der Melnikov-Funktion 149
6.7 Verallgemeinerungen des Melnikov-Kriteriums 157
6.7.1 Heterokline Bifurkationen 157
6.7.2 Melnikov-Kriterium für eine Klasse von Hamilton-Systemen
mit zwei Freiheitsgraden 158
6.8 Das Shilnikov-Phänomen 162
Aufgaben 163

7 Bifurkationen mit höherer Ko-Dimension 166

7.1 Verallgemeinerung der Grundtypen von Bifurkationen eindimensionaler Systeme 166
7.1.1 Eindimensionale Systeme mit kubischen Nichtlinearitäten 168
7.1.2 Eindimensionale Systeme mit quartären Nichtlinearitäten 171
7.2 Die Ko-Dimension dynamischer Systeme 172
7.2.1 Eindimensionale Systeme 173
7.2.2 Ebene Systeme 175
7.2.2.1 Zweidimensionale Potential-Systeme 175
7.2.2.2 Allgemeine zweidimensionale Systeme 179
7.3 Dynamik von Bifurkationen mit Ko-Dimension Zwei 180
7.3.1 Ein doppelter Eigenwert 180
7.3.2 Zwei Paare rein imaginärer Eigenwerte 183
Anhang A Versale Entfaltung von Matrizen 185
Aufgaben 187

8 Quantitative Methoden der Beschreibung nichtlinearer und chaotischer Systeme — 188

8.1 Der (Phasen-)Fluß autonomer Vektorfelder — 188
8.2 Nicht-autonome dynamische Systeme — 190
8.3 Zur Begriffsbildung bei chaotischen Systemen — 190
8.4 Der Lyapunov-Exponent — 192
8.4.1 Lyapunov-Exponenten für diskrete, eindimensionale Systeme — 193
8.4.2 Lyapunov-Exponenten mehrdimensionaler Systeme — 194
8.4.3 Numerische Bestimmung der Lyapunov-Exponenten — 198
8.4.4 Lyapunov-Exponenten und Attraktorvolumen — 199
8.5 Die Autokorrelationsfunktion — 201
8.5.1 Die Autokorrelationsfunktion diskreter Systeme — 202
8.5.2 Die Autokorrelationsfunktion kontinuierlicher Systeme — 202
8.6 Das Leistungsspektrum — 203
8.6.1 Das Leistungsspektrum diskreter Systeme — 203
8.6.2 Das Leistungsspektrum kontinuierlicher Systeme — 204
8.7 Fraktale Strukturen und Dimensionen — 205
8.7.1 Selbstähnlichkeit und Selbstaffinität — 205
8.7.2 Fraktale, Hausdorff-Dimension — 207
8.7.2.1 Zufallsfraktale — 210
8.7.2.2 Multi-Fraktale — 211
8.7.3 Selbstähnlichkeits-Dimension — 213
8.7.4 Box-Dimension — 213
8.7.5 Die Informationsdimension — 214
8.7.6 Korrelationsdimension — 215
8.7.7 Lyapunov-Dimension — 216
8.7.8 Die Rényi-Dimension — 218
8.7.9 Die Kolmogorov-Entropie — 219
8.8 Rekonstruktion eines Attraktors aus einer Zeitreihe — 221
Aufgaben — 222

Literatur — 224

Sachwortverzeichnis — 229

1 Einleitung

Wir beginnen die Diskussion nichtlinearer Phänomene in Kapitel 2 mit der Darstellung diskreter Systeme. Diese können z. B. durch den in der Numerik üblichen Prozeß der Diskretisierung einer Differentialgleichung entstehen. Im Mittelpunkt steht jedoch das Konzept der Poincaré-Abbildung, ein wichtiges Verfahren zur Vereinfachung aber auch zur Veranschaulichung dynamischer Prozesse.

Anschließend beschäftigen wir in uns Kapitel 3 mit der qualitativen Beschreibung des Lösungsverhaltens autonomer Differentialgleichungen. Wir gehen dabei von einem trivialen 1-dimensionalen System aus (a ist ein Parameter)

$$\dot{x} = \frac{dx}{dt} = a\,x \; ; \; x, a \in \mathbf{R} \; ; \; x(t = 0) = x_0 \; ; \; t \in [0, \infty) \; , \tag{1.1}$$

wobei wir uns auf die Untersuchung der Dynamik in der Zukunft ($t \geq 0$) beschränken. Die allgemeine Lösung von (1.1) ist $x(t) = x_0 \exp(at)$. (1.1) besitzt eine stationäre Lösung

$$\dot{x} = 0 \rightarrow x = 0 \; . \tag{1.2}$$

Diese stationäre Lösung kann jedoch nur im Falle $a < 0$ realisiert werden. Wir werden in Kapitel 3 sagen, daß die stationäre Lösung (1.1) einen Fixpunkt der Differentialgleichung repräsentiert, der für $a < 0$ ($a > 0$) stabil (instabil) ist. Als Verallgemeinerung von (1.1) betrachten wir die Differentialgleichung

$$\dot{x} = a\,x + x^2 \; . \tag{1.3}$$

Hier gibt es die beiden Fixpunkte (asymptotischen Lösungen) x_1 und x_2:

$$\dot{x} = 0 \rightarrow x_{1,2}\!: \; x_1 = 0 \; \text{und} \; x_2 = -\,a \; . \tag{1.4}$$

Die beiden Fixpunkte fallen für $a = 0$ zusammen.

In Kapitel 3 fahren wir mit der Besprechung von Fixpunkten und dem Verhalten von Lösungen in kleinen Umgebungen eines Fixpunkts fort. Wir führen dabei zwei lokal gültige Verfahren ein, nämlich die Bestimmung der zentralen Mannigfaltigkeit und in Verbindung mit ihr die Berechnung der reduzierten Differentialgleichung. Mit diesem Verfahren kann in bestimmten Fällen die Dimension der Differentialgleichung reduziert werden. Im Gegensatz dazu dient die Bestimmung der Normalform der Vereinfachung der Struktur der vorgelegten Differentialgleichung. Eine wichtige Anwendung von Normalformen besteht in der Bestimmung der Stabilität von Fixpunkten, für die die Anwendung anderer Stabilitätskriterien versagt.

In Kapitel 4 werden wir (1.3) *Differentialgleichung der transkritischen Bifurkation* nennen und wir werden dort zeigen, daß an der Stelle $(x, a) = (0, 0)$ ein Austausch der Stabilität der Fixpunkte (Instabilität $\leftrightarrow$ Stabilität) und damit eine Bifurkation stattfindet. 1-dimensionale Differentialgleichungen mit Polynomen höherer Ordnungen führen zu weiteren Grundtypen von Bifurkationen. Die Frage der notwendigen Minimalzahl von Parametern (die Ko-Dimension) wird in Kapitel 4 nur angeschnitten und in Kapitel 7 detailliert untersucht. 1-dimensionale Probleme führen jedoch, wenn überhaupt, nur zu Bifurkationen mit Übergängen Fixpunkt ↔ Fixpunkt. Bifurkationen, die von Fixpunkten ausgehend zu anderen Typen von Attraktoren (periodische und mehrfach-periodische Lösungen, etc.) führen, können jedoch erst in Systemen der Dimension $n \geq 2$ auftreten. Die Hopf-Bifurkation, die von Fixpunkten ausgehend zu periodischen Bewegungen führt, wird in Kapitel 4 ausführlich besprochen. Dort werden Verfahren zur (lokal gültigen) Konstruktion der periodischen Lösungen und ihrer Stabilität behandelt. Neben der Untersuchung von Einzelklassen partieller Differentialgleichungen gehen wir in Kapitel 4 auch auf die Problematik der strukturellen Stabilität ein. Dabei wird nicht die Lösung, sondern die Differentialgleichung selbst einer kleinen Störung ausgesetzt und die Konsequenzen dieser Störung werden untersucht. Abschließend soll als Beleg für die Bedeutung 1-dimensionaler Bifurkationen angeführt werden, daß neuere biologische Modelle den Ursprung des Lebens auf den Einfluß einer Pitchfork-Bifurkation (bzw. ihrer Verallgemeinerungen) zurückführen (siehe Avetisov et al. (1991)).

In Kapitel 5 führen wir asymptotische Methoden (Mittelwert- bzw. Vielvariablen-Verfahren) ein und untersuchen damit dynamische Systeme mit periodischen und mehrfach periodischen Bewegungen. Dabei eignet sich das Mittelwert-Verfahren besonders gut zur Aufstellung allgemeiner Aussagen. Besitzt z. B. das gemittelte System einen Fixpunkt (periodische Lösung), dann hat das ursprüngliche System eine periodische Lösung (bi-periodische Lösung). Dagegen gestattet das Vielvariablen-Verfahren in vielen Anwendungen gegenüber der Mittelwert-Methode eine Reduzierung des Rechenaufwands.

In Kapitel 6 wird das Melnikov-Verfahren vorgeführt. Es dient der Untersuchung des Aufbrechens von Bahnen, die einen Sattelpunkt mit sich selbst (homokliner Fall), oder mit einem anderen Sattelpunkt (heterokliner Fall) verbinden. Schneiden einander derartige Trajektorien einmal, dann schneiden sie einander unendlich oft und das System weist eine äußerst komplizierte Dynamik in Form eines "chaotischen Wirrwarrs" auf. Diese Methode wurde ursprünglich für ein schwach gestörtes Hamilton-System entwickelt. Dabei hat das System eine Freiheitsgrad und das ungestörte Hamilton-System besitzt eine homokline Bahn, während die kleinen Störungen zeitlich periodisch sind. Überschreitet ein Parameter einen gewissen kritischen Wert, so kommt es zum Aufbrechen der homoklinen Bahn und zum Schnitt ihrer Teilstücke (ihrer stabilen und instabilen Mannigfaltigkeiten) und es entsteht chaotischer Wirrwarr. Wir besprechen Verallgemeinerungen dieses Verfahrens im Hinblick auf andere Typen von ungestörten Bahnen (heterokline Trajektorien) und im Hinblick auf Systeme mit mehreren Freiheitsgraden.

Kapitel 7 widmet sich der Problematik der Ko-Dimension. Die Ko-Dimension wird als Parameter-Minimalzahl eines eingebetteten Systems definiert. Wir untersuchen ausführlich 1-dimensionale Probleme mit nichtlinearer Parameterabhängigkeit und behandeln anschließend 2-dimensionale Systeme mit Nabelpunkts-Potentialen. Dabei zeigt es sich, daß - mit Ausnahme der Sattel-Knoten-Bifurkation - die in Kapitel 4 besprochenen Grundtypen von Bifurkationen mit 1-dimensionalen Differentialgleichungen modifiziert werden müssen. Abschließend wird ausgehend von einer Einbettung der Differentialgleichungen für zwei Systeme, deren Normalformen wir bereits in Kapitel 3 bestimmt haben, gezeigt, daß bereits Systeme mit Ko-Dimension Zwei sehr komplizierte Dynamik aufweisen können.

In Kapitel 8 schließlich werden wir die in den vorhergehenden Kapiteln vorgestellten qualitativen Methoden der nichtlinearen Dynamik durch quantitative Methoden ergänzen. Die Bereitstellung meß- bzw. berechenbarer Größen wie Entropien, Expansions- und Kontraktions-Exponenten, Leistungsspektren usw. macht es möglich, z.B. bei chaotischen Vorgängen gewisse Maße für die *Chaotizität* eines Systems anzugeben. Dazu ist es nötig, den Begriff *Chaos* exakt zu definieren. Dies geschieht im ersten Teil des Kapitels.

2 Diskrete Systeme

Zu Beginn betrachten wir die Diskretisierung des folgenden, autonomen Systems von n Differentialgleichungen n-ter Ordnung:

$$\dot{\mathbf{x}} = \mathbf{F}(\mathbf{x}, \lambda) \; ; \; \mathbf{x}, \mathbf{F} \in \mathbf{R}^n \; ; \; \dot{} = \frac{d}{dt} \; . \tag{2.1}$$

Die unabhängige Variable t kann z.B. als Zeit interpretiert werden, der Vektor $\mathbf{x}$ faßt die n abhängigen Variablen x_k, der Vektor λ die m Parameter λ_k zusammen:

$$\mathbf{x} = (x_1, \; ..., \; x_n)^T \text{ Variable}, \lambda = (\lambda_1, \; ..., \; \lambda_m)^T \text{ Parameter}.$$

Die zeitliche Diskretisierung der Differentialgleichung wird durchgeführt für feste Zeitwerte t_k im konstanten Abstand h, so daß

$$t_j = h \, j \; ; \; \mathbf{x}_j = \mathbf{x}(t_j) \; ; \; \mathbf{F}_j = \mathbf{F}(\mathbf{x}_j, \lambda) \; ; \; j = 0, \, 1, \, 2, \, ...$$

gilt. Mit diesen Größen erhält man die diskretisierte Form der ursprünglichen Differentialgleichung (2.1):

$$\mathbf{x}_{j+1} = \mathbf{x}_j + h \, \mathbf{F}_j + O(h^2) \; . \tag{2.2}$$

Diese diskrete Darstellungsform ist eine spezielle Abbildung f (oder auch Iteration) vom Typ f : $\mathbf{R}^n \rightarrow \mathbf{R}^n$.

Eine allgemeine Abbildung ist gegeben durch

$$\mathbf{x}_{j+1} = \mathbf{G}(\mathbf{x}_j) \; ; \; \mathbf{G} \in \mathbf{R}^n \; ; \; j \in \mathbf{N}_+ \; . \tag{2.3}$$

Aus Gründen der formalen Vereinfachung ist in (2.3) das explizite Auftreten des Parametervektors λ unterdrückt. Sollte es notwendig werden - etwa um Verzweigungspunkte zu berechnen - so werden wir den Parametervektor explizit hinschreiben.

Im Folgenden nehmen wir an, daß die Abbildung $\mathbf{G}$ hinreichend oft differenzierbar ist und beginnen mit der Untersuchung der Fixpunkte der Allgemeinen Abbildung (2.3).

2.1 Fixpunkte

Ein Fixpunkt $\mathbf{x}^0$ der Abbildung (2.3) ist definiert durch die Fixpunktgleichung

$$\mathbf{x}^0 = \mathbf{G}(\mathbf{x}^0) \; . \tag{2.4.1}$$

Weiter betrachten wir neben der (einfachen) Abbildung (2.3) auch die zusammengesetzte Abbildung (auch als Schachtelung oder Iteration bezeichnet)

$$G^2(x) = G(G(x)) \quad \text{und} \quad G^k(x) = G(G^{k-1}(x)) \,, \quad k \geq 2 \,. \tag{2.4.2}$$

Die Frage der Existenz und Eindeutigkeit von Fixpunkten wird durch das Banachsche Fixpunkttheorem beantwortet:

SATZ 2.1 (Banachsches Fixpunkttheorem):
Man nennt die Abbildung (2.3) einen Kontraktor, wenn

$$|G(p) - G(q)| \leq k \,|p - q| \quad \text{mit} \quad 0 < k < 1 \;\; \forall \; (p, q) \in \mathbf{R}^n \tag{2.5}$$

erfüllt ist. Gilt (2.5), so hat die Abbildung einen einzigen Fixpunkt. Der Beweis findet sich bei Hille (1969). Die Beziehung (2.5) als Kriterium für das Auftreten eines Fixpunkts ist jedoch anschaulich klar: um Konvergenz zu erhalten, muß der Abstand der iterierten Punkte $G(p)$ und $G(q)$ kleiner sein als der der ursprünglichen Punkte.   ✽

BEISPIEL:
Wir betrachten die Iteration

$$x_{j+1} = f(x_j) \quad \text{mit} \quad f(x) = \lambda \sin x \;; \quad x, \lambda \in \mathbf{R} \;.$$

Durch eine einfache Skizze kann man sich veranschaulichen, daß für $|\lambda| < 1$ $x^0 = 0$ einziger Fixpunkt sein muß. Jetzt setzen wir in (2.5) $G(x) = \lambda \sin x$: bei Benutzung der Additionstheoreme der Winkelfunktionen sowie nach einer Abschätzung entsteht

$$|\lambda|\,|\sin p - \sin q| = 2\,|\lambda|\,\left|\cos \frac{p+q}{2} \sin \frac{p-q}{2}\right| \leq 2\,|\lambda|\,\left|\sin \frac{p-q}{2}\right| \leq |\lambda|\,|p - q| \;.$$

Dies bedeutet, daß wir in (2.5) $k = |\lambda|$ setzen können, womit für $0 < |\lambda| < 1$ die Existenz und Eindeutigkeit eines Fixpunkts erwiesen ist. Dieser Fixpunkt muß aber der Punkt $x^0 = 0$ sein, wie schon die Plausibilität der Skizze gezeigt hat. Eine weitere Anwendung von Satz 2.1 findet sich in Aufgabe 2.6.   ❏

Die Frage der Existenz der Fixpunkte zusammengesetzter Iterationen beantwortet

SATZ 2.2:
x^0 ist Fixpunkt von (2.3). Damit ist x^0 auch Fixpunkt der zusammengesetzten Abbildung (Schachtelungs-Abbildung) G^k, also

$$x^0 = G^k(x^0) \,, \quad k = 2, 3, \ldots \tag{2.6}$$

Als Verallgemeinerung gilt:
Ist p Fixpunkt von $G^r(x)$, also $p = G^r(p)$, so ist p auch Fixpunkt von $G^{kr}(x)$ ($k \in \mathbf{N}$), also $p = G^{kr}(p)$. (Der Beweis von (2.6) ist in Aufgabe 2.1 durchgeführt; der zweite Teil des Satzes 2.1 läßt sich völlig analog zum ersten Teil beweisen).   ✽

Hat man die Fixpunkte einer Abbildung ermittelt, so stellt sich die Frage nach ihrer Stabilität: generell kann festgestellt werden, daß stabile (instabile) Zustände eines Systems (hier Fixpunkte) durch kleine Störungen geringfügig (stark) beeinflußt werden. In physikalischen Problemen lassen sich daher nur stabile Zustände realisieren. Die Bestimmung der Stabilität eines Zustandes ist daher von großer Bedeutung.

Wir untersuchen die Stabilität des Fixpunkts $\mathbf{x}^0$ der Abbildung (2.3) mit Hilfe der Linearisierungsmethode. Dazu benutzt man den Störungsansatz

$$\mathbf{x}_j = \mathbf{x}^0 + \varepsilon \, \mathbf{y}_j \; ; \; \varepsilon \to 0_+ \, , \tag{2.7}$$

wobei der zweite Term der rechten Seite eine kleine Störung des Fixpunkts beschreibt. ε ist ein dimensionsloser Entwicklungsparameter. Setzt man (2.7) in (2.3) ein, so erhält man nach Entwicklung von (2.3) in eine Taylor-Reihe und nach Subtraktion von (2.4) in niedrigster Näherung (ε^1) die Beziehung

$$\mathbf{y}_{j+1} = \mathbf{J}(G) \, \mathbf{y}_j \, , \; (\mathbf{J}(G))_{jl} = \frac{\partial G_j(\mathbf{x}^0)}{\partial x_l} \; ; \; j = 1, \, ..., \, n \, . \tag{2.8}$$

Dabei ist die Matrix $\mathbf{J}(G)$ die Fundamental- oder auch Jacobi-Matrix des Systems (2.3). Diese Matrix tritt bei allen Linearisierungsvorgängen in diskreten wie kontinuierlichen dynamischen Systemen auf. Die Abbildung (2.8) beschreibt eine lineare Iteration, und man hat nun die Eigenwerte und Eigenvektoren der Matrix $\mathbf{J}(G)$ bestimmen:

Die Eigenwerte σ einer Matrix sind Lösungen von

$$\det (\mathbf{J}(G) - \sigma \, \mathbf{I}) = P_n(\sigma) = 0 \, . \tag{2.9}$$

sie sind damit die Nullstellen des charakteristischen Polynoms $P_n(\sigma)$. z_n sind die verallgemeinerten Eigenvektoren (siehe Anhang A). Mit diesen Eigenvektoren kann man nun die Transformations-Matrix $\mathbf{T}$ bilden:

$$\mathbf{T} = (\mathbf{z}_1, \, ..., \, \mathbf{z}_n) \, . \tag{2.10}$$

Mit Hilfe von $\mathbf{T}$ läßt sich die Jacobi-Matrix $\mathbf{J}(G)$ in ihre Jordan-Blockform (siehe Anhang A) überführen: setzt man die Transformation

$$\mathbf{y}_j = \mathbf{T} \, \mathbf{k}_j \tag{2.11}$$

in (2.8) ein, so erhält man als Iterationsgleichung für die Größen $\mathbf{k}_j$ die Beziehung

$$\mathbf{k}_{j+1} = \mathbf{D} \, \mathbf{k}_j \; ; \; \mathbf{D} = \mathbf{T}^{-1} \, \mathbf{J}(G) \, \mathbf{T}. \tag{2.12}$$

Die Matrix D hat nun blockdiagonale Form. Jetzt muß hinsichtlich der Eigenwerte eine Fallunterscheidung vorgenommen werden:

i) *Alle Eigenwerte reell und verschieden*:
Hier ist die Matrix D eine Diagonalmatrix mit den Eigenwerten in der Hauptdiagonalen. Als Konsequenz der Diagonalisierung (2.12) gilt für das Verhältnis aufeinander folgender Iterationswerte $k_{r,j}$ und $k_{r,j+1}$ des Vektors $\mathbf{k}_j$:

$$\left| \frac{k_{r,j+1}}{k_{r,j}} \right| = |\sigma_r| \; ; \; r = 1, \, ..., \, n \, . \tag{2.13}$$

$k_{r,j}$ ist die r-te Komponente des Vektors k_j. Gleichung (2.13) läßt sich folgendermaßen deuten: Ein Fixpunkt ist stabil (instabil), d.h. der Störungsterm verschwindet im Laufe der Iteration, wenn die Beträge aller Eigenwerte der Jacobi-Matrix kleiner (größer) als Eins sind.

Die von i) abweichenden Fälle werden nun der Übersichtlichkeit wegen unter Beschränkung auf den $\mathbf{R}^3$ behandelt. Die entsprechenden Verallgemeinerungen auf den Fall des $\mathbf{R}^n$ sind einfach durchzuführen.

ii) *Ein Eigenwert komplex $\sigma_1 = u + iv$ und ein Eigenwert w reell:*
Die transformierte Matrix hat hier die Form (siehe auch (3.28), bzw. Aufgabe 2.3 mit der Matrix J_3)

$$D = \begin{pmatrix} u & v & 0 \\ -v & u & 0 \\ 0 & 0 & w \end{pmatrix} . \tag{2.14}$$

Setzen wir nun $k_j = (a_j, b_j, c_j)$, so entsteht mit (2.12) und (2.14):

$$a_{j+1} = u\, a_j + v\, b_j, \quad b_{j+1} = -v\, a_j + u\, b_j, \quad c_{j+1} = w\, c_j.$$

Bilden wir nun die komplexen Größen $z_j = a_j + i\, b_j$, so entsteht

$$z_{j+1} = \sigma^* z_j \; ; \quad \sigma^* = cc(\sigma) = u - i\, v \; .$$

Damit erhalten wir wieder die Aussage, daß die Beträge der komplexen Eigenwerte der Jacobi-Matrix für stabile (instabile) Fixpunkte kleiner (größer) als Eins sein müssen.

iii) *Ein doppelter Eigenwert (σ_1), ein einfacher Eigenwert (σ_3):*
Allgemeine Überlegungen zum Fall vielfacher Eigenwerte finden sich im Anhang A dieses Kapitels. Dort wird gezeigt, daß eine weitere Fallunterscheidung vorgenommen werden muß.

iii$_1$) Zum doppelten Eigenwert gehören zwei linear unabhängige Eigenvektoren; damit ist die Jacobi-Matrix wieder diagonalisierbar und es gelten die Aussagen von Punkt i).

iii$_2$) Zum doppelten Eigenwert existiert nur ein linear unabhängiger Eigenvektor. Im Anhang A wird gezeigt, wie man in diesem Falle einen weiteren, verallgemeinerten Eigenvektor berechnen kann. Die transformierte Matrix D in (2.12) ist dann nicht mehr diagonalisiert, sie hat eine der beiden (block-diagonalen) Jordan-Formen:

$$D = \begin{pmatrix} \sigma_1 & 1 & 0 \\ 0 & \sigma_1 & 0 \\ 0 & 0 & \sigma_3 \end{pmatrix} \quad \text{bzw.} \quad D = \begin{pmatrix} \sigma_1 & 0 & 0 \\ 0 & \sigma_1 & 1 \\ 0 & 0 & \sigma_3 \end{pmatrix} . \tag{2.14'}$$

Die Jordan-Form ist also - abgesehen von der Anordnung der Blöcke - eindeutig.
Mit den Bezeichnungen von Punkt ii) hat (2.12) (unter Beschränkung auf die erste Alternative in (2.14'), im Falle der anderen Jordan-Form sind die Überlegungen völlig analog) die Form

$$a_{j+1} = \sigma_1 a_j + b_j, \quad b_{j+1} = \sigma_1 b_j, \quad c_{j+1} = \sigma_3 c_j.$$

Damit gilt zunächst $c_j \to 0$ falls $|\sigma_3| < 1$ und $b_j \to 0$ falls $|\sigma_1| < 1$ und nach Eintragen in die Gleichung für a_j erhalten wir auch $a_j \to 0$ falls $|\sigma_1| < 1$. Dies bedeutet, daß wir wieder auf das unter Punkt i) formulierte Stabilitätskriterium zurückgreifen können.

Es fehlt noch der Fall

iv) *Ein dreifacher Eigenwert σ:*
Wieder finden sich allgemeine Überlegungen im Anhang A. Auch hier muß eine weitere Aufschlüsselung vorgenommen werden:

iv_1) Zu σ korrespondieren drei linear unabhängige Eigenvektoren. Dann läßt sich die Jacobi-Matrix wieder diagonalisieren und es gelten die Aussagen von Punkt i).

iv_2) Zu σ gehören zwei linear unabhängige Eigenvektoren. Dann hat - wie im Anhang A gezeigt - die transformierte Matrix wieder die Form (2.14') (mit $\sigma_3 = \sigma$) und es gelten die Aussagen von Punkt iii_2).

iv_3) Zu σ korrespondiert nur ein einziger Eigenvektor. Im Anhang A wird gezeigt, wie man zwei weitere, verallgemeinerte Eigenvektoren bilden kann. Die transformierte Matrix D in (2.12) hat nun die blockdiagonale Jordan-Form

$$D = \begin{pmatrix} \sigma & 1 & 0 \\ 0 & \sigma & 1 \\ 0 & 0 & \sigma \end{pmatrix} . \tag{2.14''}$$

Mit Hilfe der Überlegungen des Falles iii_2) läßt aber leicht zeigen, daß die Stabilitätsaussagen von Punkt i) weiterhin gültig sind.

Zusammenfassend können wir das folgende Theorem aufstellen:

SATZ 2.3 (Stabilität der Fixpunkte diskreter Systeme):
Ordnet man die Eigenwerte nach ihrem Betrag, also

$$|\sigma_1| \geq |\sigma_2| \geq \ldots \geq |\sigma_n| \; , \tag{2.15}$$

so gilt: ein Fixpunkt ist stabil (instabil), wenn der betragsmäßig größte Eigenwert σ_1 die Bedingung $|\sigma_1| < 1$ ($|\sigma_1| > 1$) erfüllt. Im Fall $|\sigma_1| = 1$ versagt die Linearisierungsmethode. ✳

Die Aussage dieses Theorems läßt sich einfach in der Gaußschen Zahlenebene illustrieren (siehe Bild 2.1): Liegen alle Eigenwerte im Innern des Einheitskreises, so ist der Fixpunkt stabil. Liegt (mindestens) ein Eigenwert außerhalb, so ist der Fixpunkt instabil. Liegt (mindestens) ein Eigenwert auf der Peripherie des Einheitskreises und keiner außerhalb, so liegt ein kritischer Fixpunkt vor. Stabile Fixpunkte werden auch als *Senken*, instabile als *Quellen* bezeichnet. Eine detailliertere Einteilung von Fixpunkten wird im Rahmen der Definition 2.4 nachgetragen. Eine Änderung der Systemparameter kann zu einer Änderung der Stabilität eines Fixpunkts führen. Der Wert eines Parameters λ (oder einer Anzahl von Parametern), der zu $\sigma_1(\lambda_c) = 1$ korrespondiert, ist dabei der kritische Parameter λ_c. In der Katastrophentheorie - siehe Abschnitt 2.1 - wird dieser Punkt als Katastrophenpunkt bezeichnet, man verwendet aber auch die Bezeichnungen *Bifurkationspunkt* oder *kritischer Punkt*. In vielen Anwendungen führt eine Parameterände

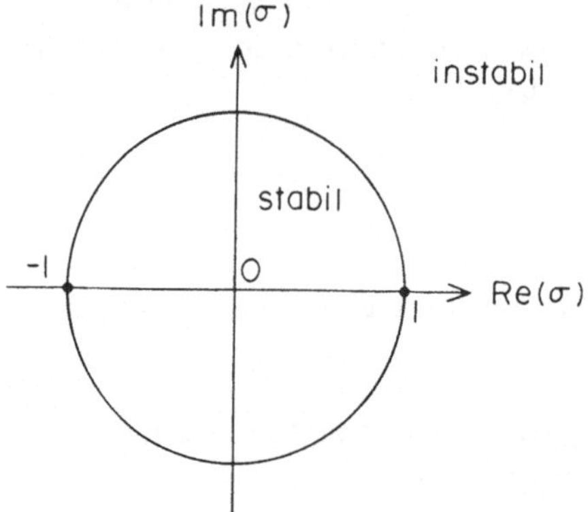

Bild 2.1 Stabilitätsverhalten der Fixpunkte in der komplexen Ebene

rung zu einem Austausch der Stabilität zwischen verschiedenen Fixpunkten bzw. zur Bildung von neuen Fixpunkten.

Als Ergänzung zu Satz 2.3 soll jetzt noch die Stabilität der Fixpunkte geschachtelter Iterationen untersucht werden. Der Übersichtlichkeit wegen beschränken wir uns auf quadratisch geschachtelte Abbildungen. Verallgemeinerungen hinsichtlich n-facher Schachtelungen sind evident. Hier gilt:

SATZ 2.4 (Stabilität der Fixpunkte geschachtelter Iterationen):
Vorgelegt sei die Iteration (2.3) im $\mathbf{R}^n$. In Index-Schreibweise gilt dann

$$x_{k,j+1} = G_k(x_{1,j}, \ldots, x_{n,j}) ; \quad k = 1, 2, \ldots, n,$$

mit der Jacobi-Matrix

$$J = \begin{pmatrix} \dfrac{\partial G_1}{\partial x_1} & \cdots & \dfrac{\partial G_1}{\partial x_n} \\ \vdots & \ddots & \vdots \\ \dfrac{\partial G_n}{\partial x_1} & \cdots & \dfrac{\partial G_n}{\partial x_n} \end{pmatrix} . \tag{2.16}$$

Die quadratisch geschachtelte Iteration hat die Form

$$x_{k,j+2} = G_k(G_1(x_{1,j}, \ldots, x_{n,j}), \ldots, G_n(x_{1,j}, \ldots, x_{n,j})) \quad (k = 1, 2, \ldots, n) \tag{2.17.1}$$

und ihre Fixpunkte sind Lösung von

$$p_k = G_k(G_1(p_1, \ldots, p_n), \ldots, G_n(p_1, \ldots, p_n)) \quad (k = 1, 2, \ldots, n) . \tag{2.17.2}$$

Die Stabilität der Fixpunkte (2.17.2) wird dann durch die Eigenwerte der Matrix J^2, mit J gemäß (2.17) gebildet am Ort der Fixpunkte (2.17.2), bestimmt. Diese Eigenwerte $\sigma^{(2)}$ sind also Lösung von $\det(J^2 - \sigma^{(2)}I) = 0$. Sie werden wie in (2.15) betragsmäßig geordnet und es gelten sinngemäß die Aussagen von Satz 2.3. Die Fixpunkte der quadratisch geschachtelten Iteration sind daher für $|\sigma^{(2)}_1| < 1$ stabil und für $|\sigma^{(2)}_1| > 1$ instabil.

BEWEIS:

Wir beschränken uns auf den $\mathbf{R}^2$. Hier entsteht nach dem Eintragen des Störansatzes

$$x_{1,j} = p_1 + \varepsilon\, \xi_{1,j}\,;\ x_{2,j} = p_2 + \varepsilon\, \xi_{2,j}\,;\ \varepsilon \to 0_+$$

in (2.17.1) und anschließender Linearisierung in niedrigster Ordnung

$$\begin{pmatrix} \xi_{1,j+2} \\ \xi_{2,j+2} \end{pmatrix} = B \begin{pmatrix} \xi_{1,j} \\ \xi_{2,j} \end{pmatrix} \ \text{mit} \ B = \begin{pmatrix} G_{1x}^2 + G_{1y} G_{2x} & G_{1y}(G_{1x} + G_{2y}) \\ G_{2x}(G_{1x} + G_{2y}) & G_{2y}^2 + G_{2x} G_{1y} \end{pmatrix} = J^2(G)\,, \qquad (2.18.1)$$

wobei die Indizes x und y die Ableitungen nach den entsprechenden Variablen andeuten und die Matrix $B = J^2$ am Ort von p_1 und p_2, den beiden Fixpunkten der quadratisch geschachtelten Iteration gemäß (2.18.1), gebildet werden muß. Alle weiteren Schritte sind analog zu den Überlegungen für Fixpunkte der Ausgangsiteration. ✳

Als Verallgemeinerung des Satzes 2.3 gilt, daß die Stabilität der r-fach geschachtelten Iteration $p = G^r(p)$ durch die Eigenwerte der Matrix

$$J(G^r(p)) = J^r(G(p)) \qquad (2.18.2)$$

bestimmt sind. Eine Anwendung dieses Satzes werden wir in Abschnitt 2.3.3 anläßlich der Behandlung der Hénon-Iteration nachtragen.

Bei der Untersuchung der Stabilität der Fixpunkte dynamischer Systeme im Abschnitt 3.3.1 und 3.3.2 werden wir ebenfalls Linearisierungen heranziehen. Die Eigenwerte der entsprechenden Jacobi-Matrix bestimmen auch dort die Stabilität der Fixpunkte. Abweichend von Satz 2.3 müssen aber die Eigenwerte stabiler (instabiler) Fixpunkte in der linken (rechten) komplexen Halbebene liegen.

2.2 Lineare und nichtlineare Abbildungen

Die Diskretisierung eines Systems von linearen, gewöhnlichen Differentialgleichungen führt auf die lineare Abbildung

$$\mathbf{x}_{j+1} = \mathbf{A}\,\mathbf{x}_j \qquad (2.19)$$

Die Matrix $\mathbf{A}$ ist dabei von $\mathbf{x}$ unabhängig. Ihre Fixpunkte sind die Lösungen eines Systems linearer, homogener Gleichungen

$$(\mathbf{A} - \mathbf{I})\,\mathbf{x}^0 = 0\,.$$

Es sei darauf hingewiesen, daß die Jacobi-Matrix der linearen Abbildung (2.19) die Koeffizientenmatrix A selbst ist: $\mathbf{J}(\mathbf{A}) = \mathbf{A}$.

Der Ursprung $\mathbf{x}^0$ ist genau dann Fixpunkt, wenn det $(\mathbf{A} - \mathbf{I}) \neq 0$. Ein Vergleich mit (2.9) zeigt, daß bei linearen Abbildungen $\mathbf{x}^0 = 0$ der einzige Fixpunkt ist, sofern alle Eigenwerte von

Eins verschieden sind. Alternativ zur Verwendung des Determinantenkriteriums wird in Aufgabe 2.6 mit Hilfe des Satzes 2.1 die Eindeutigkeit des Fixpunkts mit Hilfe von Satz 2.1 untersucht.

Im Weiteren geben wir einige Definitionen für beliebige Abbildungen:

DEFINITION 2.1 (Hyperbolischer Fixpunkt):
Ein Fixpunkt $\mathbf{x}^0$ mit $\mathbf{x}^0 = \mathbf{G}(\mathbf{x}^0)$ heißt *hyperbolischer Fixpunkt*, wenn keiner der Eigenwerte der Jacobi-Matrix auf dem Umfang des Einheitskreises liegt:

$$|\sigma_j| \neq 1 \; ; \; j = 1, ..., n \; . \qquad\qquad \spadesuit$$

DEFINITION 2.2 (Orbits):
Der Orbit (d.h. die Bahnkurve) einer allgemeinen Abbildung $x_{j+1} = G(x_j)$ ist definiert als die Punktfolge $\{x_j\}$:

$$F = \{ \, x_j \, \}_{-N}^{\infty} \quad \text{mit} \quad N \gg 1 \; . \qquad\qquad (2.20)\spadesuit$$

DEFINITION 2.3 (Periodische Orbits):
Gibt es einen Zyklus von k verschiedenen Punkten $(k \geq 2)$ mit den Eigenschaften

$$\mathbf{p}_j = \mathbf{G}^j(\mathbf{p}_0) \neq \mathbf{p}_0 \; \text{ für } \; j = 1, ..., k\text{-}1 \quad \text{und} \quad \mathbf{p}_0 = \mathbf{G}^k(\mathbf{p}_0) \; , \qquad (2.21)$$

so heißt die Iteration eine *k-periodische Abbildung* ($\mathbf{p}_0$ ist dabei ein beliebiger Anfangspunkt der Iteration). Die Stabilität dieses Orbits hängt ab von den Eigenwerten der Jacobi-Matrix $\mathbf{J}(\mathbf{G}^k)$ (siehe (2.18.2)). $\hfill \spadesuit$

DEFINITION 2.4 (Klassifikation von Fixpunkten):
Fixpunkte kann man an Hand der Lage der Eigenwerte σ_j der Jacobi-Matrix $\mathbf{J}(\mathbf{G})$ einer (linearen oder nichtlinearen) Iteration $\mathbf{G}$ unterscheiden:
i) Liegen alle Eigenwerte im Innern des Einheitskreises, also

$$|\sigma_j| < 1 \; \text{ mit } \; j = 1, ..., n \; ,$$

so ist der dazugehörige Fixpunkt stabil; er heißt *Senke*.

ii) Liegt mindestens ein Fixpunkt außerhalb, mindestens ein Fixpunkt innerhalb des Einheitskreises, also

$$|\sigma_j| > 1 \; \text{ mit } \; j = 1, ..., m < n \; \text{ und } \; |\sigma_j| < 1 \; \text{ mit } \; j = m + 1, ..., n \; ,$$

so ist der dazugehörige Fixpunkt instabil; er heißt *Sattelpunkt*.

iii) Liegen alle Eigenwerte außerhalb des Einheitskreises, also

$$|\sigma_j| > 1 \; \text{ mit } \; j = 1, ..., n \; ,$$

so ist der dazugehörige Fixpunkt instabil; er heißt *Quelle*. $\hfill \spadesuit$

Wir werden in Abschnitt 3.3.3 analoge Bezeichnungen für Fixpunkte dynamischer Systeme einführen und beschließen diesen Abschnitt mit der Diskussion eines Beispiels:

Man betrachtet hier eine besonders einfache Abbildung, nämlich die eindimensionale, lineare Iteration

$$x_{j+1} = Q\,x_j \;\; ; \;\; Q, x_j \in \mathbf{R} \tag{2.22}$$

mit $Q = const$. Diese Iteration erzeugt eine geometrische Folge

$$x_j = Q^j\,x_0 \;\; ; \;\; j = 1, 2, \ldots$$

Ihr Fixpunkt ist - für $Q \neq 1$ - der Ursprung $x = 0$. Abhängig vom Wert von Q unterscheidet man sieben verschiedene Fälle, die in der Tabelle 2.1 dargestellt sind:

Q	*Iterationstyp*
$Q < -1$	Quelle mit Vorzeichenwechsel
$Q = -1$	Zwei-periodische Orbits
$-1 < Q < 0$	Senke mit Vorzeichenwechsel
$Q = 0$	$x \equiv 0$
$0 < Q < 1$	Senke ohne Vorzeichenwechsel
$Q = 1$	Jeder Punkt ist Fixpunkt
$Q > 1$	Quelle ohne Vorzeichenwechsel

Tabelle 2.1 Lineare 1-dimensionale Iteration (2.22) für verschiedene Wertebereiche von Q

2.3 Abbildungen mit chaotischem Verhalten

Hier seien drei spezielle Abbildungen mit großer Bedeutung für die Anwendungen diskutiert:

2.3.1 Die Bernoulli-Abbildung

Diese Iteration ist definiert durch

$$x_{j+1} = 2\,x_j \bmod 1 - \left(\begin{array}{ll} 2\,x_j & \text{für} \quad x_j < 1/2 \\ 2\,x_j - 1 & \text{für} \quad x_j > 1/2 \end{array} \right). \tag{2.23}$$

Mit einem Startwert x_0 aus dem Intervall $[0,1]$ führt diese Iteration zu Punkten, die beliebig zwischen den zwei Geraden $y_1 = 2x$ und $y_2 = 2x - 1$ oszillieren (siehe Bild 2.2).

Untersucht man diese Abbildung numerisch, so beobachtet man, daß nach 'einigen' Schritten der Iteration (exakt: nach genau so vielen Schritten wie die Anzahl der relevanten Stellen der binär kodierten Zahlen) die Anzahl der verfügbaren Stellen aufgebraucht ist. Die weitere Iteration erzeugt von da an reines 'weißes (Zahlen-)Rauschen', stochastische Zahlenfolgen, die durch den Computer erzeugt werden und von der Wahl des Startwerts x_0 der Iteration unabhängig sind. Man beachte, daß dies eine atypische Abbildung ist, da sie keine Fixpunkte besitzt.

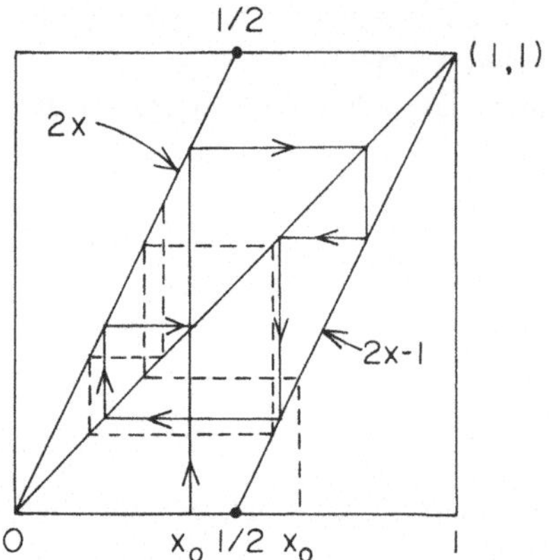

Bild 2.2 Die Bernoulli-Abbildung (Iteration (2.23) ausgehend von zwei verschiedenen Startwerten: $0 < x_0 < 1/2$ und $1/2 < x_0 < 1$)

2.3.2 Die logistische Parabel

Diese Parabel besitzt eine Anzahl verschiedener Anwendungsbereiche. Sie geht zurück auf den belgischen Mathematiker P.F. Verhulst, der sie im letzten Jahrhundert für ein populationsdynamisches Modell aufgestellt hat:

Auf einem Gebiet konstanter Fläche lebt im Jahre n eine Anzahl von p_n Lebewesen einer bestimmten Spezies. Bei unbegrenztem Nahrungsvorrat (und ohne Flächenbegrenzung) ist die Anzahl der Tiere im Jahr n+1 proportional zu ihrer Anzahl im Jahr n, die Reproduktionsrate $(p_{n+1} - p_n)/p_n$ ist konstant, also

$$\frac{p_{n+1} - p_n}{p_n} = C \, ,$$

und die Spezies wächst exponentiell. Bei begrenztem Nahrungs- und Flächenvorrat ist die Reproduktionsrate nicht mehr konstant, sondern sinkt mit zunehmender Population: $(p_{n+1} - p_n)/p_n = C - D\, p_n$. Reskaliert man diese Beziehung mit Hilfe von $p_n = (1+C)x_n/D$, so erhält man die normierte Standardform der logistischen Parabel

$$x_{n+1} = r x_n (1 - x_n) \, ; \ x_n \in [0, 1] \, . \tag{2.24}$$

wobei noch $r = 1+C$ gesetzt wurde. Man sieht sofort, daß die Funktion $f(x) = rx(1-x)$ ihr Maximum bei $x = 1/2$ hat und es gilt $f(1/2) = r/4$. Die Folge (2.24) ist beschränkt im Intervall x_n, $f(x_n) \in [0, 1]$; $r \in [0, 4]$. In Aufgabe 2.7 wird gezeigt, daß (2.24) für $r > 4$ divergiert.

Fixpunkte von (2.24) sind

$$x_1^0 = 0 \quad \text{und} \quad x_2^0 = 1 - 1/r \, . \tag{2.25}$$

Die Ableitung von (2.24) zeigt (siehe Aufgabe 2.2), daß $x_1^0 = 0$ stabiler Fixpunkt im Intervall $r \in [0, 1]$ und instabiler Fixpunkt für r-Werte außerhalb dieses Intervalls ist.

$x_2^0 = 1-1/r$ ist stabil im Intervall $r \in [1, 3]$ und instabil für alle anderen Werte von r (man beachte die Stetigkeit der beiden Fixpunkte an der Stelle $r = 1$). Eine andere Eigenschaft von großer Bedeutung ist, daß an der Stelle $r = 3$ gilt, daß

$$f'(1 - 1/r)\big|_{r=3} = - 1 \, .$$

Dieser Wert der Ableitung ist typisch für das Auftreten von Periodenverdoppelungs-Bifurkationen. Bei höherdimensionalen Abbildungen finden Periodenverdoppelungen statt, wenn ein Eigenwert den Einheitskreis auf der negativen, reellen Achse (d.h. bei $\sigma_1 = -1$) nach links überschreitet (siehe Bild 2.1). Untersuchungen der Periodenverdoppelung bei kontinuierlichen Systemen werden in Abschnitt 4.7 angestellt.

Zur Untersuchung der logistischen Parabel im Parameterbereich $r \in |1, 3|$ betrachten wir die Fixpunkte der zweifachen Iteration $f^2(x) = f(f(x))$:

$$f^2(x) = r^2 x (1 - x) | 1 - r x (1 - x)| .$$

Nach Satz 2.2 sind zwei der vier Fixpunkte dieser geschachtelten Iterationsgleichung gegeben durch die primären Fixpunkte (2.23). Dividiert man die Fixpunktform der letzten Gleichung, also $f^2(x)$-x, durch die mit den Fixpunkten (2.25) gebildeten Linearfaktoren, so ergibt sich

$$\frac{f^2(x) - x}{(x - x_1^0)(x - x_2^0)} = - r^3\left[x^2 + \left(\frac{1}{r} - x\right)\left(1 + \frac{1}{r}\right)\right] ,$$

woraus sich die sekundären Fixpunkte zu

$$x_{3,4}^0 = \frac{1}{2}\left(a \pm \sqrt{a(1 - \frac{3}{r})}\right) \quad \text{mit} \quad a = 1 + \frac{1}{r} \tag{2.26}$$

ergeben. Die Untersuchung der Stabilität dieser Fixpunkte (siehe Aufgabe 2.8) führt auf stabiles Verhalten von $x_{3,4}^0$ im Bereich $r \in |3, 1+\sqrt{6}|$ und Instabilität außerhalb dieses Intervalls.

Man beachte die folgenden Beziehungen für Stetigkeit der Fixpunkte und deren Periodizität:

$$x_{3,4}^0 (r=3) = x_2^0(r=3) , \tag{2.27a}$$

$$x_3^0 = f(x_4^0) , \quad x_4^0 = f(x_3^0) , \quad \text{d.h.} \quad x_{3,4}^0 = f^2(x_{3,4}^0) . \tag{2.27b}$$

(2.27b) beschreibt gemäß (2.21) das Vorhandensein 2-periodischer Orbits. Dies bedeutet, daß bei Durchgang des Kontroll- oder Verzweigungsparameters r durch den kritischen Wert $r = 3$ der Fixpunkt x_2^0 seine Stabilität verliert und an dieser Stelle zwei neue stabile Äste entspringen, die für $r < 3$ nicht existieren. Dies Phänomen bezeichnet man als Verzweigung (oder Bifurkation). Am Orte $r = 1+\sqrt{6}$ erfolgt eine weitere Periodenverdoppelung, da

$$\frac{d f^2 \left(x_{3,4}^0, r = 1+\sqrt{6}\right)}{dx} = - 1 .$$

Die sekundären Fixpunkte (2.26) verlieren also ihre Stabilität beim Durchgang durch den nächsten kritischen Punkt $r = r_3 > r_2 = 1 + \sqrt{6}$. Es entstehen neue, weitere Fixpunkte: für wachsendes r durchläuft das System eine Kaskade von Periodenverdoppelungs-Bifurkationen (mit 2^n Fixpunkten), bis schließlich das System seine Periodizität verliert (genauer: es 2^∞-periodisch wird). Ein Diagramm dieser Verzweigungen ist in Bild 2.3 dargestellt. Zu beachten ist, daß in den 'chaotischen' Bereichen plötzlich Fenster größerer Regularität auftreten.

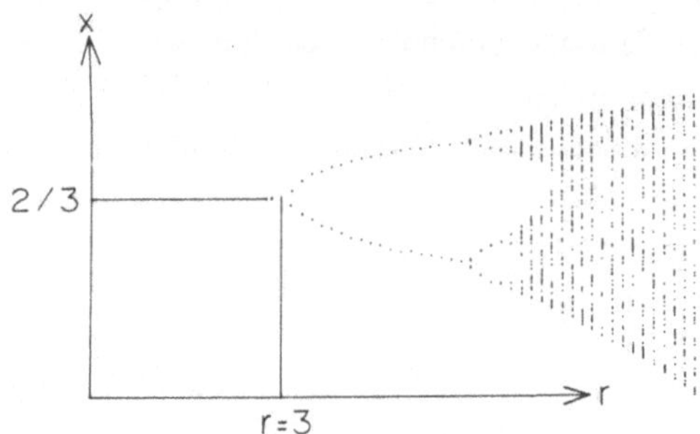

Bild 2.3 Verzweigungsdiagramm für die logistische Parabel

Wir verzichten darauf, weitere graphische Ergebnisse vorzuführen, da die logistische Parabel wohlbekannt ist. Hingewiesen sei hier nur noch auf eine Konstante, die Feigenbaum bei der Untersuchung quadratischer Abbildungen entdeckte:

$$\delta = \frac{r_j - r_{j-1}}{r_{j+1} - r_j} \; ; \text{mit} \; \lim_{j \to \infty} \delta = 4{,}669201609\ldots \; .$$

wobei r_j der Wert von r bei der j-ten Verzweigung ist (δ ist also das Verhältnis zweier aufeinander folgenden Intervall-Längen verschiedener Periodizität).

2.3.3 Die Hénon-Abbildung

Bei der Vereinfachung der Lorenz-Gleichungen der Meteorologie, einem der ersten dynamischen Systeme, in denen man chaotisches Verhalten gefunden hat, stieß der französische Astronom Hénon auf die 2-dimensionale Abbildung

$$\begin{pmatrix} x_{j+1} \\ y_{j+1} \end{pmatrix} = \begin{pmatrix} F(x_j, y_j) \\ G(x_j, y_j) \end{pmatrix} = \begin{pmatrix} 1 + y_j - a\, x_j^2 \\ \\ b\, x_j \end{pmatrix} \; \text{mit} \; a > 0, 0 \le b \le 1 \; . \tag{2.28}$$

a und b sind die Kontrollparameter des Systems. Bei seiner praktischen Untersuchung hält man gewöhnlich b konstant und variiert a. Setzt man insbesondere b = 0, so erhält man wieder eine 1-dimensionale quadratische Abbildung vom Typ der logistischen Parabel. Eine wichtige Eigenschaft der Abbildung (2.28) ist, daß sie Kurven und Flächen in der Iterationsebene hufeisenförmig verbiegt. Für ein spezielles Parameterpaar ist das Ergebnis einer einzelnen Iteration für die Punkte im Innern eines Rechtecks in Bild 2.4 dargestellt.

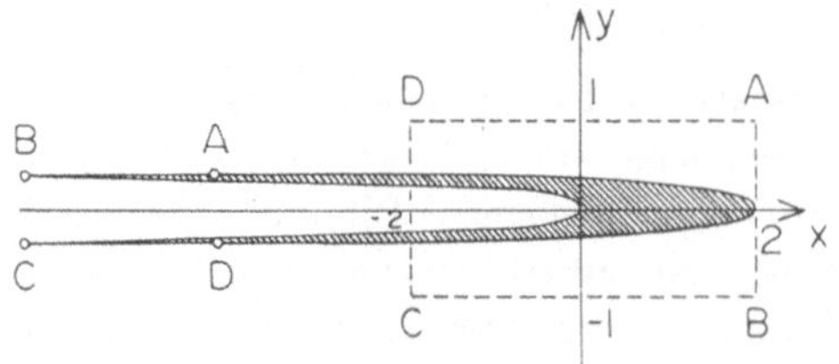

Bild 2.4 Transformation eines Rechtecks bei einmaliger Anwendung der Hénon-Abbildung (a = 1,4, b = 0,3)

Diese Abbildung führt also einen 'Knetvorgang' durch: das Rechteck wird nacheinander in einer Richtung gedehnt, in einer anderen gestaucht und schließlich gefaltet. Man kann also die Hénon-

Abbildung als Folge dreier Elementarabbildungen A_k betrachten, nämlich einer nichtlinearen Verbiegung der y-Koordinate,

$$A_1(x, y) = (x, 1 + y - a\, x^2),$$

einer Kontraktion der x-Koordinate,

$$A_2(x, y) = (bx, y),\ 0 < b < 1,$$

und einer Spiegelung an der Hauptdiagonalen,

$$A_3(x, y) = (y, x).$$

    Eine weitere wichtige Eigenschaft dieser Abbildung ist ihre *Selbstähnlichkeit* (siehe dazu auch Kapitel 8). Betrachtet man eine große Anzahl von Iterationspunkten, so liefert die Iteration das in Bild 2.4 dargestellte hufeisenförmige Gebilde (dessen Gestalt unabhängig ist vom Startwerte-Paar (x_0, y_0), wie man sich leicht durch ein Computerexperiment überzeugen kann). Weiter Vergrößerungen eines beliebigen Teilbereichs des Attraktors, führen zu Strukturen, die dem Ausgangsobjekt ähnlich sind. Vergrößert man wieder einen Teilbereich, so setzt sich diese Folge selbstähnlicher Bilder fort.

    Im Folgenden konzentrieren wir uns auf die Untersuchung der Verzweigungen. Für diese Betrachtungen setzen wir b konstant mit $0 < b < 1$ und $a > 0$. Die (primären) Fixpunkte von (2.28), also die Lösungen des Systems $x = 1 + y - a\, x^2$, $y = b\, x$, ergeben sich zu

$$\begin{pmatrix} x_{1,2}^0 \\[2mm] y_{1,2}^0 \end{pmatrix} = \left(u \pm \sqrt{u^2 + \frac{1}{a}}\right)\begin{pmatrix} 1 \\ b \end{pmatrix};\ u = \frac{b-1}{2a} < 0. \tag{2.29}$$

Die beiden Fixpunkte liegen also im ersten bzw. dritten Quadranten der Iterationsebene. Beschränkt man die Iterationswerte auf $x, y > 0$, d.h. auf den ersten Quadranten, so gilt in (2.29) das Pluszeichen. Zur Untersuchung der Stabilität dieses Fixpunkts (x_1^0, y_1^0) bestimmt man die Jacobi-Matrix von (2.28) und berechnet deren Eigenwerte. Damit folgt

$$\det(\mathbf{J} - \sigma\, \mathbf{I}) = \sigma\,(\sigma + 2\, a\, x_1^0) - b = 0.$$

Der Rand des Stabilitätsbereichs der Fixpunkte, also $|\sigma| = 1$, führt auf zwei Möglichkeiten für den Ort der Verzweigung:

i) $\sigma = +1$:
Ist $\sigma = +1$, so ist $x_1^0 < 0$, da $0 < b < 1$, also ein Widerspruch zur obigen Beschränkung auf den ersten Quadranten.

ii) $\sigma = -1$:
Hier erhält man den (positiven) Fixpunkt

$$x_1^0 = \frac{1-b}{2a} = -u. \tag{2.30}$$

Wegen $\sigma = -1$ liegt eine Periodenverdoppelungs-Verzweigung vor. Den kritischen Wert von a, bei dem diese (primäre) Bifurkation auftritt, erhält man durch Kombination von (2.30) und der x-Komponente von (2.29):

$$a_1 = \frac{3\,(b-1)^2}{4}\ . \tag{2.31}$$

Für $a > a_1$ treten zwei neue (sekundäre) stabile Fixpunkte auf, die für $a = a_1$ mit dem primären Fixpunkt (2.29) zusammenfallen. Sie sind Fixpunkte der quadratischen (geschachtelten) Iteration

$$\begin{pmatrix} x_{j+2} \\ y_{j+2} \end{pmatrix} = \begin{pmatrix} 1 + y_{j+1} - a\,x_{j+1}^2 \\ b\,x_{j+1} \end{pmatrix} = \begin{pmatrix} 1 + bx_j - a\left(1 + y_j - a\,x_j^2\right)^2 \\ b\left(1 + y_j - a\,x_{j+1}^2\right) \end{pmatrix}\ . \tag{2.32}$$

Die Fixpunktform dieser quadratischen Iteration führt auf ein Polynom vom Grade 4 in x:

$$x^4 - \frac{2}{a}x^2 + 8\,u^3\,x + \frac{1 - 4\,a\,u^2}{a^2} = 0 \ \text{ mit } \ u = \frac{b-1}{2\,a} < 0 \tag{2.33}$$

(siehe Aufgabe 2.9). Fixpunkte der Iteration (2.32) sind die Nullstellen von (2.33). Zwei davon sind durch (2.29) bereits bekannt, d.h. (2.33) enthält den Faktor

$$(x - x_1^0)\,(x - x_2^0) = x^2 + 2\,u\,x - \frac{1}{a}\ .$$

Dividiert man (2.33) durch dies quadratische Polynom, so erhält man

$$H(x, a) = x^2 + 2u\,x + (4\,u^2 - \frac{1}{a}) = 0\ .$$

Die Nullstellen von H(x, a) sind die sekundären Fixpunkte

$$x_{3,4}^0 = -\,u \pm \sqrt{\frac{1}{a} - 3\,u^2} = -\,u \pm \frac{1}{a}\,\sqrt{a - a_1}\ . \tag{2.34}$$

Eine Vergrößerung des Verzweigungsparameters a führt zum Verlust der Stabilität dieser Fixpunkte und zur Bildung neuer, 4-periodischer Fixpunkte.

Zur Untersuchung der sekundären Fixpunkte (2.34) können wir von der Iteration (2.32) ausgehen. Deren Jacobi-Matrix hat die Form

$$\mathbf{J} = \begin{pmatrix} b + 4\,a^2\,x\,(1 + y - a\,x^2) & -\,2\,a\,(1 + y - a\,x^2) \\ -\,2\,a\,b\,x & b \end{pmatrix}\ . \tag{2.35}$$

Die Eigenwerte der Matrix (2.35), gebildet mit den Koordinaten der Fixpunkte (2.34), bestimmen deren Stabilität.

Wir wollen jedoch an Hand des Beispiels der Hénon-Iteration die durch Satz 2.4 gegebene Alternative zu der Berechnung der Eigenwerte mit Hilfe von (2.35) aufzeigen. Das Quadrat der Jacobi-Matrix von (2.28) hat die Form

$$B = \begin{pmatrix} -2\,a\,x & 1 \\ b & 0 \end{pmatrix}\begin{pmatrix} -2\,a\,x & 1 \\ b & 0 \end{pmatrix} = \begin{pmatrix} 4\,a^2\,x^2 + b & -2\,a\,x \\ -2\,a\,b\,x & b \end{pmatrix}. \tag{2.35'}$$

Gilt jedoch für die sekundären Fixpunkte (2.34) die primäre Fixpunktgleichung $1 + y - ax^2 = x$, so stimmen (2.35) und (2.35') - wie in Satz 2.4 gezeigt - überein. Bei Beachtung von (2.34) und der Hinweise in Aufgabe 2.10 kann man sich aber leicht von der Übereinstimmung von (2.35) und (2.35') überzeugen. Ausgehend von (2.35') sind nun die Eigenwerte die Lösungen der quadratischen Gleichung

$$\sigma^2 - (2\,b + 4\,a^2\,x^2)\,\sigma + b^2 = 0. \tag{2.36}$$

Jetzt suchen wir die Grenzen der Stabilität der sekundären Fixpunkte. Setzt man in (2.36) $\sigma = -1$, so entsteht der Widerspruch $(1+b)^2 + 4ax^2 = 0$. Andererseits ergibt Eintragen von $\sigma = 1$ in (2.36) $(1-b)^2 = 4ax^2$. Setzen wir noch mit (2.34) die Fixpunkte ein und beachten (2.31), so erhalten wir für die Position des zweiten Bifurkationspunktes

$$a := a_2 = a_1 + (b - 1)^2 = \frac{7\,(b - 1)^2}{4}. \tag{2.37}$$

Man vergleiche die (numerisch berechnete) Lage der beiden ersten Bifurkationspunkte in Bild 2.5 mit den analytischen Ergebnissen (2.31) und (2.37). Eine weitere Erhöhung des Parameters a führt dazu, daß auch die Fixpunkte (2.34) instabil werden. Am nächsten Bifurkationspunkt $a_3 > a_2$ entstehen durch Periodenverdoppelung vier neue Fixpunkte. Dieser Prozeß läßt sich fortsetzen und wir erhalten, ähnlich wie bei der logistischen Parabel, den Übergang zu 2^∞-periodischen und damit chaotischen Zuständen.

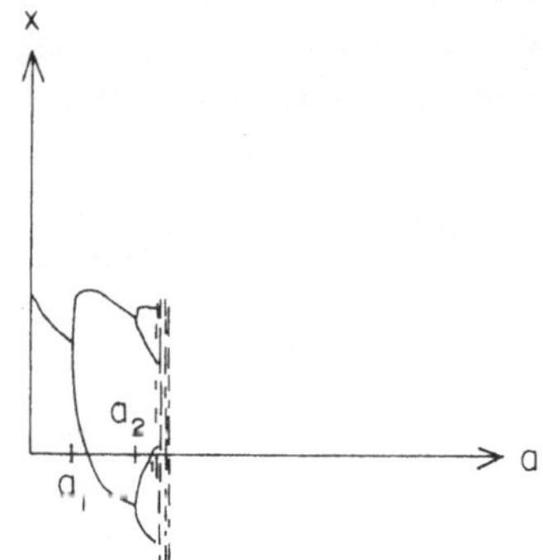

Bild 2.5 Verzweigungsdiagramm für die Henon-Abbildung (b = 0,3)

2.4 Die Poincaré-Abbildung

Die Darstellung von Phasenraumkurven über einen längeren Zeitraum - und deren 2-dimensionale Projektion in die Papierebene - gerät häufig unübersichtlich. Daher benutzt man alternativ dazu die *Poincaré-Abbildung* (auch Poincaré-Schnitt genannt), wo an Stelle der Phasenkurve nur diskrete Punkte dieser Kurve im festen Zeitabstand gezeichnet werden ('stroboskopische Beleuchtung' der Phasenkurve) oder alternativ dazu nur die Durchstoßpunkte dieser Kurve beim Durchgang durch vorher festgelegte Ebenen oder Hyperebenen aufgezeichnet werden. Dies führt

i. A. zu einer überschaubareren Vereinfachung. So reduziert sich beispielsweise ein geschlossener Orbit bei Poincaré-Abbildung auf einen Punkt in der Poincaré-Ebene (siehe Bild 2.6).

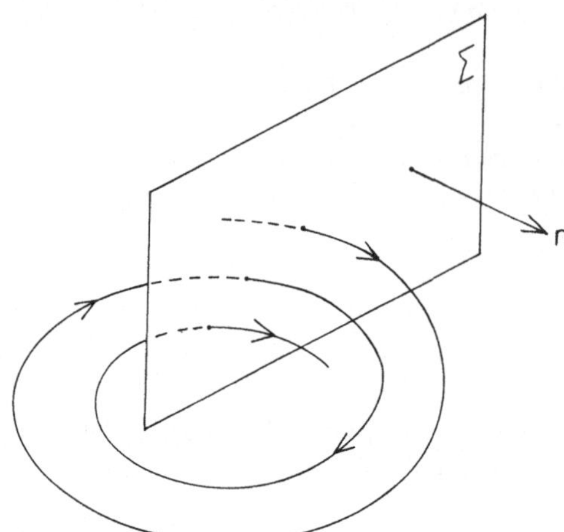

Bild 2.6 Die Poincaré-Karte als Schnitt der Bahnkurven mit der Ebene Σ_0

Allgemeine Betrachtungen zu den Poincaré-Abbildungen folgen später; hier sei zuerst nur ein spezielles Beispiel behandelt.

BEISPIEL:
Wir betrachten das folgende 2-dimensionale System:

$$\dot{x} = -\theta y - x (x^2 + y^2 - \rho) \qquad (2.38.1)$$

$$\dot{y} = \theta x - y (x^2 + y^2 - \rho) \qquad (2.38.2)$$

(θ und $\rho > 0$ sind die Parameter des Systems). Dieses System wird in Aufgabe 4.11 anläßlich von Untersuchungen der Hopf-Bifurkation behandelt. Führen wir nun Polarkoordinaten ein, also

$$r = \sqrt{x^2 + y^2} \quad \text{und} \quad \varphi = \arctan \frac{y}{x} \ ,$$

so erhält man aus (2.32) das entkoppelte System

$$\dot{r} = -r (r^2 - \rho) \ , \quad \dot{\varphi} = \theta \ . \qquad (2.39)$$

Mit den Anfangsbedingungen $r(0) = p$ und $\varphi(0) = 0$ folgt mit (2.39)

$$r(t) = \rho^{1/2} \left[1 - (1 - \rho/p^2) \exp(-2\rho t) \right]^{-1/2} \ , \quad \varphi(t) = \theta t \qquad (2.40)$$

Man erhält eine spezielle Poincaré-Abbildung des Systems (2.40), wenn man die Punkte der Phasenkurve betrachtet, die beim Durchstoßen einer vorgegebenen Ebene entstehen. Unsere Wahl dieser Ebene Σ sei z.B.

$$\Sigma : \{ (x, y) \in \mathbf{R}^2 \mid x > 0, y = 0 \} \ .$$

Diese Ebene ist charakterisiert durch den Winkel $\varphi = 0$. Dies bedeutet, daß der Orbit die Ebene zu den Zeitpunkten

$$t = \frac{2\,k\,\pi}{\theta} \quad (k = 1, 2, \dots) \tag{2.41}$$

schneidet. Für positive t ist k/θ positiv. Mit (2.40 und (2.41) folgt als Poincaré-Abbildung eine Iteration der Form

$$P_k(p) = \rho^{1/2} \left[1 - (1 - \rho/p^2)\, \exp(-4k\pi\rho/\theta) \right]^{-1/2}, \; k \text{ ganz} . \tag{2.42.1}$$

O.B.d.A. legen wir den Anfangspunkt $\varphi(0) = 0$ in diese Ebene. Setzt man noch in (2.42.1) k = 1, so entsteht die Poincaré-Karte

$$P(p) = \rho^{1/2} \left[1 - (1 - \rho/p^2)\, \exp(-4\pi\rho/\theta) \right]^{-1/2} . \tag{2.42.2}$$

Man sieht leicht, daß die Poincaré-Abbildung (2.37.1) einen Fixpunkt für den speziellen Parameterwert $p = \sqrt{\rho}$ hat. Dieser Wert ist übrigens auch die asymptotische Lösung der Differentialgleichung (2.38), also ein Grenzzyklus vom Radius $r = \sqrt{\rho}$. Nun können wir die Stabilität dieses Fixpunkts untersuchen, indem wir die erste Ableitung (siehe Aufgabe 2.2) der Poincaré-Abbildung (2.42.2) bilden:

$$\left(\frac{d\,P}{d\,p} \right)_{p=\sqrt{\rho}} = \exp\left(\frac{-4\,\pi\,\rho}{\theta} \right) < 1 . \tag{2.43}$$

(2.43) gilt für $\theta > 0$. Für $\theta < 0$ kann man jedoch in (2.41) $-k$ an Stelle von k setzen. (2.43) zeigt, daß der Kreis $r = \sqrt{\rho}$ stabiler Fixpunkt der Poincaré-Abbildung ist. Im folgenden Kapitel werden wir dieses Ergebnis mit den bekannten Methoden der klassischen Mechanik erneut herleiten. Wir kommen aber in einer Anwendung des Satzes 2.8 am Ende dieses Abschnitts noch einmal auf dieses Beispiel zurück und werden dort (2.43) ohne explizite Kenntnis der Poincaré-Karte reproduzieren. $\qquad\square$

Zur Untersuchung der Eigenschaften der Poincaré-Karten, die durch Schnitt der Bahnkurven mit zwei verschiedenen Hyperebenen Σ_1 und Σ_2 entstehen, führen wir den Begriff der 'konjugierten Abbildungen' ein:

DEFINITION 2.5 (Konjugierte Iterationen):
Wir gehen wieder von der Abbildung (2.3) aus und transformieren

$$x_j = D\,\xi_j \; ; \; x_j, \xi_j \in \mathbf{R}^n , \tag{2.44}$$

dabei ist D eine konstante, invertierbare Matrix. Nach Einsetzen in (2.3) entsteht

$$\xi_{j+1} = D^{-1} G(D\xi_j) . \tag{2.45}$$

(2.45) führt nun, ausgehend von einen Startwert ξ_0, zu

$$\xi_1 = D^{-1} G(D\xi_0) , \; \xi_2 = D^{-1} G^2(D\xi_0) , \; \xi_k = D^{-1} G^k(D\xi_0) . \tag{2.46}$$

Man kann die konstante Matrix D als C^0-Diffeomorphismus auffassen und bezeichnet die Iteration (2.3) und die Abbildung (2.45) (mit der Eigenschaft (2.46)) als *C^0-konjugierte (oder topologisch äquivalente) Abbildungen.*   ♠

Bezüglich der Fixpunkte topologisch konjugierter Abbildungen und deren Stabilität gilt das folgende Theorem:

SATZ 2.5 (Fixpunkte topologisch konjugierter Iterationen):
i) Ist x^0 Fixpunkt von (2.3), so existiert umkehrbar eindeutig ein Fixpunkt ξ^0 von (2.45). Man sagt, daß D die Fixpunkte aufeinander abbildet.
ii) Die Fixpunkte x^0 und ξ^0 haben gleiche Stabilität.

BEWEIS:
i) Mit $x^0 = G(x^0)$ und (2.45) gilt zunächst $\xi^0 = D^{-1}x^0$. Einsetzen in (2.45) führt zu

$$D^{-1} G(D\,\xi^0) = D^{-1} G(D\,D^{-1}\,x^0) = D^{-1} G(x^0) = \xi^0 \ .$$

Dies ist die durch D vermittelte Abbildung der Fixpunkte aufeinander.

ii) Die Jacobi-Matrix der Linearisierung von (2.3) sei $J_1 = J(G(x^0))$. Die Linearisierung von (2.45) für den Fixpunkt ξ^0 ergibt ($0 < \varepsilon \ll 1$)

$$\xi^0 + \varepsilon\, h_{j+1} = D^{-1} G(D\,\xi^0 + \varepsilon\, D\, h_j) = D^{-1} \left[G(D\,\xi^0) + \varepsilon\, J(G(D\,\xi^0)\, D\, h_j \right] \ ,$$

oder

$$h_{j+1} = D^{-1} J_1 D\, h_j \ \text{mit}\ J_1 = J(G(x^0)) \ . \tag{2.47}$$

(2.47) bedeutet aber, daß die Jacobi-Matrizen der Linearisierungen von (2.3) und (2.45), gebildet für die entsprechenden Fixpunkte, ähnlich sind. Ähnliche Matrizen weisen gleiche Eigenwerte auf und die Fixpunkte haben daher gleiche Stabilität.   ✱

Wir wenden diese Überlegungen jetzt auf die Problematik der Poincaré-Karten, gebildet mit gegeneinander gedrehten Hyperebenen, an. Es seien P_1 und P_2 Poincaré-Abbildungen, die bei Schnitt der Bahnkurven eines dynamischen Systems mit den Hyperebenen Σ_1 (mit dem Koordinatensystem x) und Σ_2 (Koordinatensystem ξ) entstehen, wobei Σ_1 durch eine Drehung aus Σ_2 hervorgeht. Die Matrix D vermittelt die Drehung von Σ_1 in Σ_2 und wir nehmen an, daß die Transversalität von Orbit und Ebene bei dieser Drehung erhalten bleibt. (2.3) ist dann die Poincaré-Abbildung durch Schnitt der Bahnkurven mit Σ_1 und (2.45) die Poincaré-Karte für die Schnittebene Σ_2. Die Drehmatrix D bildet somit die Fixpunkte aufeinander ab und diese haben gleiche Stabilität. Insbesondere gilt, daß sich die Stabilität einer periodischen Bewegung - mit einer geschlossenen Kurve im $\mathbf{R}^n$ als Orbit - durch zwei gegeneinander gedrehte Hyperebenen gleichermaßen diagnostizieren läßt.

Bis jetzt haben wir Poincaré-Karten durch Schnitt der Orbits dynamischer Systeme mit vorgegebenen Hyperebenen untersucht. Man bezeichnet derartige Abbildungen auch als *lokale Poincaré-Karten.* Im Gegensatz dazu kann man aber auch zeitliche Projektionen eines dynamischen Systems zur Vereinfachung der Darstellung seiner Dynamik benutzen. Die entsprechenden stroboskopischen Projektionen nennt man *globale Poincaré-Karten* und es gilt das Theorem:

SATZ 2.6 (Äquivalenz von globalen Poincaré-Karten):
Vorgelegt sei das zeitlich periodische System

$$\dot{x} = f(x, t) \quad \text{mit} \quad f(x(t+T), t+T) = f(x(t), t) \tag{2.48}$$

mit der Periode T. Dann kann man durch 'Photographieren' der Bahnkurven für t_0+T, t_0+2T, ..., t_0+nT eine Poincaré-Karte, genannt *globale Poincaré-Karte*, bilden. Ist f(x, t) ein C^r-Diffeomorphismus, dann sind zwei Poincaré-Karten $\mathbf{P}_0$ und $\mathbf{P}_1$ (gebildet mit t_0+jT bzw. t_1+jT; j = 1, 2, ...) C^r-konjugiert (siehe Bild 2.7). ✳

Wir verzichten auf den Beweis dieses plausiblen Aussage. Der interessierte Leser findet den Beweis bei Wiggins (1990).

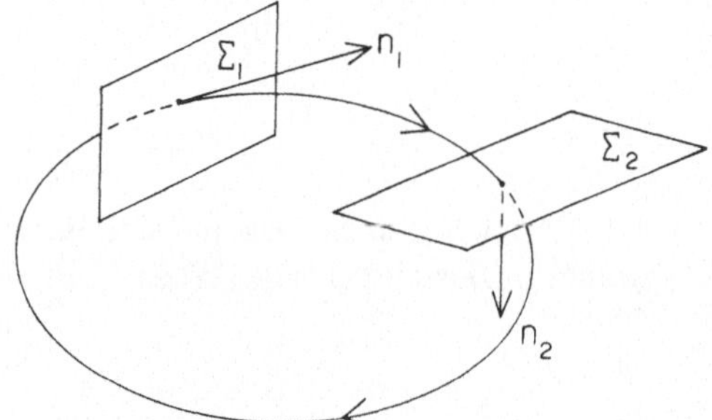

Bild 2.7 Äquivalenz von Poincaré-Karten

Zum Abschluß dieses Kapitel soll noch eine wichtige Eigenschaft der Poincaré-Karten besprochen werden. Wir beginnen mit der Definition der Erhaltung der Orientierung einer Abbildung:

DEFINITION 2.6 (Orientierungserhaltung):
Eine Abbildung

$$\mathbf{x} \to \mathbf{B}(\mathbf{x}) \tag{2.49}$$

wird *orientierungserhaltend* genannt, wenn für $\mathbf{x} \subset U$ die Determinante ihrer Jacobi-Matrix positiv ist:

$$\det [\mathbf{J}(\mathbf{B}(\mathbf{x})] > 0 \quad \forall \, \mathbf{x} \subset U . \tag{2.50}$$ ♠

Jetzt soll gezeigt werden, daß die Poincaré-Karte eines dynamischen Systems

$$\dot{\mathbf{x}} = \mathbf{f}(\mathbf{x}, t) \tag{2.51}$$

richtungserhaltend ist. Dazu bilden wir die (globale) Poincaré-Karte durch Zeichnen von Punkten, die, ausgehend vom Anfangspunkt $\mathbf{x}_0 = \mathbf{x}(t_0)$, auf Bahnen von (2.51) liegen und nach Verstreichen eines Zeitintervalls τ (Flugzeit) gezeichnet werden. Unter expliziter Angabe der Abhängigkeit von den Anfangsbedingungen (siehe Definition des Flusses in Abschnitt 3.1) ist dann die Poincaré-Karte durch

$$P: \mathbf{x}_0 \to \mathbf{u}(\tau, t_0, \mathbf{x}_0) \quad \text{von} \quad \dot{\mathbf{u}} = \mathbf{f}(\mathbf{u}, t) , \tag{2.52}$$

mit der Anfangsbedingung $x_0 = u(t_0, t_0, x_0)$ gegeben. Wir untersuchen jetzt die Abhängigkeit der Lösung u von den Anfangsbedingungen x_0 und differenzieren den zweiten Teil von (2.52) nach der Koordinate des Anfangspunktes. Dabei entsteht zunächst

$$\frac{\partial \dot{u}_j}{\partial x_{0k}} = \frac{d}{dt}\left(\frac{\partial u_j}{\partial x_{0k}}\right) = \frac{\partial f_j}{\partial x_l}\frac{\partial u_l}{\partial x_{0k}} \ .$$

Dies bedeutet aber, daß W, die Jacobi-Matrix der Poincaré-Karte, die durch

$$W_{lk} = \frac{\partial u_l}{\partial x_{0k}} \tag{2.53}$$

zu bilden ist, die linearisierte Differentialgleichung des Variationsproblems

$$\dot{W} = J(f(u))\, W \ ; \quad W(t{=}t_0) = I \ \ , \tag{2.54}$$

erfüllt (J ist die Jacobi-Matrix des Vektorfeldes f).

    Zur Berechnung ihrer Determinante verwenden wir die Beziehung für die Determinante einer Matrix, die die Differentialgleichung (2.54) erfüllt (allgemeiner Beweis bei Hale (1966), Verifikation für den R^2 in Aufgabe 2.16):

$$\det[W(t)] = \det[W(t_0)]\,\exp[\int_{t_0}^{t} \mathrm{Sp}[J(f(s))]\,ds \ . \tag{2.55}$$

$\mathrm{Sp}[A]$ ist die Spur der Matrix A. Wegen der Anfangsbedingung in (2.49) hat aber der erste Faktor auf der rechten Seite von (2.55) den Wert Eins. Damit ist, da die Exponentialfunktion immer positiv ist, bewiesen, daß

$$\det[W(t)] > 0 \quad (\forall\, t \geq t_0) \tag{2.56}$$

und die Poincaré-Karte ist richtungserhaltend.

Zum Abschluß dieses Kapitels knüpfen wir jetzt an die Überlegungen bei der Erhaltung der Richtung der Poincaré-Karte an und wir wollen noch eine wichtige Eigenschaft dieser Abbildungen aufzeigen. Wir benötigen dazu einige Ergebnisse zur Untersuchung der Stabilität periodischer Orbits, die wir erst in Abschnitt 4.7 herleiten werden. Zunächst gilt im R^n:

SATZ 2.7:
Das autonome System

$$x = f(x) \ ; \quad x, f \in R^n \ , \tag{2.57}$$

habe die periodische Lösung $\varphi(t, q)$, die durch den Punkt q geht, d.h. $\varphi(t_0, q) = q$ (wobei φ, $q \in R^n$). Die Periode der Lösung ist T, also $\varphi(0, q) = \varphi(T, q)$. Des weiteren sei, unter Vorwegnahme der Herleitungen in Abschnitt 4.7,

$$\dot{Y} = D(t)\, Y \ \ \text{mit} \ \ D(t) = J(\varphi(t, q)) \tag{4.57''}$$

die Differentialgleichung für die Fundamentalmatrix. Diese Differentialgleichung ist identisch mit (2.54); wir werden später auf die von (2.54) abgeleitete Beziehung (2.56) zurückgreifen. Unter diesen Voraussetzungen gilt

i) $\dot{\varphi}(t, q) = Y(t) \, f(q)$ $\qquad\qquad\qquad\qquad\qquad\qquad\qquad\qquad\qquad$ (2.58)

und

ii) $\dfrac{\partial \varphi_k(t, q)}{\partial q_j} = Y_{kj}(t)$ $(j, k = 1, \ldots, n)$. $\qquad\qquad\qquad\qquad$ (2.59)

BEWEIS:
i) Wir differenzieren (2.58) nach t und es entsteht

$$\ddot{\varphi}(t, q) = \dot{Y}(t) \, f(q) = \frac{d}{dt} f(\varphi(t, q)) , \qquad\qquad\qquad\qquad (2.60)$$

wobei wir auf der rechten Seite von (2.60) (2.57) eingesetzt haben. Bilden wir jetzt diese rechte Seite, so erhalten wir mit (4.57") und (2.58)

$$\dot{Y}(t) \, f(q) = D(t) \, Y(t) \, f(q) = J(f(\varphi(t, q))) \, \dot{\varphi} ,$$

oder

$$\left[\dot{Y}(t) - D(t) \, Y(t) \right] f(q) = 0 .$$

Beachten wir noch (4.57"), dann ist (2.58) bewiesen.

ii) Wir differenzieren (2.59) nach t und erhalten

$$\frac{\partial \, \dot{\varphi}_k(t, q)}{\partial \, q_j} = \frac{\partial f_k(\varphi(t, q))}{\partial q_j} = \frac{\partial f_k(\varphi(t, q))}{\partial \varphi_m} \frac{\partial \varphi_m}{\partial q_j} = \dot{Y}_{k \, j}(t) \quad (k, j, m = 1, \ldots, n) ,$$

oder mit (2.59) und in symbolischer Schreibweise

$$J(f(\varphi(t, q))) \, Y = \dot{Y} .$$

Dies ist aber (4.57") und damit ist (2.59) bewiesen. $\qquad\qquad\qquad\qquad\qquad\qquad$ ✻

Als Anwendung von Satz 2.7 behandelt das folgende Theorem eine wichtige Eigenschaft der Poincaré-Karte 2-dimensionaler Systeme:

SATZ 2.8 (Ableitung der Poincaré-Karte ebener Systeme):
Wir betrachten ebene Systeme

$$\dot{x} = f_1(x, y) \quad \text{und} \quad \dot{y} = f_2(x, y) , \qquad\qquad\qquad\qquad\qquad (2.61)$$

die die Voraussetzungen des Satzes 2.7 erfüllen. Bilden wir mit Hilfe einer Schnittebene Σ eine (lokale) Poincaré-Abbildung, so ist diese eine skalare Funktion einer Variablen. Wir nennen diese Poincaré-Karte $\Pi(q_0)$; sie ist durch die Abbildung

$$\varphi_p(0, q_0) = x_0 \in \Sigma \to \Pi(q_0) = \varphi_p(T(q_0), q_0) \in \Sigma \tag{2.62}$$

definiert, wobei der Index p die Projektion in die Ebene Σ andeutet. Die Behauptung des Satzes 2.8 ist

$$\pi'(q) = \det[Y(T)]. \tag{2.63}$$

Dabei ist $Y(T)$ die Monodromie-Matrix, d.h. die Lösung von (4.57") mit der Anfangsbedingung $Y(0) = I$, gebildet für den Zeitpunkt T (T ist die Periode).

BEWEIS:
Wir suchen im $\mathbf{R}^2$ eine möglichst einfache Basis der Monodromie-Matrix $Y(T)$. Ist (e_1, e_2) eine solche Basis, dann gilt zunächst

$$Y(T)\, e_1 = a_1\, e_1 + a_2\, e_2 \;\; \text{und} \;\; Y(T)\, e_2 = b_1\, e_1 + b_2\, e_2 \;\; (a_j, b_j = \text{const} \in \mathbf{R}, e_j \in \mathbf{R}^2, j = 1, 2). \tag{2.64}$$

Als ersten Basisvektor wählen wir $e_1 = f(q)$, denn mit (2.58) an der Stelle $t = T$ gilt

$$Y(T)\, f(q) = \dot{\varphi}(T, q) = f(q) \tag{2.65}$$

und dies ist eine der gewünschten Beziehungen vom Typ (2.64). Der gesuchte zweite Vektor sei z, also $e_2 = z$. Wir benötigen nun den Ausdruck $Y(T)z$. Dazu bilden wir mit (2.62)

$$\Pi(q + \varepsilon\, z) = \varphi_p(T(q + \varepsilon\, z), q + \varepsilon\, z)\,; \;\; \varepsilon \in \mathbf{R}; \; z \in \mathbf{R}^2. \tag{2.66}$$

Jetzt differenzieren wir (2.66) nach ε und setzen anschließend $\varepsilon = 0$. Dann folgt

$$(\text{grad } \pi, z)_q = \frac{\partial \varphi_p}{\partial t}(\text{grad } T, z)_q + \frac{\varphi_p}{\partial q_r}\, z_r\,. \tag{2.67}$$

Wir formen die rechte Seite von (2.67) mit (2.57) bzw. (2.59) um und erhalten

$$(\text{grad } \pi, z)_q = f_p\, \frac{\partial T}{\partial z} + Y_{pr}\, z_r\,.$$

Außerdem gilt

$$(\text{grad } \pi)_j = \pi'(q)\, \delta_{jp}\,. \tag{2.68}$$

Tragen wir nun (2.68) in (2.66) ein, so entsteht nach einer Umformung

$$Y(T)\, z = \pi'(q)\, z - f(q)\, \frac{\partial T}{\partial z}\,. \tag{2.69}$$

Gemäß (2.64) können wir (2.65) und (2.69) als Definition einer Basis von Y(T) mit den Basis-vektoren f(q) und z ansehen und es gilt (siehe Aufgabe 2.17)

$$Y(T) = \begin{pmatrix} 1 & -\dfrac{\partial T}{\partial z} \\ 0 & \pi'(q) \end{pmatrix}.$$ (2.70)

Mit (2.70) ist aber (2.63) bewiesen.   ✳

Wir formen noch (2.63) um. Mit (2.54) und (2.55) gilt für die Monodromie-Matrix (mit der Eigenschaft Y(0) = I)

$$\det |Y(T)| = \exp\left\{\int_0^T Sp\,|J(f(\varphi(t, q)))|\,dt\right\}.$$ (2.71)

Einsetzen von (2.71) in (2.63) liefert unter Beschränkung auf den $\mathbf{R}^2$

$$\pi'(q) = \exp\left\{\int_0^T \left(\frac{\partial f_1}{\partial x} + \frac{\partial f_2}{\partial y}\right)dt\right\},$$ (2.63')

wobei der Integrand von (2.63') mit dem periodischen Orbit $\varphi(t, q_0)$ gebildet werden muß.

BEISPIEL:
Als Anwendung von (2,63') wenden wir uns wieder dem dynamischen System (2.38) zu. Dort ist der periodische Orbit eine Kreisbewegung $x(t) = \sqrt{\rho}\,\cos(\theta t)$ und $y(t) = \sqrt{\rho}\,\sin(\theta t)$ mit der Periode $T = 2\pi/\theta$. Mit (2.38) gilt aber $\partial f_1/\partial x = -(x^2 + y^2 - \rho) - 2x^2$, $\partial f_2/\partial y = -(x^2 + y^2 - \rho) - 2y^2$. Bildet man aber diesen Ausdruck für die periodische Kreisbewegung, so entsteht $\partial f_1/\partial x + \partial f_2/\partial y = 2\,\rho = $ const. und gemeinsam mit (2.63') reproduzieren wir das Ergebnis (2.43).   ❑

Anhang A Verallgemeinerte Eigenvektoren und Jordan-Formen

Wir beschränken uns auf den $\mathbf{R}^3$, die allgemeinen Betrachtungen findet man bei Coddington undLevinson (1955), Rosenbaum (1963) oder mehr summarisch bei S. Lipschutz (1991). Vorgelegt sei die Jacobi-Matrix J - zunächst im $\mathbf{R}^n$ - und Ausgangspunkt ist die Eigenwertglei-chung (2.9). Das charakteristische Polynom hat für reelle, mehrfache Eigenwerte die Form

$$P_n(\sigma) = \text{const } (\sigma - \sigma_1)^{n_1} \ldots (\sigma - \sigma_p)^{n_p} \text{ mit } \sum_{j=1}^{p} n_j = n \ .$$

Man nennt n_j die *algebraische Vielfachheit* des Eigenwert σ_j. Gehören zum Eigenwert σ_j k_j line-ar unabhängige Eigenvektoren, so nennt man k_j die *geometrische Vielfachheit* des Eigenwerts und es gilt $1 \le k_j \le n_j$. Gilt insbesondere die Gleichheit $k_j = n_j$, so nennt man den Eigenwert σ_j *semi-einfach*.

Im Falle mehrfacher Eigenwerte fehlt also für den Eigenwert σ_j i.a. eine Zahl von n_j - k_j Eigenvektoren. Die k_j (gewöhnlichen) Eigenvektoren müssen durch Bildung von n_j - k_j verallgemeinerten Eigenvektoren zu einem vollständigen Satz von n_j Eigenvektoren ergänzt werden. Bildet man nun die Transformationsmatrix T wie in (2.12), jedoch mit dem entsprechenden Satz von verallgemeinerten Eigenvektoren, dann hat die transformierte Matrix D die blockdiagonale Jordan-Form. Da für den allgemeinen Fall des $\mathbf{R}^n$ eine große Zahl von unterschiedlichen Formen der Jordan-Matrix auftreten können, beschränken wir uns im Folgenden auf den $\mathbf{R}^3$. Hier hat die Jordan-Form der transformierten Matrix die allgemeine Form

$$D = \begin{pmatrix} \sigma_1 & 0 & 0 \\ 0 & \sigma_1 & 0 \\ 0 & 0 & \sigma_3 \end{pmatrix} + D_1 \ . \tag{A.1}$$

In (A.1) kann mit $\sigma_1 = \sigma_3$ auch der Fall eines dreifachen Eigenwerts berücksichtigt werden und die nilpotente Matrix D_1 hat eine der beiden Formen

$$i) \ D_1 = \begin{pmatrix} 0 & 1 & 0 \\ 0 & 0 & 0 \\ 0 & 0 & 0 \end{pmatrix} \quad \text{oder} \quad ii) \ D_1 = \begin{pmatrix} 0 & 1 & 0 \\ 0 & 0 & 1 \\ 0 & 0 & 0 \end{pmatrix} \ . \tag{A.2}$$

Man sieht leicht, daß die Beziehung $D_1{}^k = 0$ (k ist der Index der Nil-Potenz) im Falle i) für $k = 2$ und im Falle ii) für $k = 3$ erfüllt ist.

Wir kommen zu einer Untersuchung der verschiedenen Fälle, die im $\mathbf{R}^3$ für vielfache, reelle Eigenwerte auftreten können. Wir behandeln hier allerdings nicht die semi-simplen Fälle iii_1) bzw. iv_1) aus Abschnitt 2.1, bei denen alle drei Eigenvektoren in traditioneller Weise berechnet werden können und die transformierte Matrix D in (2.12) diagonalisiert ist. Mit den Bezeichnungen der Fallunterscheidung in Abschnitt 2.1 können nun folgende Fälle auftreten:

iii_2) Ein doppelter Eigenwert $\sigma_1 = \sigma_2$ mit nur einem linear unabhängigen Eigenvektor $x^{(1)}$. Der dritte Eigenwert ist σ_3. Hier können wir den zu σ_1 korrespondierenden, fehlenden Eigenvektor $x^{(2)}$ durch

$$(J - \sigma_1 \ I) \ x^{(2)} = x^{(1)} \tag{A.3}$$

bilden und es gilt äquivalent zu (A.3)

$$(J - \sigma_1 \ I)^2 \ x^{(2)} = 0 \ . \tag{A.3'}$$

Der verallgemeinerte Eigenvektor $x^{(2)}$ gehört also zum Nullraum von $(J - \sigma_1 \ I)^2$. Bilden wir jetzt die Transformations-Matrix gemäß $T = [x^{(1)}, x^{(2)}, x^{(3)}]$ (wobei $x^{(3)}$ der zu σ_3 gehörende Eigenvektor ist), so hat die transformierte Matrix D die schon im Abschnitt 2.1 vorweggenommene Jordan-Form

$$D = \begin{pmatrix} \sigma_1 & 1 & 0 \\ 0 & \sigma_1 & 0 \\ 0 & 0 & \sigma_3 \end{pmatrix} \quad \text{bzw.} \quad D = \begin{pmatrix} \sigma_1 & 0 & 0 \\ 0 & \sigma_1 & 1 \\ 0 & 0 & \sigma_3 \end{pmatrix} \ . \tag{2.14'}$$

Als Beispiel betrachten wir die Matrix

$$J = \begin{pmatrix} 2 & 1 & 1 \\ 0 & 0 & 0 \\ 1 & 0 & 1/2 \end{pmatrix} \quad \text{mit den Eigenwerten } \sigma_1 = \sigma_2 = 0 \text{ und } \sigma_3 = 5/2 \ . \tag{A.4}$$

Zum Eigenwert σ_1 gibt es nur einen linear unabhängigen Eigenvektor $x^{(1)} = (1, 0, -2)^T$. Die Bildung des verallgemeinerten Eigenvektors $x^{(2)}$ gemäß (A.3) führt zu $x^{(2)} = (a, 5, -2a-4)^T$ mit beliebigem a. Damit hat die Transformationsmatrix die Form

$$T = \begin{pmatrix} 1 & a & 2 \\ 0 & 5 & 0 \\ -2 & -2a-4 & 1 \end{pmatrix} \ ,$$

wobei der zu σ_3 gehörige Eigenvektor in der dritten Spalte der obigen Matrix steht. Mit (2.12) erhält man die transformierte Matrix (siehe (2.14'), erste Matrix)

$$D = \begin{pmatrix} 0 & 1 & 0 \\ 0 & 0 & 0 \\ 0 & 0 & 5/2 \end{pmatrix} \ .$$

Jetzt kommen wir zur Behandlung dreifacher Eigenwerte:

iv$_2$) Zu dem dreifachen Eigenwert gehören nur zwei linear unabhängige Eigenvektoren $x^{(1)}$ und $x^{(2)}$. Dann erhält den man den fehlenden dritten, den verallgemeinerten Eigenvektor $x^{(3)}$, als Lösung von

$$(J - \sigma I)\, x^{(3)} = a\, x^{(1)} + b\, x^{(2)} \ ; \quad a, b = \text{const} \ . \tag{A.5}$$

Einsetzen der drei Eigenvektoren $x^{(j)}$ (j=1, 2, 3) in die Matrix T führt dann wieder zu der Jordan-Blockform (2.14') mit $\sigma_3 = \sigma_1$.

Als Beispiel betrachten wir die Matrix

$$J = \begin{pmatrix} 1 & 0 & -1 \\ 0 & 1 & 1 \\ 0 & 0 & 1 \end{pmatrix} \tag{A.6}$$

mit dem dreifachen Eigenwert $\sigma = 1$. Dieser besitzt die beiden linear unabhängigen Eigenvektoren $x^{(1)} = (1, 0, 0)^T$ und $x^{(2)} = (0, 1, 0)^T$. Einsetzen in (A.5) führt zu dem verallgemeinerten Eigenvektor $x^{(3)} = (u, v, b)^T$, wobei in (A.5) $a = -b$ gesetzt werden muß und u, v beliebig sind. Man setzt daher als zweiten, gewöhnlichen Eigenvektor nicht $(0, 1, 0)^T$, sondern $x^{(2)} = (1, -1, 0)^T$. Dann ist der verallgemeinerte Eigenvektor durch $x^{(3)} = (u, v, -1)^T$ gegeben und man erhält man die Jordan-Blockmatrix nach Eintragen dieser drei Eigenvektoren in (2.12) in der Form

$$J = \begin{pmatrix} 1 & 0 & 0 \\ 0 & 1 & 1 \\ 0 & 0 & 1 \end{pmatrix} \ ,$$

wobei dieses Resultat mit der zweiten Matrix in (2.14') übereinstimmt.

iv_3) Zum dreifachen Eigenwert gehört nur ein linear unabhängiger Eigenvektor $x^{(1)}$. Die beiden verallgemeinerten Eigenvektoren sind dann Lösungen von

$$(J - \sigma I)\, x^{(2)} = x^{(1)} \quad \text{und} \quad (J - \sigma I)^2\, x^{(3)} = x^{(2)} ; \tag{A.7}$$

die dazugehörige Jordan-Blockform ist gegeben durch

$$D = \begin{pmatrix} \sigma & 1 & 0 \\ 0 & \sigma & 1 \\ 0 & 0 & \sigma \end{pmatrix} \quad . \tag{2.14''}$$

Als Beispiel sei die Matrix

$$J = \begin{pmatrix} 0 & 0 & 0 \\ 1 & 0 & 0 \\ 0 & 2 & 0 \end{pmatrix} \tag{A.8}$$

mit dem dreifachen Eigenwert $\sigma = 0$ vorgelegt. Zu diesem Eigenwert korrespondiert nur der Eigenvektor $x^{(1)} = (0, 0, 1)^T$. Einsetzen in (A.7) führt zunächst zu $x^{(2)} = (0, 1/2, g)^T$ mit beliebigem g. Anschließend führt die zweite Gleichung von (A.7) zu $x^{(3)} = (1/2, g/2, r)^T$ mit beliebigem r. Damit lautet die Transformationsmatrix

$$T = \begin{pmatrix} 0 & 0 & 1/2 \\ 0 & 1/2 & g/2 \\ 1 & g & r \end{pmatrix}$$

und die transformierte Matrix D hat - unabhängig von g und r - die Jordan-Blockform (2.14''). Abschließend können wir bei Betrachtung von (2.14') bzw. (2.14'') feststellen, daß die geometrische Vielfachheit eines Eigenwerts eine Invariante der Transformation (2.12) ist.

Aufgaben

2.1 Man beweise mit Hilfe der vollständigen Induktion den Satz 2.2.

2.2 Man entwickle ein Kriterium für die Stabilität 1-dimensionaler Abbildungen.
Hinweis: Welche mathematische Größe ist das 1-dimensionale Analogon der Eigenwerte einer Matrix des $\mathbf{R}^n$?

2.3 Man bestimme die Eigenwerte, die (verallgemeinerten) Eigenvektoren und die Jordan-Form der Matrizen

$$J_1 = \begin{pmatrix} 0 & 1 & 0 \\ 0 & 0 & 1 \\ -1 & -3 & -3 \end{pmatrix}, \quad J_2 = \begin{pmatrix} 0 & 1 & 0 \\ 0 & 0 & 1 \\ -2 & -5 & -4 \end{pmatrix}, \quad J_3 = \begin{pmatrix} 2 & -2 & 0 \\ 1 & 0 & 2 \\ 0 & 0 & 1 \end{pmatrix} .$$

2.4 Man bestimme Eigenwerte und Eigenvektoren der Matrizen

$$J = \begin{pmatrix} 0 & 1 & 0 \\ -1 & 0 & 0 \\ -1 & 2 & 0 \end{pmatrix} \; ; \; J = \begin{pmatrix} 1 & 0 & 0 \\ 0 & 1 & 0 \\ 0 & 2 & 2 \end{pmatrix}$$

und berechne gemäß (2.10) und (2.12) die transformierte Matrix D. Man vergleiche die dabei entstehenden Matrizen mit den entsprechenden Jordan-Formen in Abschnitt 2.1.

2.5 Man untersuche die Stabilität der Fixpunkte der 1-dimensionalen Abbildung

$$x_{j+1} = f(x_j) \; \text{mit} \; f(x) = \lambda \, x \, (1 - \frac{x^2}{6}) \; .$$

2.6 Man beweise mit Hilfe von Satz 2.1, daß die lineare Abbildung (2.19) nur einen einzigen Fixpunkt besitzt.
Hinweis: Jeder Vektor des $\mathbf{R}^n$, also auch der Vektor p-q in (2.5), läßt sich als Linearkombination der (verallgemeinerten) Eigenvektoren der Matrix A in (2.19) bilden. Welche Bedingungen müssen dann die Eigenwerte erfüllen, damit Satz 2.1 anwendbar ist und was bedeutet dies im Hinblick auf die Stabilität des Fixpunkts?

2.7 Man zeige, daß die Folge (2.24) für $r > 4$ divergiert.
Hinweis: Welchen Wert hat die Funktion f an der Stelle ihres Maximums?

2.8 Mit Hilfe einer Symbolverarbeitungs-Routine untersuche man die Stabilität der sekundären Fixpunkte der logistischen Parabel. Welchen Wert hat die Ableitung von $f(f(x))$ für $r = 1+\sqrt{6}$ und wie läßt sich Satz 2.4 anwenden?

2.9 Man bestimme die Stabilität der primären und sekundären Fixpunkte von

$$x \rightarrow x^2 - r \; ; \; x, r > 0 \; .$$

Treten Bifurkationen auf ?

2.10 Man zeige, daß der Fixpunkt der Hénon-Abbildung durch (2.30) gegeben ist.

2.11 Man untersuche numerisch die Kakadu-Abbildung

$$x_{j+1} = |1 + \sin(a \, x_j)| \, y_j - b \, \sqrt{|x_j|} \; , \; y_{j+1} = c - x_j \; ,$$

für die Parameter $a = 0{,}7$, $b = 1{,}2$, $c = 0{,}21$ und den Anfangspunkt $(0, 0)$.

2.12 Man bestimme die Stabilität der primären Fixpunkte von

$$x \rightarrow \lambda \sin x \; ; \; y \rightarrow x \; .$$

2.13 Man untersuche die Stabilität der Fixpunkte der Poincaré-Karte des Systems (2.32) mit der Ebene

$$\Sigma : \{ (x, y) \in \mathbf{R}^2 \mid x = 0, y > 0 \} \; .$$

2.14 Man berechne die Poincaré-Karte des Systems

$$\dot{x} = - y \sqrt{x^2 + y^2} \; ; \; \dot{y} = x \sqrt{x^2 + y^2} \; ; \text{Anfangsbedingungen} : x(0) = R \cos(\phi) \; ; y(0) = R \sin(\phi) \; ,$$

mit Hilfe von Momentaufnahmen zur Zeit $t = 2\pi$. Man berechne die Stabilität dieser Poincaré-Karte.
Hinweis: man berechne $\dot{x}/\dot{y}$ und integriere die resultierende Beziehung.

2.15 Man bilde die Poincaré-Karte der ebenen Kurve

$$x(t) = A_1 \cos(\omega_1 t) + A_2 \cos(\omega_2 t + \Delta) \; ; \; y(t) = \frac{dx(t)}{dt} \; ; \; A_j, \; \omega_j, \; \Delta = \text{const. für } j = 1, 2;$$

durch stroboskopische Aufnahmen zu den Zeiten $t = 2n\pi/\omega_2$ (n=1,2, ...). Welche Klassen von Poincaré-Karten erhält man für

i) $\omega_1 = N \omega_2$;   ii) $\omega_1 = \omega_2/N$;   iii) $\omega_1/\omega_2 \notin \mathbf{Z}$ (wobei $N \in \mathbf{N}$) ?

Wie lassen sich diese drei Spezialfälle interpretieren?

2.16 Vorgelegt sei (2.51) in $\mathbf{R}^2$.

i)   Man verifiziere (2.50).

ii) Man zeige, daß mit (2.51) die Eigenwerte von $\mathbf{W}$ in $\mathbf{R}^2$ die Beziehung $\sigma_1(t) \, \sigma_2(t) > 0$ erfüllen müssen.

2.17 Man verifiziere (2.70).
Hinweis: Man setze $f(q) = (1, 0)^T$ und $z = (0, 1)^T$ und verwende (2.64).

2.18 Vorgelegt sei die Cremona-Abbildung C:

$$C : \begin{pmatrix} x \\ y \end{pmatrix} \rightarrow \begin{pmatrix} x \cos \mu - (y - x^2) \sin \mu \\ x \sin \mu + (y - x^2) \cos \mu \end{pmatrix}$$

i)   Man zeige, daß C die Beziehung $\det[J(C)] = 1$ erfüllt. Da $\det[J(C)]$ die lokale Verzerrung des Flächenelements darstellt, bedeutet dies, daß C eine flächenerhaltende Abbildung ist.

ii) Man zeige, daß für alle Werte von μ der Ursprung elliptischer Punkt (sämtliche Eigenwerte an der Peripherie des Einheitskreises) ist.

3 Kontinuierliche dynamische Systeme

3.1 Definitionen, Existenz- und Eindeutigkeitssätze

Neben einem autonomen System, dessen Differentialgleichung explizit t-unabhängig ist

$$\dot{x} = F(x, \lambda) ; \quad \dot{} = \frac{d}{dt} , \; x, \, F \in R^n , \; t \in R, \; \lambda \in R^p , \qquad (3.1)$$

betrachten wir ein nicht-autonomes System, in dessen Differentialgleichung die unabhängige Variable t (im Folgenden häufig *Zeit* genannt) explizit auftritt:

$$\dot{x} = F(x, t, \lambda) \; . \qquad (3.2)$$

Man nennt F *Vektorfeld der Differentialgleichung* und man kann (3.1) bzw. (3.2) als Abbildung des R^{p+1} auf den R^n interpretieren. Ist F ein C^r-Diffeomorphismus (d.h. F ist r-fach stetig differenzierbar, die Inverse F^{-1} existiert und ist ebenfalls r-fach stetig differenzierbar), dann ist diese Abbildung umkehrbar eindeutig.

Mit Hilfe eines einfachen Tricks (Erweiterungstrick) kann man aber (3.2) in ein autonomes System überführen. Dabei behandelt man die unabhängige Variable t als zusätzliche abhängige Variable (der hochgestellte Index T bedeutet Transponierung)

$$y = (x_1, x_2, ..., x_n, t)^T \; ; \; G = (F_1, F_2, ..., F_n, 1)^T \; , \qquad (3.3.1)$$

und im R^{n+1} entsteht das erweiterte System

$$\dot{y} = G(x, \lambda) ; \; y, \, G \in R^{n+1} \; . \qquad (3.3.2)$$

Wir können also feststellen, daß ein nicht-autonomes System im R^n einem autonomen System im R^{n+1} entspricht. Mit anderen Worten: ein nicht-autonomes System hat einen Freiheitsgrad mehr als das entsprechende autonome System. Wir beschränken uns daher im Folgenden auf die Untersuchung von autonomen Systemen. Diese Klasse von Vektorfeldern besitzt einige bemerkenswerte Eigenschaften, die wir in Form von Sätzen behandeln wollen.

SATZ 3.1:
Ist $x(t)$ eine Lösung von (3.1), so ist $x(t + c)$ ebenfalls Lösung von (3.1).

BEWEIS:
Wir setzen $x(t + c) = \xi(\tau)$ mit $\tau = t + c$. Dann gilt mit (3.1) $\dot{x}(t+c) = d\xi/d\tau = F(\xi, \lambda)$. Dies ist aber wieder (3.1) und damit ist Satz 3.1 bewiesen. ✳

Um zu zeigen, daß nicht-autonome Vektorfelder diese Eigenschaft nicht aufweisen, betrachten wir als Beispiel $\dot{x} = \sin t, \; x \in R$. Die Lösung dieser Differentialgleichung ist $x(t) = - \cos t + $ const; $x(t + c)$ ist nur für $c = 0$ Lösung.

SATZ 3.2 (Lipschitz-Bedingung):
Wir gehen vom nicht-autonomen System (3.2) aus. Gilt lokal (in gewissen t-Intervallen)

$$| \mathbf{F}(\mathbf{x}, t) - \mathbf{F}(\mathbf{y}, t) | \le K | \mathbf{x} - \mathbf{y} | \ ,$$

und ist das Vektorfeld beschränkt, also $|\mathbf{F}(\mathbf{x}, t)| \le M$, dann existiert zu einer Anfangsbedingung $x(t = t_0) = x_0$ und für $|t| \le b$ bzw. $|\mathbf{x} - \mathbf{x}_0| \le \min(b, B)$ eine einzige Lösung von (3.1), die die Anfangsbedingung erfüllt (K ist die Lipschitz-Konstante).   ✱

Der Beweis findet sich bei Hochstadt (1975). Satz 3.2 gilt für nicht-autonome Systeme. Für autonome Systeme können wir jedoch wesentlich präzisere Aussagen machen:

SATZ 3.3:
Wir gehen vom autonomen System (3.1) aus. F sei ein C^r-Diffeomorphismus ($r \ge 1$) und $\mathbf{x}(t)$ sei Lösung von (3.1). Gilt für zwei Zeitpunkte $t_1 < t_2$, daß $\mathbf{x}(t_1) = \mathbf{x}(t_2)$, so folgt $\exists \, \mathbf{x}(t) \, \forall \, t \in \mathbf{R}$ und diese Lösung ist periodisch mit der Periode $T = t_2 - t_1$, d. h. $x(t + T) = x(t) \, \forall \, t \in \mathbf{R}$.

BEWEIS:
Voraussetzungsgemäß gilt $\mathbf{x}_a = \mathbf{x}(t_1) = \mathbf{x}(t_2)$. Betrachten wir $\mathbf{x}_a$ als Anfangspunkt, so existiert wegen Satz 3.2, der ja auch für autonome Systeme gilt, $\mathbf{x}(t + t_1) = \mathbf{x}(t + t_2)$. Jetzt bilden wir die Funktion $\mathbf{y}(t) = \mathbf{x}(t + t_1)$. $\mathbf{y}$ ist nach Satz 3.1 ebenfalls Lösung von (3.1) und es gilt

$$\mathbf{y}(t + T) = \mathbf{x}(t + t_1 + T) = \mathbf{x}(t + t_2).$$

Wegen $\mathbf{x}(t + t_1) = \mathbf{x}(t + t_2)$ folgt aber $\mathbf{y}(t + T) = \mathbf{x}(t + t_1) = \mathbf{y}(t)$. Dies bedeutet, daß $\mathbf{y}(t)$ periodisch mit der Periode T ist. Damit ist aber auch $\mathbf{x}(t)$ periodisch. Diese Funktion existiert für alle Zeiten, da man wegen der Periodizität der Lösung jeden Zeitpunkt $t \in \mathbf{R}$ schreiben kann als $t = nT + r; 0 < r < T; \mathbf{n} \in \mathbf{N}$.   ✱

Eine wichtige Konsequenz des Satzes 3.3 ist, daß Lösungen (und daher alle Orbits) autonomer System nicht sich selbst, oder einander, schneiden können, ohne zusammenzufallen. Der scheinbare Schnitt von Lösungskurven, die von verschiedenen Anfangspunkten ausgehen, läßt sich dadurch erklären, daß dieser 'Schnitt' durch Projektion höherdimensionaler Systeme (im $\mathbf{R}^n, n \ge 3$) in die Zeichenebene auftritt.

Jetzt soll der Begriff *Fluß* oder *Phasenfluß* eingeführt werden: es sei $x(t, x_0)$ Lösung von (3.1) mit der Anfangsbedingung $x(0, x_0) = x_0$, wobei wir hier - abweichend von der üblichen verkürzten Schreibweise $x(t)$ - die Abhängigkeit von den Anfangsbedingungen explizit anschreiben. Wegen der Eindeutigkeit gilt $x(t + p, x_0) = x(t, x(p, x_0))$, denn diese Beziehung reduziert sich ja für $t = 0$ zu $x(p, x_0) = x(0, x(p, x_0))$: dies sind zwei Lösungen, die von derselben Anfangsbedingung ausgehen und daher wegen des Eindeutigkeitstheorems 3.2 übereinstimmen. Beachtet man die Abhängigkeit von den Anfangsbedingungen, dann bildet $x(t, x_0)$ eine n-dimensionale Schar von Bahnkurven. Man kann zeigen, daß dies ein C^r-Diffeomorphismus im Phasenraum ist. $x(t, x_0)$ wird daher *Phasenfluß* (kurz: *Fluß*) genannt und in der Literatur auch mit $\Phi(t,x)$ (oder auch $\Phi_t(x)$) bezeichnet. Dieser Bezeichnungsweise schließen wir uns an.

Wir können diesen Fluß auch als Abbildung von Punktmengen auffassen, die entstehen, wenn man die Zeit t (und auch die Zeit der Anfangsbedingung, also t = 0) festhält und x_0 variiert. Für eine Punktmenge $S \subset \mathbf{R}^n$ würde man das Resultat dieser Abbildung mit $x(t, S)$ bezeichnen, was mit der Bezeichnung 'x' für die Punkte im Phasenraum in Konflikt steht. Daher verwendet man für diese Abbildung das Symbol $\Phi(t, S)$.

3.2 Eigenschaften der Lösungen von gewöhnlichen Differentialgleichungen

Der *Phasenraum* ist als Raum der abhängigen Variablen definiert. In vielen Fällen ist dies ein einfaches geometrisches Gebilde wie z. B. der Umfang eines Kreises, die Oberfläche eines Zylinders, einer Kugel oder eines Torus, etc.

Wir betrachten jetzt einige einfache Beispiele:

A) Eine eindimensionale Bewegung, beschrieben durch

$$\dot{\theta} = \omega \ .$$

θ ist eine Winkelvariable, die im Intervall $\theta \in [0, 2\pi]$. definiert ist. Man kann daher die Lösung der Differentialgleichung in der Form

$$\theta = \omega t \ \mathrm{mod} \ 2\pi$$

angeben (mod ist die Modulo-Funktion). Die Bewegung erfolgt auf dem Umfang eines Kreises S^1 (wir benutzen hochgestellte Indizes zur Beschreibung der Bewegung im Phasenraum).

B) Die Bewegung eines Pendels, beschrieben durch die Differentialgleichung

$$\dot{\theta} = u \ , \quad \dot{u} = - \sin\theta \ .$$

θ ist wieder Winkelvariable: $\theta \in [0, 2\pi]$. Die Geschwindigkeit ist eine reelle Variable: $u \in \mathbf{R}$. Dies bedeutet, daß die Bewegung im Phasenraum auf der Oberfläche eines Zylinders $S^1 \mathrm{x} \mathbf{R}$ (kartesisches Produkt) erfolgt.

C) Eine allgemeine bi-periodische Bewegung, beschrieben durch

$$\begin{pmatrix} \dot{\theta} \\ \dot{\varphi} \end{pmatrix} = \begin{pmatrix} F(\theta, \varphi) \\ G(\theta, \varphi) \end{pmatrix} \ .$$

Es gibt zwei Perioden T_1 und T_2 mit

$$F(\theta+T_1, \varphi) = F(0, \varphi+T_2) = F(0, \varphi) \ ,$$
$$G(\theta+T_1, \varphi) = G(\theta, \varphi+T_2) = G(\theta, \varphi)$$

Entsprechend der Periodizität variieren die Variablen im Rechteck

$$0 \le \theta \le T_1 \ , \quad 0 \le \varphi \le T_2 \ .$$

Dies bedeutet, daß die Bewegung auf der Oberfläche eines Torus mit

$$x = [R + r\cos(\omega_1 \theta)] \cos(\omega_2 \varphi) \ ,$$
$$y = [R + r\cos(\omega_1 \theta)] \sin(\omega_2 \varphi) \ ,$$
$$z = r\sin(\omega_1 \theta); \ \omega_j = 2\pi/T_j \ ,$$

erfolgt (siehe Bild 3.1). Die Phasenbahnen lassen sich für $\sigma \neq 0$ durch

$$\frac{d\theta}{d\varphi} = A(\theta, \varphi) \quad \text{mit} \quad A = \frac{F}{G}$$

bestimmen. Man sieht, daß A dieselbe Periodizität wie F oder G besitzt.

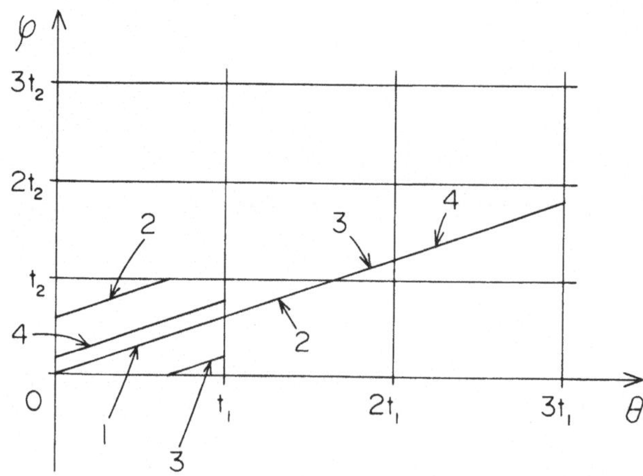

Bild 3.1 Bahnkurven bi-periodischer Systeme. Reduktion der Phasenebene auf das Elementardreieck

3.2.1 Stabilität von Lösungen

DEFINITION 3.1 (Stabilität im Sinne von Lyapunov):
Ist $\mathbf{x}(t)$ Lösung von (3.1), dann heißt $\mathbf{x}(t)$ *stabil* (im Sinne von Lyapuov, oder kurz *Lyapunov-stabil*) wenn man für jede andere Lösung $\mathbf{y}(t)$ von (3.1) ein $\varepsilon > 0$ vorgeben kann, so daß es ein $\delta(\varepsilon) > 0$ gibt mit

$$|\mathbf{x}(t_0) - \mathbf{y}(t_0)| < \varepsilon \Rightarrow |\mathbf{x}(t) - \mathbf{y}(t)| < \delta(\varepsilon) \quad \text{für} \quad t \in [t_0, \infty) \, . \qquad \spadesuit$$

DEFINITION 3.2 (Asymptotische Stabilität):
$\mathbf{x}(t)$ sei Lösung von (3.1) und Lyapunov-stabil. Dann heißt $\mathbf{x}(t)$ *asymptotisch stabil*, wenn man für jede andere Lösung $\mathbf{y}(t)$ von (3.1) ein $\varepsilon > 0$ vorgegeben kann, so daß

$$|\mathbf{x}(t_0) - \mathbf{y}(t_0)| < \varepsilon \Rightarrow |\mathbf{x}(t) - \mathbf{y}(t)| \rightarrow 0 \quad \text{für} \quad t \rightarrow \infty \, . \qquad \clubsuit$$

Heuristisch gesprochen bedeutet Definition 3.1, daß jede Lösung, die anfänglich nahe an einer Lyapunov-stabilen Lösung liegt, stets (zu allen Zeiten) nahe an dieser liegt. Definition 3.2 besagt, daß jede Lösung, die anfänglich einer asymptotisch stabilen Lösung benachbart ist, asymptotisch in diese Lösung übergeht. Eine Illustration dieser Aussagen findet sich in Bild 3.2. In der Praxis verwendet man jedoch meist die Methode der Linearisierung zur Bestimmung der Stabilität von Lösungen.

BEMERKUNG:
Die Begriffe *asymptotische* bzw. *Lyapunov-Stabilität* beziehen sich auf die *Stabilität der Lösung einer (einzigen, speziellen) Differentialgleichung*. Wir werden in Abschnitt 4.1 die strukturelle

Stabilität behandeln. Dabei wird die *Stabilität hinsichtlich kleiner Änderungen der Differential-gleichung* untersucht.

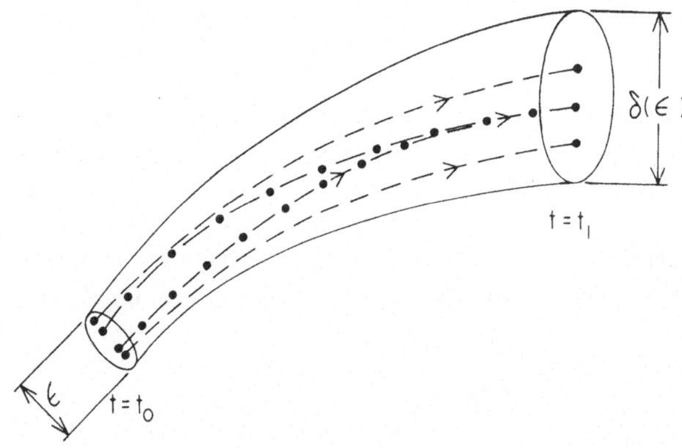

Bild 3.2 Lyapunov-Stabilität (äußere Bahnen) und asymptotische Stabilität (innere Bahnen)

3.2.2 Asymptotik

Es sei $\Phi(t, x_0)$ der Fluß des autonomen Systems (3.1) (die Parameterabhängigkeit wird ab jetzt nicht explizit angeschrieben) und F sei ein C^r-Diffeomorphismus. Dann führen wir den Begriff *invarianter Mengen* durch die folgende Definition ein:

DEFINITION 3.3 (Invarianz):
Die Menge $S \subset \mathbf{R}^n$ heißt *invariant* gegenüber dem Vektorfeld F von (3.1), wenn für jedes $x_0 \in$ S und alle $t \in \mathbf{R}$ gilt, daß $\Phi(t, x_0) \in S$. Gilt diese Beziehung nur für $t \geq 0$ ($t \leq 0$), dann nennt man die Menge S *positiv (negativ) invariant* (siehe Bild 3.3).

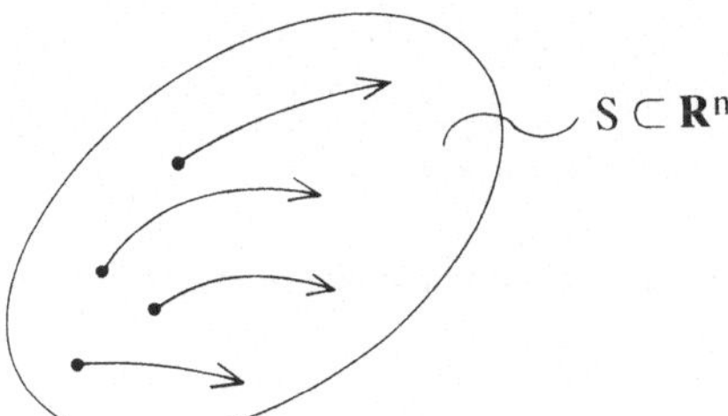

Bild 3.3 Invariante Mengen

DEFINITION 3.4 (invariante Mannigfaltigkeit):
Eine invariante Menge $S \subset \mathbf{R}^n$, die ein C^r-Diffeomorphismus ist, nennt man *invariante Mannig-faltigkeit*. ♠

Dieser Begriff wird jetzt erläutert:
Mannigfaltigkeiten, genauer gesagt, C^r-differenzierbare Mannigfaltigkeiten, bilden eigene mathematische Kategorien, deren strenge Behandlung Gegenstand eines weiteren Buches sein müßte. Wir empfehlen dazu dem interessierten Leser die Monographie von Dubrovin et al. In den Anwendungen, die im Rahmen unseres Buches auftreten werden, sind Mannigfaltigkeiten entweder *i)* Teilräume eines euklidischen Raumes, oder *ii)* m-dimensionale Hyperflächen, eingebettet in einen n-dimensionalen Raum.

BEISPIEL:
Wir betrachten das System

$$\dot{x} = x \, , \ \dot{y} = x^2 + y \, .$$

Hier gilt $d^k x/dt^k = x$; $k \in \mathbf{N}$, und mit der Anfangsbedingung $x(0) = 0$ folgt $x(t) = 0$. Die y-Achse ist daher eine invariante Mannigfaltigkeit. Auf ihr gilt $y(t) = y(0) \exp(t)$. Die Asymptotik diese Systems ist trivial und es gilt $y(t = -\infty) = 0$, $y(t = \infty) = \infty$. $\square$

DEFINITION 3.5 (nicht-wandernder Punkt):
Man nennt $x_0 \in \mathbf{R}^n$ *nicht-wandernden Punkt* des Vektorfelds, wenn in jeder Umgebung V von x_0 mit dem Fluß Φ die Beziehung

$$\Phi(t, V) \cap V \neq \varnothing \ \ \text{für alle} \ |t| > T > 0$$

erfüllt ist (siehe Bild 3.4). Die Gesamtheit nicht-wandernder Punkte nennt man *nicht-wandernde Menge*. Dies bedeutet, daß sich eine Bahnkurve nicht beliebig weit von ihrem Anfangspunkt entfernen kann (z.B. sind Fixpunkte oder Punkte auf periodischen Bahnen nicht-wandernde Punkte).   ♠

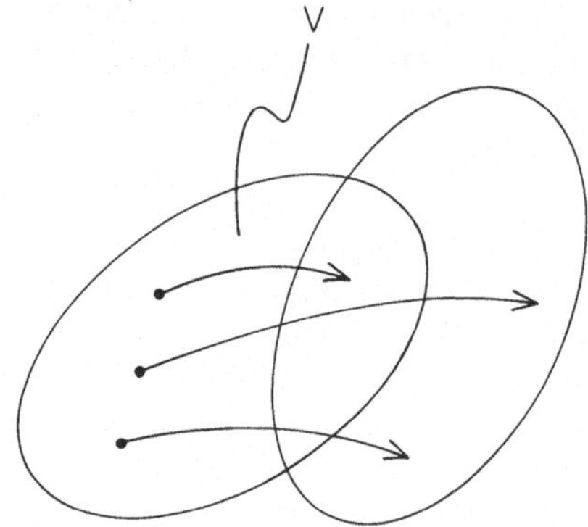

Bild 3.4 Nicht-wandernde Mengen

Als observable Zustande eines dynamischen Systems bezeichnen wir anziehende Mengen:

DEFINITION 3.6 (anziehende Menge):
Es sei A eine abgeschlossene invariante Menge $A \subset U$. Dann nennt man A eine *anziehende Menge (attracting set)*, wenn gilt, daß

$$\Phi(t, U) \rightarrow A \ \text{für} \ t \rightarrow \infty \, .$$

(Bem.: Fixpunkte, Grenzzyklen, Tori sind anziehende Mengen.)   ♠

Schließlich führen wir noch den Begriff des Anziehungsgebiets (basin of attraction) ein:

DEFINITION 3.7 (Anziehungsgebiet):
Ähnlich wie bei der anziehenden Menge sei

$$\Phi(t, V) \rightarrow A \ \text{für} \ x \in V \ \text{und} \ t \rightarrow \infty \, .$$

Dann nennen wir die Vereinigungsmenge der anziehenden Mengen

$$D_A = \bigcup_{t \leq 0} \Phi(t, V)$$

Anziehungsgebiet (basin of attraction) der anziehenden Menge.   ♠

BEISPIEL:
Wir betrachten den Pseudo-Duffing-Oszillator

$$\ddot{x} = x - x^3 - \delta \dot{x} \ ,$$

wobei sich diese Differentialgleichung durch das Vorzeichen des linearen Gliedes von der Duffing-Gleichung unterscheidet. Die kanonische Form ist

$$\dot{x}_1 = x_2 \ ; \ \dot{x}_2 = x_1 - x_1^3 - \delta x_2 \ .$$

Wir nehmen vorweg, daß die Fixpunkte durch $\mathbf{x}_1 = (0, 0)$, einen instabilen Sattel, und $\mathbf{x}_{2,3} = (\pm 1, 0)$, zwei stabile Senken, gegeben sind. Eine Gerade durch den Sattel (dies ist die stabile Mannigfaltigkeit des Sattelpunktes, siehe Abschnitt 3.5) trennt die numerisch zu bestimmenden Anziehungsgebiete der Senken (siehe Bild 3.5).

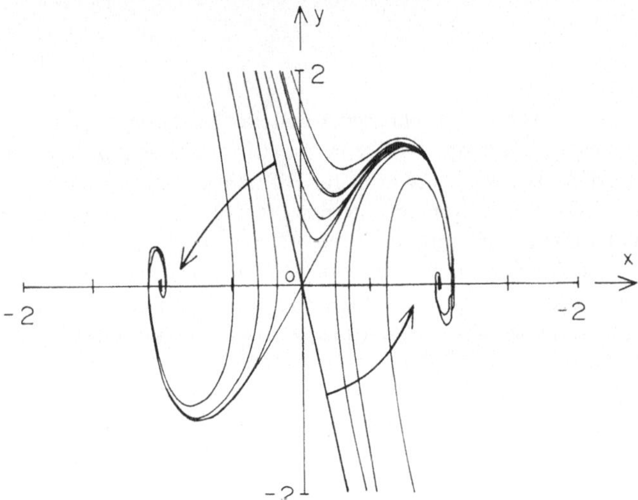

Bild 3.5 Anziehungsgebiete der Senken des Pseudo-Duffing-Oszillators ($\delta = 1$)

3.3 Fixpunkte

Wir haben in Abschnitt 3.2 besprochen, daß dynamische Systeme in vielen Fällen asymptotisch (für $t \to \infty$) 'einfaches Verhalten' aufweisen. Die Bahnkurven münden in einen Attraktor (Fixpunkt, Grenzzyklus, Torus oder seltsamer Attraktor). Der einfachste dieser Attraktoren ist der Fixpunkt. Dynamische Systeme sollen jetzt in Bezug auf Fixpunkte, deren Stabilität und das Verhalten der Bahnen in der Nähe von Fixpunkten untersucht werden.

Als *Fixpunkt* (äquivalente Bezeichnungen sind Gleichgewichtspunkt, stationärer Punkt, in der angelsächsischen Literatur wird auch die Bezeichnung *singular point* verwendet) bezeichnet man die stationären Lösungen von (3.1), also

$$F(x, \lambda) = 0 \quad , \quad x, F \in \mathbf{R} \ . \tag{3.4}$$

Läßt sich (3.4) nach x auflösen, so entsteht

$$x = x(\lambda) \ . \tag{3.5}$$

Beschränkt man sich auf ein-parametrige Systeme, also $\lambda \in \mathbf{R}$, so erhält man nach Einsetzen von (3.5) in (3.4)

$$F(x(\lambda), \lambda) = G(\lambda) = 0 \ . \tag{3.4'}$$

Differentiation von (3.4') nach λ liefert

$$J_{km} \frac{dx_m}{d\lambda} = - \frac{\partial F_k}{\partial \lambda} \ ; \ J_{km} = \frac{\partial F_k}{\partial x_m} \tag{3.6}$$

(J ist dabei die Funktional- oder Jacobi-Matrix). Der Fixpunkt (3.5) existiert und ist eindeutig, sofern (3.6) lösbar ist, also falls

$$\det(J) \neq 0 \ . \tag{3.7}$$

Die Gleichungen (3.4) bis (3.7) entsprechen aber dem Theorem impliziter Funktionen. Damit ist Existenz und Eindeutigkeit der Fixpunkte (3.5) durch das Theorem impliziter Funktionen festgelegt. Punkte, an denen (3.7) nicht erfüllt ist, werden wir später Bifurkations- bzw. Katastrophenpunkte nennen. Im Falle des - in der Praxis weniger interessanten - Falles parameterfreier Systeme gilt an Stelle von (3.4) F(x) = 0 und (3.6) entfällt.

Nicht-autonome Systeme besitzen keine Fixpunkte: die (n+1)-te Gleichung des erweiterten Systems (3.3.2) läßt keine stationäre Lösung zu. Äquivalent dazu verschwinden bei nicht-autonomen Systemen sämtliche Elemente in der letzten Zeile der Jacobi-Matrix des erweiterten Systems. Diese Matrix ist singulär: det(J) = 0.

Neben der Existenz ist natürlich die Frage der Stabilität von Fixpunkten von Bedeutung:

3.3.1 Stabilität von Fixpunkten

Es sei $x_0(\lambda)$ Fixpunkt, also Lösung von (3.4). Dann läßt sich dieser Fixpunkt mit Hilfe der Transformation

$$\xi = x - x_0(\lambda) \tag{3.8.1}$$

in den Ursprung verlegen und es gilt

$$\dot{\xi} = G(\xi, \lambda) = F(\xi + x_0(\lambda), \lambda) \ ; \ \text{mit } G(0, \lambda) = 0 \ . \tag{3.8.2}$$

Zur Untersuchung der Stabilität des Fixpunkts verwenden wir jetzt das Konzept der Linearisierung, bzw. die Methode kleiner Störungen. Eine kleine Störung des Fixpunkts $\xi = 0$ ist durch

$$\xi(t) = \varepsilon \, g(t) \; ; \; \varepsilon \to 0_+; \, |g(t)| = O(1) \tag{3.9}$$

gegeben (ε ist ein kleiner Linearisierungsparameter). Nach Einsetzen von (3.9) in (3.8.2) führt eine Taylor-Entwicklung in niedrigster Ordnung zu

$$\dot{g} = J_\xi(G(0, \lambda)) \, g \; . \tag{3.10}$$

Dabei bezeichnet $J_\xi(G(0, \lambda))$ die Jacobi-Matrix des Vektorfeldes G in Bezug auf die Variable ξ an der Stelle $\xi = 0$. (3.10) ist nun ein lineares System mit der konstanten Koeffizientenmatrix J_ξ. Wir verwenden daher zu seiner Lösung den Exponentialansatz

$$g(t) = e \, \exp(\sigma \, t) \; ; \; e, \, \sigma = \text{const.} \tag{3.11}$$

Damit geht aber (3.10) in das Eigenwertproblem

$$(J_\xi - \sigma \, I) \, e = 0 \tag{3.12}$$

über, wobei σ der Eigenwert und e der Eigenvektor ist (I ist die Einheitsmatrix). Wir erhalten als Lösung von (3.12) n i.a. komplexe Eigenwerte und ordnen sie nach abnehmenden Realteilen

$$\text{Re}(\sigma_1) \geq \text{Re}(\sigma_2) \geq \dots \geq \text{Re}(\sigma_n) \text{ mit } \sigma_j = \text{Re}(\sigma_j) + \text{Im}(\sigma_j) \; , \tag{3.13}$$

wobei das Gleichheitszeichen andeutet, daß zusammenfallende Eigenwerte auftreten können. Dieses Ordnungsprinzip korrespondiert wegen (3.11) zu einer Anordnung von Störgliedern mit abnehmender Instabilität und es gilt

SATZ 3.4 (Stabilitätstheorem):
Weisen sämtliche Eigenwerte der Jacobi-Matrix in (3.10) negative Realteile auf, also $\text{Re}(\sigma_1) < 0$, dann ist der Fixpunkt $\xi = 0$ bzw. $x_0(\lambda)$ (linear) asymptotisch stabil. ✾

BEMERKUNG:
Es ist klar, daß kleine Störungen eines Fixpunkts mit negativen (positiven) Realteilen der Eigenwerte stabil (instabil) sein müssen, da diese Störungen gemäß (3.11) asymptotisch exponentiell abklingen (anwachsen). Gilt daher $\text{Re}(\sigma_1) > 0$, so ist der Fixpunkt instabil. Im Falle $\text{Re}(\sigma_1) < 0$ versagt die Linearisierung und es müssen nichtlineare Glieder zur Bestimmung der Stabilität des Fixpunkts herangezogen werden. Dies kann durch Bildung der Normalform (siehe Abschnitt 3.6) erreicht werden.

Punkte, deren (lineare) Stabilität durch die Linearisierung bestimmt werden kann, tragen einen besonderen Namen:

DEFINITION 3.8 (hyperbolischer Fixpunkt):
Man bezeichnet Fixpunkte mit $\text{Re}(\sigma_j) \neq 0$ ($j = 1, 2, \dots, n$) als *hyperbolische Fixpunkte*. Jeden anderen Fixpunkt, bei dem mindestens ein Realteil eines Eigenwerts Null ist, nennt man *nicht-hyperbolischen Fixpunkt*. ♠

BEISPIEL:
Wir betrachten nichtlinear gedämpfte Pendelschwingungen (λ ist ein Dämpfungsparameter):

$$\ddot{x} + D(\dot{x})\,\dot{x} + x = 0\;;\; D(\dot{x}) = \lambda\,\dot{x}^{2m}\;;\; m \in \mathbf{N}_+\,. \tag{3.14}$$

In kanonischer Form geschrieben lautet (3.14)

$$\dot{x} = -\,y\;;\; \dot{y} = x - \lambda\,y^{2m+1}\quad. \tag{3.15}$$

Der Ursprung ist der einzige Fixpunkt von (3.15) und seine Stabilität ist durch die Eigenwerte der Jacobi-Matrix ($m \geq 1$, nichtlinearer Fall)

$$J_0 = J(0,0) = \begin{pmatrix} 0 & -1 \\ 1 & 0 \end{pmatrix}$$

charakterisiert. Die Eigenwerte sind rein imaginär ($\sigma_{1,2} = \pm i$) und die Linearisierung versagt. Im Rahmen einer heuristischen Vorgehensweise könnte man argumentieren, daß, ausgehend vom linearen Fall $m = 0$, der Fixpunkt, der die Ruhelage darstellt, für $\lambda > 0$ gedämpft und daher stabil, für $\lambda < 0$ angefacht und daher instabil sein sollte. Unter Verwendung von Normalformen wird in Aufgabe 3.15 für $m = 1$ gezeigt, daß diese heuristische Schlußweise tatsächlich zum richtigen Ergebnis führt.   ❑

3.3.2 Struktur von Lösungen in kleinen Umgebungen von Fixpunkten

Hier gehen wir von folgendem Satz aus (siehe Wiggins (1990):

SATZ 3.5 (Theorem von Hartman-Grobman):
Es sei das Vektorfeld F in (3.1) (ohne explizite Angabe der Parameter) ein C^r-Diffeomorphismus und x_0 sei ein hyperbolischer Fixpunkt $F(x_0) = 0$. Dann ist der Fluß des Vektorfeldes (3.1) in einer Umgebung des Fixpunkts C^0-konjugiert (topologisch äquivalent, siehe Abschnitt 2.4) zum assoziierten linearisierten Vektorfeld (3.10).
(Der Beweis findet sich bei Arnold (1973)).   ✳

Dieser Satz dient zur Motivation der folgenden Untersuchungen linearer Probleme:
Wir gehen wieder vom System (3.8) aus. In einer kleinen Umgebung des Fixpunkts $\xi = 0$ gilt (3.9) mit der linearen Differentialgleichung (3.10) und der konstanten Koeffizienten-Matrix J_ξ, die wir jetzt in der abgekürzten Form

$$\dot{g} = A\,g\;;\; A = J_\xi(G(0,\lambda))\;;\; g \in \mathbf{R}^n \tag{3.10'}$$

hinschreiben. Mit der Anfangsbedingung $g(0) = g_0$ hat (3.10') die Lösung

$$g(t) = g_0\,\exp(A\,t)\;, \tag{3.16}$$

wobei der Operator $\exp(At)$ durch die Taylor-Entwicklung

$$\exp(A\,t) = \sum_{k=0}^{\infty} \frac{t^k}{k!} A^k \quad \text{mit} \quad A^0 = I \qquad (3.17)$$

definiert ist. Der Raum $\mathbf{R}^n$ läßt sich als direkte Summe der Unterräume

$$\mathbf{R}^n = \mathbf{E}^c \oplus \mathbf{E}^i \oplus \mathbf{E}^s \qquad (3.18)$$

darstellen, wobei die drei Unterräume $\mathbf{E}^j$ durch die entsprechenden (verallgemeinerten) Eigenvektoren $\mathbf{e}_k$ der Jacobi-Matrix (siehe (3.12)) aufgespannt werden:

$$\mathbf{E}^c = \text{Span}\{\mathbf{e}_1, \ldots, \mathbf{e}_c\}: \text{zentraler Unterraum}, \qquad (3.19.1)$$

$$\mathbf{E}^i = \text{Span}\{\mathbf{e}_{c+1}, \ldots, \mathbf{e}_{c+i}\}: \text{instabiler Unterraum}, \qquad (3.19.2)$$

$$\mathbf{E}^s = \text{Span}\{\mathbf{e}_{c+i+1}, \ldots, \mathbf{e}_{c+i+s}\}: \text{stabiler Unterraum } (c + i + s = n). \qquad (3.19.3)$$

Dabei sind die Eigenwerte bzw. die Eigenvektoren durch

$$\text{Re}(\sigma_j) \begin{cases} = 0 & \text{für } 1 \le j \le c \\ > 0 & \text{für } c + 1 \le j \le c + i \\ < 0 & \text{für } c + i + 1 \le j \le n \end{cases}$$

festgelegt und es gilt folgendes Theorem:

SATZ 3.6:
Liegt eine Bahnkurve von (3.10') anfänglich in $\mathbf{E}^p$ (p = c, i, s), so liegt sie für alle Zeiten in demselben Unterraum $\mathbf{E}^p$. Diese drei Unterräume sind also invariante Mannigfaltigkeiten.

BEWEIS:
Mit (3.16) und (3.17) gilt

$$g(t) = \sum_{k=0}^{\infty} \frac{t^k}{k!} A^k g(0) \quad \text{mit} \quad g(0) = \sum_{j=j_0}^{j_1} C_j\,\mathbf{e}_j \; ; \; \mathbf{e}_j \in \mathbf{E}^p \text{ mit } p = c, i, s \; ; \; C_j = \text{const} \; .$$

Es gilt aber

$$A^k g(0) = \sum_{j=j_0}^{j_1} C_j\,A^k\,\mathbf{e}_j = \sum_{j=j_0}^{j_1} C_j\,\sigma_j^k\,\mathbf{e}_j \in \mathbf{E}^p \; ,$$

und damit folgt, daß

$$g(0) \in \mathbf{E}^p \Rightarrow g(t) \in \mathbf{E}^p \quad \text{für} \quad p = c, i, s \; . \qquad \text{❋}$$

Dieser Sachverhalt läßt sich noch weiter präzisieren:

SATZ 3.7:
Eine Bahnkurve, die im $\mathbf{E}^s$ beginnt, geht für $t \to \infty$ in die Lösung $g = 0$ über. Umgekehrt geht jede Lösung, die vom $\mathbf{E}^i$ ausgeht, für $t \to -\infty$ in $g = 0$ über.

Dies soll jetzt unter Beschränkung auf den Raum $\mathbf{R}^3$ bewiesen werden:

BEWEIS im $\mathbf{R}^3$:
Im $\mathbf{R}^3$ können folgende Kombinationen von Eigenwerten auftreten:

i) drei reelle Eigenwerte;
ii) ein reeller und zwei konjugiert komplexe Eigenwerte.

Im Fall i) existieren drei Möglichkeiten:

i_1) drei verschiedene reelle Eigenwerte;
i_2) ein einfacher und ein doppelter Eigenwert;
i_3) ein dreifacher Eigenwert.

Entsprechend den Überlegungen im Anhang A des Kapitel 2 läßt sich in jedem dieser Fälle mit Hilfe der (verallgemeinerten) Eigenvektoren eine Transformations-Matrix $T = (e_1, e_2, e_3)$ bilden. Damit erhält man die Jordan-Form D der Jacobi-Matrix A:

$$D = T^{-1} A T = \begin{pmatrix} a & b & 0 \\ c & d & p \\ 0 & 0 & q \end{pmatrix} \quad . \tag{3.20}$$

Die Konstanten a, b, c, d, p und q müssen für die einzelnen Fälle spezifiziert werden. Eintragen von (3.20) in (3.16) führt zunächst zu

$$g(t) = \exp(T D T^{-1} t) g_0 = T \exp(D t) T^{-1} g_0.$$

Mit

$$z(t) = T^{-1} g(t) \tag{3.21.1}$$

erhalten wir jedoch

$$z(t) = \exp(Dt) z(0) . \tag{3.21.2}$$

Die Berechnung des Operators $\exp(Dt)$ muß jetzt für die Fälle i_1 bis ii getrennt erfolgen. Zur Motivation der folgenden Schritte bilden wir zunächst ausgehend von (3.20) die Matrix

$$D^2 = \begin{pmatrix} a^2 + b\,c & b\,(a + d) & p\,b \\ c\,(a + d) & d^2 + b\,c & p\,(d + q) \\ 0 & 0 & q^2 \end{pmatrix} \tag{3.22}$$

Jetzt sollen die einzelnen Fälle behandelt werden. Die Herleitung der Jordan-Formen findet sich in im Anhang des Kapitels 2.

Fall i_1:
Hier gilt

$$D = \begin{pmatrix} \sigma_1 & 0 & 0 \\ 0 & \sigma_2 & 0 \\ 0 & 0 & \sigma_3 \end{pmatrix}$$

und wegen (3.20) und (3.22) hat (3.21) die Form

$$z(t) = \begin{pmatrix} \exp(\sigma_1 t) & 0 & 0 \\ 0 & \exp(\sigma_2 t) & 0 \\ 0 & 0 & \exp(\sigma_3 t) \end{pmatrix} z(0) \ . \tag{3.23}$$

Fall i_2:
u sei ein doppelter und w einfacher Eigenwert. Existieren zu u zwei linear unabhängige Eigen-vektoren, so ist D diagonalisierbar und es gilt weiterhin (3.23). Ist die geometrische Vielfachheit des Eigenwerts jedoch Eins, so lautet die Jordan-Form

$$D = \begin{pmatrix} u & 1 & 0 \\ 0 & u & 0 \\ 0 & 0 & w \end{pmatrix} \ , \tag{3.24}$$

und mit (3.24) entsteht aus (3.21)

$$z(t) = \begin{pmatrix} \exp(ut) & \exp(ut) & 0 \\ 0 & \exp(ut) & 0 \\ 0 & 0 & \exp(wt) \end{pmatrix} z(0) \ . \tag{3.25}$$

Fall i_3:
u ist ein dreifacher Eigenwert. Der von (3.23) bzw. (3.25) zu unterscheidende Fall ist der eines Eigenwerts mit geometrischer Vielfachheit Eins. Hier lautet die Jordan-Form der transformierten Matrix

$$D = \begin{pmatrix} u & 1 & 0 \\ 0 & u & 1 \\ 0 & 0 & u \end{pmatrix} \tag{3.26}$$

und (3.21) geht in

$$z(t) = \begin{pmatrix} 1 & t & t^2/2 \\ 0 & 1 & t \\ 0 & 0 & 1 \end{pmatrix} \exp(ut)\, z(0) \tag{3.27}$$

über.

Es bleibt noch die Behandlung des Falles komplexer Eigenwerte:

Fall ii:

Hier sind die Eigenwerte durch

$$\sigma_{1,2} = u + i\,v\;;\quad \sigma_3 = w$$

bestimmt, die Jordan-Form der Matrix A lautet

$$D = \begin{pmatrix} u & v & 0 \\ -v & u & 0 \\ 0 & 0 & w \end{pmatrix} \tag{3.28}$$

und mit (3.20) ergibt sich

$$z(t) = \begin{pmatrix} \exp(ut)\cos(vt) & \exp(ut)\sin(vt) & 0 \\ -\exp(ut)\sin(vt) & \exp(ut)\cos(vt) & 0 \\ 0 & 0 & \exp(wt) \end{pmatrix} z(0)\ . \tag{3.29}$$

Zum Beweis des Satzes 3.7 muß nur noch angeführt werden, daß wegen (3.21) die Bahnkurve in den vier Fällen gemäß (3.23), (3.25). (3.27) und (3.29) für positive (negative) Realteile - dies entspricht Bahnen im E^i (E^s) - asymptotisch für $t \to -\infty$ ($t \to \infty$) gegen Null gehen.   ✳

Abschließend soll noch der Begriff des *Einzugsgebiets* (trapping region) eines Fixpunkts eingeführt werden.

DEFINITION 3.9:
Wir gehen wieder vom System (3.1) aus. Es sei D ein Unterraum des $\mathbf{R}^n$, wobei der Fixpunkt x_0 im Inneren von D liegt. Zeigt der Fluß $\Phi(t, x)$ am Rand von D überall ins Innere von D (siehe Bild 3.6), dann nennt man D das *Einzugsgebiet* des Fixpunkts x_0.   ♠

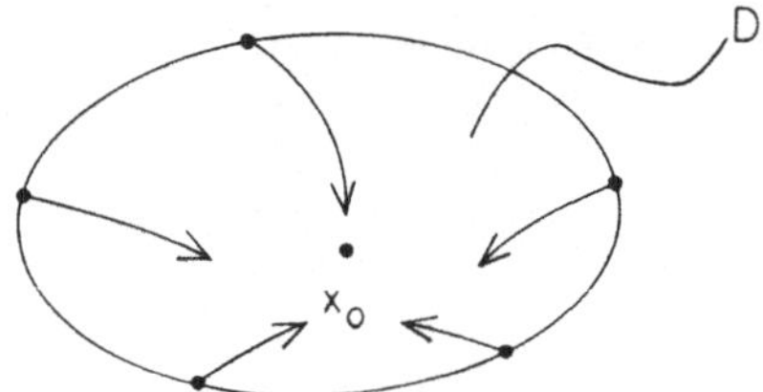

Bild 3.6 Einzugsgebiet D (trapping region) eines Fixpunkts x_0

Die Bestimmung des Einzugsgebiets oder des Anziehungsgebiets eines Fixpunkts kann i. a. nur numerisch vorgenommen werden. Manchmal ist es jedoch möglich, eine Untermenge des Einzugsgebiets in Form des Innenbereichs einer geschlossenen Oberfläche im $\mathbf{R}^n$ zu finden. Ist $H(x) = 0$ ($x \in \mathbf{R}^n$) eine derartige Oberfläche, die den Fixpunkt im Inneren enthält, so bildet man den Fluß Φ, der durch diese Oberfläche geht, in der Form

$$\Phi = \dot{H} = \sum_{k=1}^{n} \dot{x}_k \frac{\partial H}{\partial x_k}\ .$$

Gelingt es nun, eine Oberfläche H = const mit dH/dt < 0 zu finden, dann ist der Innenbereich von H = const eine Untermenge des Einzugsgebiets des Fixpunkts.

Auch diese Vorgehensweise ist oft äußerst aufwendig und nur selten erfolgreich (eine Anwendung für den Fall des Lorenz-Attraktors findet man bei Sparrow (1982)). In manchen Anwendungen ist jedoch ratsam, zu einem geeigneten Koordinatensystem überzugehen. Das folgende Beispiel soll dies illustrieren:

BEISPIEL:
Wir untersuchen den *Van der Pol-Oszillator*

$$\dot{x} = y \; , \quad \dot{y} = -x + (x^2 - a) \; y \; . \tag{3.30}$$

Der Ursprung ist der einzige Fixpunkt von (3.30); dieser ist für $a > 0$ stabil. Geht man zu Polarkoordinaten (r, φ) über, dann entsteht

$$\dot{r} = r \sin^2\varphi \, [r^2 \sin^2\varphi - a] \; . \tag{3.30'}$$

Dies bedeutet aber $r < \sqrt{a} \Rightarrow \dot{r} < 0$. Damit ist das Innere des Kreises mit dem Radius $\sqrt{a}$ Einzugsgebiet des Fixpunkts $r = 0$. $\qquad\qquad\qquad\qquad\qquad\qquad\qquad\qquad\qquad\qquad\qquad$ ❑

Eine weiteres Beispiel findet sich in Aufgabe 3.13.

3.3.3 Klassifikation von Fixpunkten

Wir gehen wieder vom System (3.8) mit dem Fixpunkt $\xi = 0$ aus und führen in partieller Analogie zu Definition 2.6 eine Einteilung der Fixpunkte dynamischer Systeme ein. Eine detailliertere Spezifikation hyperbolischer Fixpunkte ist:

h_1: Ein Teil der Eigenwerte hat positive, der andere Teil hat negative Realteile. Dieser instabile hyperbolische Fixpunkt wird *Sattelpunkt* (oder nur *Sattel*) genannt. Hier existieren stabile und instabile Mannigfaltigkeiten, auf denen die Bahnkurve vom Fixpunkt angezogen bzw. abgestoßen wird. Eine Begründung für die Namengebung wird im Abschnitt 3.4 für Hamilton-Systeme nachgetragen.

h_2: Sämtliche Eigenwerte sind reell und positiv. Der Fixpunkt ist instabil und wird *Quelle* genannt. Sind die Eigenwerte komplex mit positiven Realteilen, so bezeichnet man diesen Fixpunkt als *instabilen Windungspunkt* (auch *instabile Spirale* oder *Knoten*).

h_3: Sind alle Eigenwerte reell und negativ, so ist der Fixpunkt stabil und heißt *Senke*. Sind die Eigenwerte komplex und ihre Realteile negativ, so nennt man diesen Fixpunkt *stabilen Windungspunkt* (auch *stabile Spirale* oder *Knoten*).

Schließlich nennt man einen nicht-hyperbolischen Fixpunkt, bei dem rein imaginäre Eigenwerte auftreten, ein *Zentrum*.

Eine schematische Darstellung der Bahnkurven in der Nähe dieser Fixpunkte findet sich in Bild 3.7.

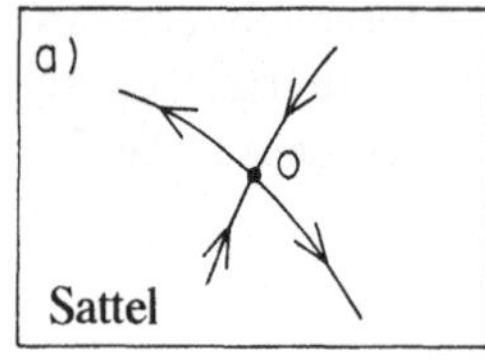

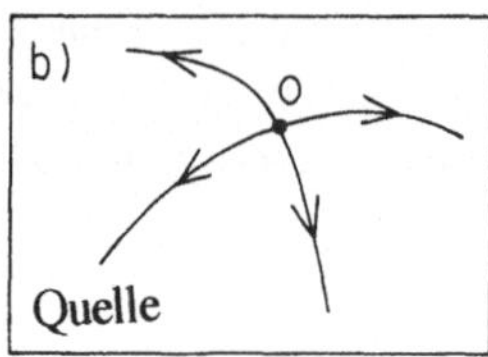

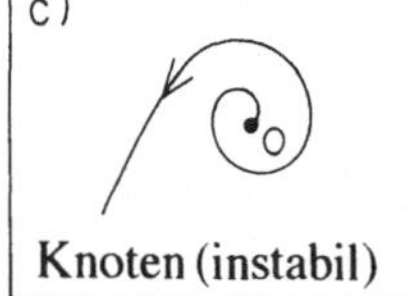

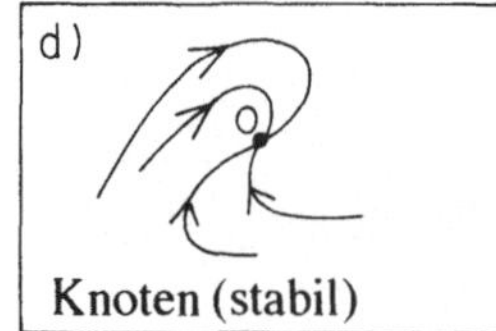

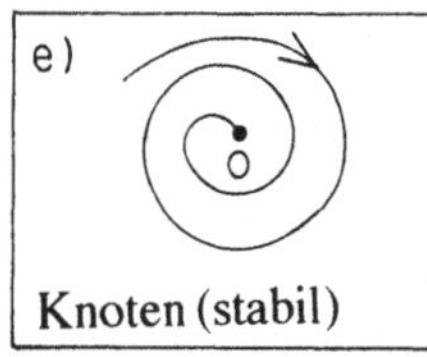

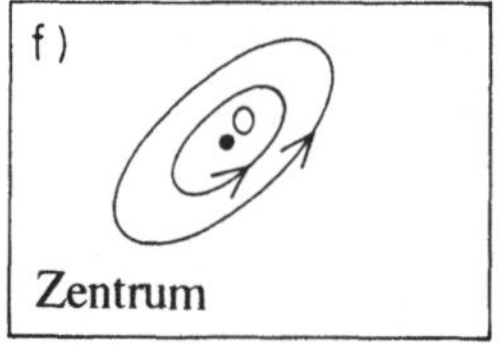

Bild 3.7 Schematische Darstellung verschiedener Typen von Fixpunkten

Die folgenden Überlegungen beschränken sich auf *ebene Systeme*. Vorgelegt sei das System mit einem Fixpunkt im Ursprung (a, b, c, d sind Konstante, und die Funktionen P und Q sind quadratisch in x und y):

$$\dot{x} = a\,x + b\,y + P(x, y)\,;$$
$$\dot{y} = c\,x + d\,y + Q(x, y)\,. \tag{3.31}$$

Die Jacobi-Matrix für den Fixpunkt hat die Form

$$J(0, 0) = J_0 = \begin{pmatrix} a & b \\ c & d \end{pmatrix}.$$

Ihre Eigenwerte sind

$$\sigma_{1,2} = \frac{S}{2} \pm \sqrt{\frac{S^2}{4} - \Delta} \quad \text{mit } S = \text{Spur}(J_0) \text{ und } \Delta = \det(J_0)\,.$$

Damit ergeben sich die folgenden Spezialfälle:

$h_1:$ *Sattel*
Hier setzen wir $a = d = 0$ und $bc > 0$ und es gilt

$$\begin{pmatrix} \dot{x} \\ \dot{y} \end{pmatrix} = \begin{pmatrix} 0 & b \\ c & 0 \end{pmatrix} \begin{pmatrix} x \\ y \end{pmatrix}$$

Als Phasenkurven erhält man die Hyperbeln

$$\frac{dy}{dx} = \beta\,\frac{x}{y}\,;\quad \beta = \frac{c}{b} > 0 \quad \text{oder} \quad \beta\,x^2 - y^2 = \text{const}\,.$$

Die Eigenwerte sind $\sigma_{1,2} = \sqrt{(bc)}$, die Eigenvektoren liegen in Richtung der Asymptoten der Hyperbeln. Eine der beiden Richtungen ist anziehend, die andere abstoßend.

$h_2: Quelle$
Hier gilt mit $b = c = 0$ und $a, d > 0$:

$$\begin{pmatrix} \dot{x} \\ \dot{y} \end{pmatrix} = \begin{pmatrix} a & 0 \\ 0 & d \end{pmatrix} \begin{pmatrix} x \\ y \end{pmatrix} .$$

Als Phasenkurven erhält man $y = c\, x^{\gamma}$ ($\gamma = d/a > 0$, $c = $ const.) und die Eigenwerte sind $\sigma_1 = a > 0$, $\sigma_2 = b > 0$.

$h_3: Senke$
Wie h_2 (Quelle), jedoch mit $a < 0$ und $b < 0$.

Bleibt noch das

Zentrum:
Wie h_1 (Sattel), jedoch mit $bc < 0$. Die Phasenbahnen sind die den Fixpunkt umkreisenden Ellipsen $y^2 + |c/b|\, x^2 = $ const. (daher die Bezeichnung Zentrum) und die Eigenwerte sind rein imaginär: $\sigma_{1,2} = \pm i \sqrt{|bc|}$.

Abschließend behandeln wir noch den Fall der

Windungspunkte: Hier setzen wir

$$\begin{pmatrix} \dot{x} \\ \dot{y} \end{pmatrix} = \begin{pmatrix} \cos\varphi & \sin\varphi \\ -\sin\varphi & \cos\varphi \end{pmatrix} \begin{pmatrix} x \\ y \end{pmatrix}$$

(φ ist ein reeller Parameter). Mit $z = x + iy$ entsteht $\dot{z} = \exp(-i\varphi)\, z$. Mit $z(t) = R(t) \exp(i\delta(t))$ erhalten wir die Phasenbahnen

$$\frac{dR}{d\delta} = -(\cot\varphi)\, R , \quad \text{also} \quad R = R(0) \exp(-\delta \cot\varphi) .$$

Dies ist die Parameterdarstellung einer logarithmischen Spirale. Die Eigenwerte dieses Fixpunkts sind durch $\sigma_{1,2} = \exp(\pm i\varphi)$ gegeben. Die Spirale ist also für $-\pi/2 < \varphi < \pi/2$ instabil und im restlichen Winkelbereich stabil.

3.3.4 Pendelschwingungen

Als physikalische Anwendung sollen einfache und zusammengesetzte Pendelschwingungen behandelt werden. Wir betrachten zuerst ein

i) *Einfaches Pendel*
Hier gilt die Differentialgleichung

$$\ddot{x} + \delta\, \dot{x} + \sin x = \gamma \cos(\omega t) , \qquad (3.32)$$

dabei ist x der Winkel der Auslenkung ($-\pi \leq x \leq \pi$), $\dot{x}$ ist hingegen eine reelle Variable. δ ist Dämpfungskonstante, $\gamma \geq 0$ und $\omega \geq 0$ sind Amplitude und Frequenz einer externen Anregung.

Wir beginnen mit der Untersuchung des Spezialfalles

i_1) *Das freie, nicht angeregte Pendel*
Mit $\gamma = 0$ erfolgt die Bewegung im Phasenraum auf der Oberfläche eines Zylinders. In kanonischer Form entsteht

$$\dot{x} = y \; ; \; \dot{y} = -\delta y - \sin x \; , \tag{3.33}$$

wobei Fixpunkte bei $(x, y) = (0, 0)$ und $(0, \pm\pi)$ auftreten. Die Eigenwerte der Jacobi-Matrix sind Lösung der quadratischen Gleichung

$$\sigma_{1,2} = -\frac{\delta}{2} \pm \sqrt{\frac{\delta^2}{4} - \cos x} \; .$$

Für $0 < \delta < 2$ ist der Ursprung stabiler Windungspunkt und bei $(0, \pm\pi)$ liegen Sättel. Bei Berücksichtigung von Auslenkung und Gravitation (siehe Bild 3.8) sind diese Fixpunkte und ihre Stabilität plausibel. In diesem Bild sind auch die Phasenbahnen und insbesondere die stabilen und instabilen Mannigfaltigkeiten M^s und M^i der beiden Sattelpunkte eingezeichnet. Die Berechnung derartiger Mannigfaltigkeiten wird in Abschnitt 3.5 behandelt. Hier soll nur darauf hingewiesen werden, daß die instabilen Mannigfaltigkeiten eines Sattels im benachbarten Windungspunkt münden. Dagegen begrenzen die stabilen Mannigfaltigkeiten der Sättel das Anziehungsgebiet des stabilen Fixpunkts.

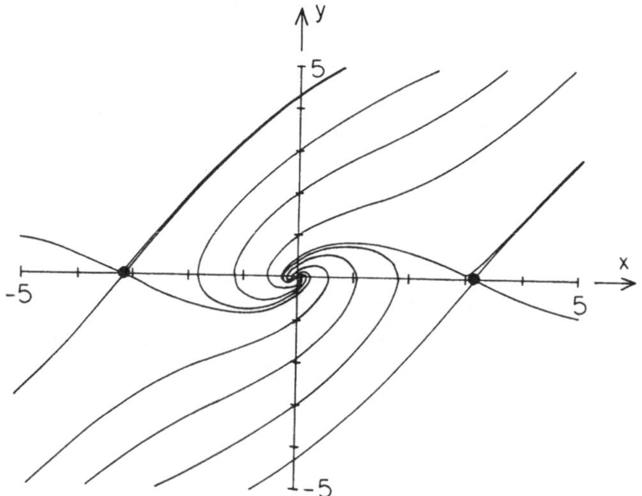

Bild 3.8 Phasenkurven des einfachen Pendels ($\delta = 1$)

i_2) *Das einfache Pendel mit Anregung*
Hier können bei Erhöhung der Anregungsamplitude γ stabile und instabile Mannigfaltigkeiten der beiden Sättel einander berühren. Berühren sie einander für γ_0, so schneiden sie einander für $\gamma > \gamma_0$. Wir werden in Kapitel 6 zeigen, daß sich derartige Mannigfaltigkeiten, wenn sie einander einmal schneiden, einander unendlich oft schneiden. Dabei entsteht ein `Wirrwarr' (tangle),

der zu chaotischem Verhalten führt. Dieser Vorgang wird in Abschnitt 6.2 näher untersucht werden. Hier soll noch eine Plausibilitätsbetrachtung für das Auftreten chaotischer Bewegungen beim angeregten Pendel angeführt werden. Die linearisierte Pendelgleichung besitzt die Eigenfrequenz $\omega_0 = 1$ und die Anregungsfrequenz ω. Für nichtlineare Schwingungen läßt sich das Eigenfrequenz-Glied in (3.32) in der Form

$$\sin x = \omega_0(x)\, x \quad \text{mit} \quad \omega_0(x) = 1 - \frac{x^2}{3!} + O(x^4)$$

darstellen. Die Eigenfrequenz variiert also mit x. Es existiert daher eine bi-periodische Bewegung auf einem Torus und der spektrale Energietransport führt zur Bildung einer äußerst komplizierten und daher chaotischen Schwingungsform. In Abschnitt 6.6 kommen wir im Beispiel (6.87) auf angeregte Pendelschwingungen zurück und werden dort die bislang heuristischen Überlegungen durch die Aussagen des Melnikov-Kriteriums belegen.

ii) *Das Doppelpendel*
Ein Doppelpendel mit gleichen Längen $l_1 = l_2 = l$ und unterschiedlichen Massen $m_{1,2}$ (siehe Bild 3.9) hat zwei Freiheitsgrade, die durch die beiden Winkelvariablen φ_1 und φ_2 gegeben sind.

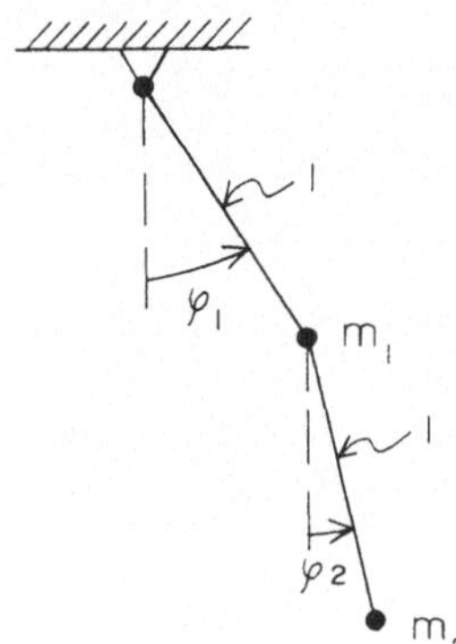

Bild 3.9 Geometrie des Doppelpendels

Das Potential dieses konservativen Systems hat die Form

$$V = - g\, l\, (m_1 \cos \varphi_1 + m_2 \cos \varphi_2)\ . \tag{3.34}$$

während seine kinetische Energie T durch

$$T = \frac{l^2}{2} \left[(m_1 + m_2)\, \dot\varphi_1^2 + 2\, m_2\, \dot\varphi_1\, \dot\varphi_2 \cos(\varphi_1 - \varphi_2) + m_2\, \dot\varphi_2^2 \right]\ . \tag{3.35}$$

gegeben ist. Im nächsten Abschnitt werden wir die Überlegungen zum Doppelpendel mit Hilfe des Lagrange-Formalismus fortsetzen.

3.4 Hamilton-Systeme

Wir gehen hier vom 2n-dimensionalen System kanonischer Gleichungen

$$\dot{x}_k = F_k(x_1, ..., x_n, y_1, ..., y_n) \, ;$$
$$\dot{y}_k = G_k(x_1, ..., x_n, y_1, ..., y_n) \, ; (k = 1, ..., n) \, , \tag{3.36}$$

aus und nennen x_k bzw. y_k verallgemeinerte Orts- bzw. Impulskoordinaten. n ist dabei die Zahl der Freiheitsgrade des Systems. Gilt (unter Verwendung der Summationskonvention) die Beziehung

$$\frac{\partial F_k}{\partial x_k} + \frac{\partial G_k}{\partial y_k} = 0 \, , \tag{3.37}$$

so können wir mit Hilfe einer einzigen skalaren Funktion, der Hamilton-Funktion, die durch

$$\dot{x}_k = \frac{\partial H}{\partial y_k} \, ; \dot{y}_k = - \frac{\partial H}{\partial x_k} \quad \text{für} \quad k = 1, ..., n \tag{3.38}$$

definiert ist, das System (3.36) vereinfachen und es entsteht

$$dH = \frac{\partial H}{\partial x_k} \dot{x}_k + \frac{\partial H}{\partial y_k} \dot{y}_k = 0 \tag{3.39}$$

Die Hamilton-Funktion, die als Gesamtenergie des dynamischen Systems (3.36) aufgefaßt werden kann, ist also konstant. Höhenlinien H = const. sind daher ein Integral von (3.38). Man nennt ein System (3.36), das die Bedingung (3.37) erfüllt, *Hamilton-System*. Derartige dynamische Systeme sind *integrable Systeme;* weitere integrable Systeme sind z.B. Potential- (oder Gradienten-)Systeme mit

$$\dot{x}_j = \nabla \phi \, , \quad \phi = \phi(x_1, ..., x_n), \quad j = 1, ..., n \, .$$

Hier soll nur kurz auf einige Eigenschaften Hamiltonscher Systeme eingegangen werden. Der interessierte Leser findet eine ausführliche Darstellung u.a. bei Goldstein (1980) oder Lichtenberg und Lieberman (1982). Abweichend von (3.39) wurde von Weyl eine symmetrischere Darstellung der Bewegungsgleichungen vorgeschlagen. Im Rahmen dieser *symplektischen* Darstellung werden die Variablen zu einem 2n-dimensionalen Vektor der Form

$$q = (x_1, ..., x_n; y_1, ..., y_n)^T \tag{3.40}$$

zusammengefaßt und an Stelle von (3.38) verwendet man das System

$$\dot{q}_k = \frac{\partial S_{km}}{\partial q_m} \tag{3.41}$$

mit der Matrix (I ist die n-dimensionale Einheitsmatrix)

$$S = H(q) \begin{pmatrix} 0 & I \\ -I & 0 \end{pmatrix} . \tag{3.42}$$

Zunächst beschränken wir uns auf *ebene Systeme*. Dann gilt mit (3.41) und (3.42)

$$q = \begin{pmatrix} x \\ y \end{pmatrix}, \quad S = \begin{pmatrix} 0 & H(x,y) \\ -H(x,y) & 0 \end{pmatrix},$$

und das Hamilton-System hat die Form (siehe auch (3.38))

$$\dot{x} = \frac{\partial H}{\partial y}; \quad \dot{y} = -\frac{\partial H}{\partial x} . \tag{3.43}$$

Fixpunkte des Hamilton-Systems (3.43) (wie auch (3.38)) sind daher stationäre Punkte der Hamilton-Funktion. Die Jacobi-Matrix eines Fixpunkts ist

$$J = \begin{pmatrix} H_{xy} & H_{yy} \\ -H_{xx} & -H_{xy} \end{pmatrix}$$

und ihre Eigenwerte sind durch

$$\sigma_{1,2} = \pm \sqrt{H_{xy}^2 - H_{xx} H_{yy}} \tag{3.44}$$

gegeben. Es können also die beiden folgenden Fälle auftreten:

i) Es gibt zwei reelle Eigenwerte $\sigma_{1,2} = \pm \sqrt{|d|}$ mit $d = \det(J) < 0$. Dieser Fixpunkt ist ein Sattelpunkt und er ist gleichzeitig Sattelpunkt der Hamilton-Funktion. Dies erklärt die Namengebung für diesen Fixpunkt.

ii) Es gibt zwei rein imaginäre Eigenwerte $\sigma_{1,2} = \pm i\sqrt{d}$. Der Fixpunkt ist ein Zentrum und die Hamilton-Funktion besitzt an diesem Fixpunkt Extremwerte, wobei die Maxima (Minima) der Hamilton-Funktion (der Gesamtenergie) instabil (stabil) sind.

Fixpunkte in Form von Quellen bzw. Senken können daher bei Hamilton-Systemen nicht auftreten. In Aufgabe 3.10 wird gezeigt, daß, ausgehend von (3.31), die Existenz von Quellen bzw. Senken ($b = c = 0$; $ad > 0$) zu Widersprüchen bei der Bestimmung der Hamilton-Funktion führt.

Abschließend betrachten wir als Beispiel das Doppelpendel mit dem Potential (3.34) und der kinetischen Energie (3.35). Mit Hilfe von $H = T + V$ können wir die Hamilton-Funktion bilden. Betrachten wir $\varphi_{1,2}$ als die beiden verallgemeinerten Koordinaten, so müssen die konjugierten Impulse gemäß (L ist die Lagrange-Funktion)

$$p_j = \frac{\partial L}{\partial \dot{\varphi}_j} \quad (j = 1, 2 ; \ L = T - V)$$

gebildet und die Variablen $\dot{\varphi}_j$ eliminiert werden. Diese Elimination gestaltet sich jedoch umständlich, so daß wir den Lagrange-Formalismus bevorzugen. Die Lagrange-Gleichungen lauten

$$\frac{d}{dt} \frac{\partial L}{\partial \dot{\varphi}_j} - \frac{\partial L}{\partial \varphi_j} = 0 \quad (j = 1, 2) .$$

Unter Verwendung des Potentials (3.34) und der kinetischen Energie (3.35) können wir leicht die Lagrange-Funktion L bestimmen: die beiden Lagrange-Gleichungen lauten

$$(m_1 + m_2)\,\ddot{\varphi}_1 + m_2\,\ddot{\varphi}_2 \cos \Delta = -\,m_1\,\frac{g}{l}\,\sin \varphi_1 + m_2\,\dot{\varphi}_2^2 \sin \Delta \quad (\Delta = \varphi_2 - \varphi_1) \tag{3.45.1}$$

und

$$\ddot{\varphi}_2 + \ddot{\varphi}_1 \cos \Delta = -\,\frac{g}{l}\,\sin \varphi_2 - \dot{\varphi}_1^2 \sin \Delta \,. \tag{3.45.2}$$

Wir verzichten auf den Übergang zur kanonischen Form der Lagrange-Gleichungen. Es jedoch klar, daß der Ursprung $(\varphi_1, \varphi_2, \dot{\varphi}_1, \dot{\varphi}_2) = 0$ Fixpunkt von (3.45) ist. Zur Bestimmung seiner Stabilität linearisieren wir (3.45) und es entsteht

$$\dot{x} = J_0\,x\,;\ x \in \mathbf{R}^4 \text{ mit } J_0 = \begin{pmatrix} 0 & 1 & 0 & 0 \\ -\omega^2 & 0 & \alpha\,\omega^2 & 0 \\ 0 & 0 & 0 & 1 \\ \omega^2 & 0 & -(1+\alpha)\,\omega^2 & 0 \end{pmatrix} \tag{3.46.1}$$

mit den beiden Parametern $\omega^2 = g/l$, $\alpha = m_2/m_1$. Die Eigenwerte der Jacobi-Matrix lassen sich nun leicht berechnen und wir erhalten die rein imaginären Werte

$$\sigma_{1,2,3,4} = \pm\,\frac{i\,\omega}{\sqrt{2}}\,\sqrt{2 + \alpha \pm \sqrt{\alpha^2 + 4\,\alpha}} \tag{3.46.2}$$

Das Doppelpendel besitzt daher die beiden Eigenfrequenzen $|\omega_{1,2}|$. Der Fall zweier rein imaginärer Eigenwerte kann als Verhalten am Bifurkationspunkt einer verallgemeinerten Hopf-Bifurkation aufgefaßt werden. Wir kommen im Beispiel 5 des Abschnitts 3.6 auf die Bestimmung der Normalform derartiger dynamischer Systeme zurück.

3.5 Zentrale Mannigfaltigkeiten

Es gibt grundsätzlich zwei verschiedene Möglichkeiten, nichtlineare Differentialgleichungen zu vereinfachen. Man kann einerseits versuchen, die Dimension des nichtlinearen autonomen Systems (3.1) zu erniedrigen. Dies kann mit Hilfe der zentralen Mannigfaltigkeiten erreicht werden. Andererseits kann man versuchen, die Struktur des Systems zu vereinfachen und im Idealfall zu linearisieren. Letzteres kann nur in Ausnahmefällen erreicht werden, mit Hilfe der im Abschnitt 3.6 zu besprechenden Normalformen kann man jedoch nichtlineare Systeme mitunter erheblich vereinfachen. Beide Methoden sind lokal und gelten daher nur in kleinen Umgebungen von Fixpunkten.

Wir beginnen jetzt mit der Behandlung eines parameterfreien Problems mit einem Fixpunkt im Ursprung (f sei ein C^r-Diffeomorphismus, $r \geq 2$):

$$\dot{x} = f(x)\,;\ f(0) = 0\,;\ x, f \in \mathbf{R}^n \tag{3.47}$$

und tragen die Behandlung parameterbehafteter Systeme im Abschnitt 3.5.1 nach. Zum Fixpunkt 0 korrespondiert die Jacobi-Matrix J(0). Ihre Eigenwerte spannen die drei Eigenräume (3.19) auf. Ohne Beweis soll der folgendes Theorem angegeben werden:

SATZ 3.8:
Es existieren stabile bzw. instabile und zentrale Mannigfaltigkeiten in Form von C^r-Diffeomorphismen, die wir mit M^s, M^i bzw. M^c bezeichnen. Diese Hyperebenen gehen durch den Fixpunkt und liegen tangential zu dem jeweiligen Eigenraum.

Der *Beweis* dieses Satzes findet sich bei Fenichel (1971) und Wiggins (1990). ❇

BEISPIEL:
Zur Veranschaulichung betrachten wir das 3-dimensionale System

$$\dot{x} = y \, , \ \dot{y} = - (1 + z) \, x \, , \ \dot{z} = - z + \alpha \, x^{\,k} \, ; \ k \geq 2, k \in \mathbf{N} \, . \tag{3.48}$$

Hier ist z eine Kontrollvariable, das Glied $1 + z$ eine Federkonstante und der Term proportional zu α repräsentiert ein Rückkopplungsglied. (3.48) besitzt die Fixpunkte $\mathbf{x}^1 = (0, 0, 0)$ und $\mathbf{x}^2 = ((-1/\alpha)^{1/k}, 0, -1)$ und die Jacobi-Matrix hat die Form

$$J = \begin{pmatrix} 0 & 1 & 0 \\ -(1+z) & 0 & -x \\ \alpha \, k \, x^{k-1} & 0 & -1 \end{pmatrix} \, .$$

Für den Fixpunkt $\mathbf{x}^1$ ergeben sich die Eigenwerte $\sigma_{1,2} = \pm i$ und $\sigma_3 = -1$, d.h. $\mathbf{x}^1$ ist ein Zentrum. Der instabile Eigenraum dieses Fixpunkts ist leer und die Berechnung der Eigenvektoren zeigt, daß der zentrale Eigenraum E^c die xy-Ebene und der stabile Eigenraum E^s die z-Achse ist. Die zentrale Mannigfaltigkeit M^c des Fixpunkts geht durch diesen und liegt tangential zu E^c. Da sie ein Diffeomorphismus ist, muß gelten

$$M^c : z = z(x, y) \ \text{mit} \ z(0, 0) = z_x(0, 0) = z_y(0, 0) = 0. \tag{3.49}$$

Als lokale Approximation können wir Polynome ansetzen und in niedrigster Näherung gilt mit (3.49)

$$z = A \, x^2 + 2 \, B \, x \, y + C \, y^2 + O(3) \, , \tag{3.50}$$

wobei die Konstanten A bis C zunächst unbestimmt sind (O(m) bedeutet, daß Polynome des Grades m und höhere vernachlässigt werden). Nach Eintragen in (3.48) entsteht

$$-(A \, x^2 + 2 \, B \, x \, y + C \, y^2) + \alpha \, x^k =$$
$$2 \, (Ax + By) \, y - 2 \, x \, (Bx + Cy) \, (1 + A \, x^2 + 2 \, B \, x \, y + C \, y^2) + O(3) \, .$$

Nun führen wir einen Potenzvergleich durch und erhalten unter Beschränkung auf den Fall k = 2:

$$x^2 : \ - A + \alpha = - 2 \, B \, ; \ x \, y : \ - 2 \, B = 2 \, (A - C) \, ; \ y^2 : \ - C = 2 \, B \, .$$

Diese linearen Gleichungen haben die Lösungen A = 3α/5, B = -α/5 und C = 2α/5. Die ersten Glieder der lokalen Approximation der zentralen Mannigfaltigkeit sind daher

$$M^c : z = \alpha \, (3 \, x^2 - 2 \, x \, y + 2 \, y^2)/5 + O(3) \, . \tag{3.51}$$

Nach Einsetzen von (3.51) in die beiden ersten Differentialgleichungen von (3.48) erhalten wir die *reduzierte Gleichung*

$$\dot{x} = y \; ; \; \dot{y} = - x \left[1 + \frac{\alpha}{5}\left(3 \, x^2 - 2 \, x \, y + 2 \, y^2\right) \right] + O(3) \, . \tag{3.52}$$

Gegenüber (3.48) wurde die Ordnung der Differentialgleichung um Eins erniedrigt, wobei ein Fixpunkt bei $\mathbf{x}^1 = (0, 0)$ liegt. Im Rahmen der Aufgabe 3.7 wird unter Benutzung von Normalformen gezeigt, daß der Fixpunkt $\mathbf{x}^1$ für $\alpha < 0$ ($\alpha > 0$) stabil (instabil) ist. Ist $\mathbf{x}^1$ stabil, so besagt Theorem 3.10, daß die Lösungen von (3.48) asymptotisch in die Bahnkurven von (3.52) übergehen (siehe Bild 3.10).

Weitere Fixpunkte von (3.52) sind $\mathbf{x}^{1,2} = (\pm \sqrt{- 5 / (3 \, \alpha)},0)$, deren Lage sich gegenüber den entsprechenden Fixpunkten der Ausgangs-Differentialgleichung (3.48) verschoben hat.
Der Fall k = 3 in (3.48) wird im Rahmen der Aufgabe 3.11 behandelt. Dort wird gezeigt, daß für k = 3 der kubische Ansatz

$$k = 3 \; ; \; M^c : z = A \, x^3 + B \, x^2 \, y + C \, x \, y^2 + D \, y^3 + O(4) \tag{3.50'}$$

zur Bestimmung der zentralen Mannigfaltigkeit des Fixpunkts (0, 0, 0) herangezogen werden muß (hier sind A bis D zunächst unbestimmte Konstante). ❑

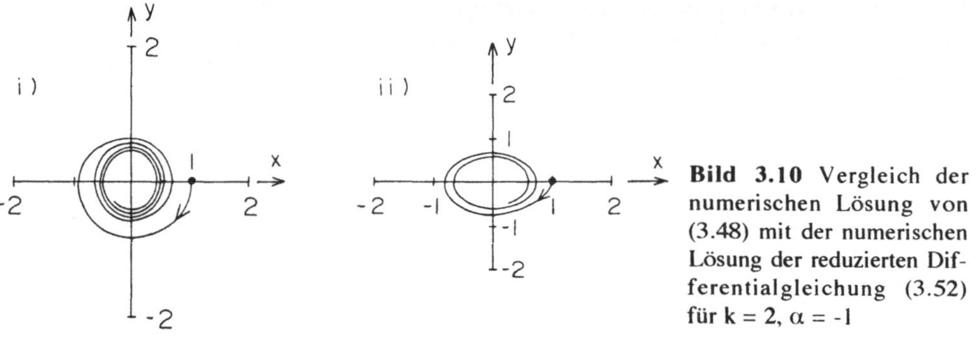

Bild 3.10 Vergleich der numerischen Lösung von (3.48) mit der numerischen Lösung der reduzierten Differentialgleichung (3.52) für k = 2, α = -1

Nach diesen ersten Überlegungen kommen wir jetzt zur allgemeinen Formulierung von

SATZ 3.9 (Theorem der zentralen Mannigfaltigkeiten):
Wir gehen wieder vom System (3.47) aus und nehmen an daß f ein C^r-Diffeomorphismus und daß der instabile Eigenraum $\mathbf{E}^i$ leer ist: $\mathbf{E}^i = \varnothing$. Dann läßt sich (nach Anwendung einer Folge von Transformationen) (3.47) in der block-diagonalen Form darstellen

$$\begin{aligned}\dot{u} &= A \, u + F(u, v) \; ; \; F(0, 0) = 0 \, , \, (u, v) \in \mathbf{R}^c \otimes \mathbf{R}^s \; ; \; c + s = n \, , \\ \dot{v} &= B \, v + G(u, v) \; ; \; G(0, 0) = 0 \, . \end{aligned} \tag{3.53}$$

Dabei ist (u, v) = (0, 0) Fixpunkt von (3.53) und A (B) sind cxc (sxs) Matrizen, die zu den zentralen (stabilen) Eigenwerten gehören. F und G sind C^r-Diffeomorphismen und man nennt u (v) zentrale (stabile) Koordinaten. Der zentrale Eigenraum $\mathbf{E}^c$ wird dann durch die Eigenvektoren von A aufgespannt und dies ist der Raum v = 0. Die zentrale Mannigfaltigkeit M^c geht durch den Fixpunkt (u, v) = (0, 0) und liegt tangential zu $\mathbf{E}^c$. Sie kann lokal durch die Funktion

$$M^c = \{(u,v) \in \mathbf{R}^n \mid v = h(u)\} \text{ mit } h(u) = J_u(h(u))|_{u=0} = 0 \tag{3.54}$$

beschrieben werden. Nach Einsetzen von (3.54) in den ersten Teil von (3.53) entsteht die reduzierte Differentialgleichung

$$\dot{u} = A\, u + F(u, h(u)) \; . \tag{3.55}$$

Zur Berechnung der Funktion h(u) setzen wir jetzt (3.54) und (3.55) in den zweiten Teil von (3.53) ein und erhalten

$$J(h(u))\, [A\, u + F(u, h(u))] = B\, h(u) + G(u, h(u)) \; . \tag{3.56}$$

(3.56) stellt eine nichtlineare partielle Differentialgleichung zur Berechnung der Funktion h(u) dar, sie scheint also schwieriger zu sein als das Ausgangsproblem. Wir haben aber bereits bei der Behandlung des Beispiels (3.48) gesehen, daß wir lokale Approximationen durch Polynomansätze gewinnen können.
Zum Beweis von Satz 3.9 siehe Carr (1981). ✻

Das Verhalten der Lösung der reduzierten Differentialgleichung ist Gegenstand von

SATZ 3.10:

i) M^c ist durch (3.54) gegeben und ist ein C^r-Diffeomorphismus.
ii) Wegen h(0) = F(0, 0) = 0 ist u = 0 Fixpunkt von (3.55).
iii) Ist der Fixpunkt u = 0 von (3.55) stabil (instabil), so ist auch der Fixpunkt (u, v) = (0, 0) von (3.53) stabil (instabil).
iv) Ist der Fixpunkt u = 0 stabil, dann hat die Lösung von (3.53) die Form

$$\begin{pmatrix} u(t) \\ v(t) \end{pmatrix} = \begin{pmatrix} u(t) \\ h(u(t)) \end{pmatrix} + O(\exp(-\beta t)) \; ; \; \beta > 0 \; . \tag{3.57}$$

Der Beweis dieses Theorems findet sich bei Carr (1981). ✻

BEISPIEL:
Wir betrachten das System

$$\dot{x} = -2\, x + x^2 + y^2 \; , \; \dot{y} = x\, y \; . \tag{3.58}$$

(0, 0) ist Fixpunkt; seine Eigenwerte sind $\sigma_1 = 0$, $\sigma_2 = -2$. Die y-Achse ist der $\mathbf{E}^c$ und für die zentrale Mannigfaltigkeit, die durch (0, 0) geht und tangential zur y-Achse liegt, wird

$$x = h(y) = A\, y^2 + B\, y^3 + C\, y^4 + O(y^5) \; .$$

angesetzt. Nach Eintragen in (3.58) entsteht

$$\dot{x} = \left(2\,A\,y + 3\,B\,y^2 + 4\,C\,y^3 + \cdots\right) y \left(A\,y^2 + B\,y^3 + \cdots\right) =$$
$$-2\left(A\,y^2 + B\,y^3 + C\,y^4 + \cdots\right) + y^2 + \left(A^2\,y^4 + \cdots\right) \quad .$$

Ein Potenzvergleich führt zu

$$y^2 : -2\,A + 1 = 0;$$
$$y^3 : -2\,B = 0;$$
$$y^4 : -2\,C = A^2.$$

Damit hat die zentrale Mannigfaltigkeit die Form

$$x = \frac{y^2}{2} - \frac{y^4}{8} + O(y^5) \quad . \tag{3.59}$$

während die reduzierte Differentialgleichung durch

$$\dot{y} = \frac{y^3}{2} - \frac{y^5}{8} + O(y^6) \quad . \tag{3.60}$$

gegeben ist. $y = 0$ ist instabiler Fixpunkt von (3.60). $\square$

3.5.1 Parameterabhängige zentrale Mannigfaltigkeiten

Bis jetzt wurden parameterfreie Systeme mit verschwindenden bzw. negativen Realteilen der Eigenwerte behandelt. Im folgenden Abschnitt werden wir derartige Systeme als parameterbehaftete Systeme am Bifurkationspunkt $\mu = \mu_c$ bezeichnen. Abweichend von (3.47) bildet jetzt das System

$$\dot{x} = f(x, \mu) \quad \text{mit} \quad f(0, 0) = 0; \quad x, f \in \mathbf{R}^n \;;\; \mu \in \mathbf{R}^p \quad . \tag{3.61}$$

den Ausgangspunkt der Überlegungen, wobei der Bifurkationspunkt (mit Hilfe einer Transformation) in den Ursprung verlegt wurde. In Anlehnung an den Erweiterungstrick für nicht-autonome Systeme (3.3.2) und in Analogie zu (3.53) können wir jetzt (3.61) (nach einer Folge von Transformationen) in die blockdiagonale Form

$$\dot{u} = A\,u + F(u, v, \mu) \;;\; F(0, 0, 0) = 0 \;,\; (u, v, \mu) \in \mathbf{R}^c \otimes \mathbf{R}^s \otimes \mathbf{R}^p,$$
$$\dot{\mu} = 0, \tag{3.62}$$
$$\dot{v} = B\,v + G(u, v, \mu) \;;\; G(0, 0, 0) = 0 \;;\; J(F) = J(G) = 0 \;,$$

überführen. Dabei gelten wieder die dieselben Voraussetzungen wie beim parameterfreien System:

i) F und G sind in einer Umgebung von $(0, 0, 0)$ C^r-Diffeomorphismen;

ii) A (B) sind μ-unabhängige cxc (sxs) Matrizen.
Unter diesen Voraussetzungen existiert die zentrale Mannigfaltigkeit in Form der Funktion

$$M^c \; : \; v = h(u, \mu) \tag{3.63}$$

und nach Einsetzen in den ersten Teil von (3.63) entsteht die reduzierte Differentialgleichung

$$\dot{u} = A\,u + F(u, h(u, \mu), \mu) \; ; \; \dot{\mu} = 0 \; . \tag{3.64}$$

Die Bestimmung der Funktion $h(u, \mu)$ erfolgt schließlich nach Einsetzen von (3.63) und (3.64) in den dritten Teil von (3.62). Wir erhalten dabei wieder eine nichtlineare partielle Differentialgleichung:

$$\frac{\partial h_k}{\partial u_m}[A_{mr}\,u_r + F_m(u, h, \mu)] = B_{kr}\,h_r + G_k(u, h, \mu) \; . \tag{3.65}$$

Lösungen von (3.64) können erneut durch Potenzansätze approximiert werden.

BEISPIEL:
Wir betrachten das Problem

$$\dot{x} = \mu\,x + x\,y \; ; \; \dot{y} = -y + \alpha\,x^2 \; ; \; x, y, \alpha, \mu \in \mathbf{R} \; , \tag{3.66}$$

wobei μ ein Parameter und α fest ist (d.h. kein Parameter im Sinne von (3.62)). In Aufgabe 3.8 stellen wir (3.66) das parameterfreie Problem

$$\dot{x} = x\,y \; ; \; \dot{y} = -y + \alpha\,x^2 \; , \tag{3.67}$$

gegenüber, das für den Grenzfall $\mu = 0$ (am Bifurkationspunkt) aus (3.66) hervorgeht. $\mathbf{x}^1 = (0, 0)$, der einzige Fixpunkt von (3.67), ist ein Zentrum. In Aufgabe 3.8 wird gezeigt, daß

$$y = h(x) = \alpha\,x^2 + O(x^4) \; ; \; \dot{x} = \alpha\,x^3 + O(x^5) \tag{3.68}$$

zentrale Mannigfaltigkeit und reduzierte Differentialgleichung darstellen. Wir wenden uns jetzt dem System (3.66) zu. Seine Fixpunkte sind $\mathbf{x}^1 = (0,0)$ und $\mathbf{x}^{2,3} = (\pm\sqrt{-\mu/\alpha}, -\mu)$, die für $\mu = 0$ zusammenfallen. Die Eigenwerte des Fixpunkts im Ursprung sind $\sigma_1 = \mu$, $\sigma_2 = -1$, während wir für die beiden anderen Fixpunkte $\sigma_{1,2} = -1/2 \pm \sqrt{1/4 - 2\mu}$ erhalten. In Kapitel 4 werden wir solche Systeme mit Austausch der Stabilität differenter Fixpunkte für $\alpha > 0$ ($\alpha < 0$) als instabile subkritische (stabile superkritische) Pitchfork-Bifurkationen bezeichnen.
Wir beziehen uns jetzt auf den Fixpunkt $\mathbf{x}^1 = (0, 0)$ und schreiben (3.66) in der Form (3.62) an. Dann entsteht

$$\dot{x} = \mu\,x + x\,y \; ; \; \dot{\mu} = 0 \; ; \; \dot{y} = -y + \alpha\,x^2 \; ,$$

und die Jacobi-Matrix hat die Eigenwerte $\sigma_1 = \mu$, $\sigma_2 = 0$, $\sigma_3 = -1$. Für $\mu = 0$ fallen zwei Eigenwerte zusammen und der zentrale Eigenraum ist die (x, μ)-Ebene. Daher hat die zentrale Mannigfaltigkeit die Form (3.64) mit $y = h(x, \mu)$. Sie muß durch den Fixpunkt gehen und tangential zur (x, μ)-Ebene verlaufen. In Analogie zu (3.50) verwenden wir den Potenzansatz $y = h(x, \mu) = A\,x^2 + 2B\,x\,\mu + C\,\mu^2 + O(3)$ und nach Eintragen in (3.66) entsteht
$$\dot{x} = \mu\,x + A\,x^3 + 2B\,x^2\,\mu + C\,x\,\mu^2 + O(4)$$

und

$$\dot{y} = 2\,(A\,x + B\,\mu)\,\dot{x} = 2\,(A\,x + B\,\mu)\,[\mu\,x + O(3)] = \alpha\,x^2 - (A\,x^2 + 2\,B\,x\,\mu + C\,\mu^2) + O(3)\,.$$

Ein Potenzvergleich führt nun zu $A = \alpha$, $B = C = 0$. Damit hat aber die reduzierte Differentialgleichung die Form

$$\dot{x} = x\,(\mu + \alpha\,x^2) + O(4)\,, \tag{3.69}$$

während die zentrale Mannigfaltigkeit durch $y = \alpha\,x^2 + O(3)$ gegeben ist. Sie stimmt für $\mu = 0$
mit dem ersten Teil von (3.68) überein; gleiches gilt für die entsprechenden zentralen Mannigfaltigkeiten. Andererseits ist (3.69) für $\alpha = 1$ (im Falle $\alpha \neq 1$ verwendet man die Skalierung $x(t) =$
$z(t)/\sqrt{\alpha}$) die Normalform der Pitchfork-Bifurkation (siehe Abschnitt 4.5).
Da für Systeme mit Eigenwerten mit positiven Realteilen (3.57) nicht gilt, verzichten wir auf die
- weitgehend analogen - Überlegungen zur Bestimmung der zentrale Mannigfaltigkeit dieses
Falles. Der interessierte Leser findet die entsprechenden Herleitungen bei Wiggins (1990).   ❑

3.6 Normalformen

Wir besprechen hier ein Verfahren zur Vereinfachung der 'Struktur' von nichtlinearen Gleichungen. Wir nehmen an, daß im Ursprung ein Fixpunkt vorliegt und daß das System nach einer
Folge von Transformationen in seine blockdiagonale Form übergeführt wurde:

$$\dot{x} = A\,x + F(x)\,;\ \ x, F \in \mathbf{R}^n\,;\ \ F(0) = 0\,. \tag{3.70}$$

Dabei ist A eine konstante nxn-Matrix. F sei in einer Umgebung des Fixpunkts analytisch und
habe eine Taylor-Entwicklung der Form

$$F(x) = F_2(x) + F_3(x) + \ldots + F_k(x)\ \ \text{mit}\ \ F_s(x) = O(s)\ \text{für}\ x \to 0\,,\ k \geq 2\,. \tag{3.71}$$

Die dem Verfahren zu Grunde liegende Idee ist es, mit Hilfe einer Folge von fast-identischen
Transformationen

$$x = y + h_k(y)\,;\ \ y, h_k \in \mathbf{R}^n\,;\ \ h_k(y) = O(k)\ \ (k = 2, 3, \ldots) \tag{3.72}$$

die Ausgangsdifferentialgleichung (3.70) schrittweise zu vereinfachen und im Idealfall zu linearisieren. Wir beginnen mit (3.72) für $k = 2$. Dann entsteht nach Einsetzen in (3.70) zunächst (I ist
die n-dimensionale Einheitsmatrix)

$$\dot{x} = (I + J_y(h_2))\,\dot{y} = A\,(y + h_2(y)) + F_2(y + h_2(y)) + \ldots + F_k(y + h_2(y)) \tag{3.73}$$

und mit der Abkürzung

$$J_2(y) = J_y(h_2(y)) = O(1)\,,\ \ \text{so wie}\ (I + J_2(y))^{-1} = I - J_2(y) + O(2)\,;\ \text{für}\ y \to 0 \tag{3.74}$$

erhalten wir aus (3.73)

$$\dot{y} = A\,y + \lfloor A\,h_2(y) - J_2(y)\,A\,y + F_2(y) \rfloor + O(3) \ . \tag{3.75}$$

Es wäre nun wünschenswert, alle quadratischen Terme in (3.75) zu eliminieren. Gelingt dies, dann bleiben in (3.75) als Nichtlinearitäten nur mehr kubische und höhere Glieder. Wir müssen also untersuchen, ob wir die durch Nullsetzen der eckigen Klammer in (3.75) entstehende Bedingung

$$A\,h_2(y) - J_2(y)\,A\,y = -\,F_2(y) \tag{3.76}$$

widerspruchsfrei und eindeutig lösen können. In (3.76) ist die Funktion F_2 bekannt und die Funktion h_2 und damit die entsprechende Jacobi-Matrix J_2 sind unbekannt. Man kann (3.76) als lineares Gleichungssystem im Vektorraum von Monomen auffassen. Wir kommen am Ende des ersten Beispiels auf Monome zurück. Der interessierte Leser jedoch findet eine ausführliche Darstellung der Verwendung von Monomen bei Wiggins (1990). Für praktische Rechnungen und vor allem für Umsetzungen mit Hilfe von Symbolverarbeitungs-Routinen (siehe Rand und Armbruster (1987)) ist es jedoch praktikabler, in Analogie zu den Überlegungen bei den zentralen Mannigfaltigkeiten mit Potenzansätzen zu arbeiten.

Wir beschränken uns im Moment darauf, festzustellen, daß (3.76) nicht eindeutig lösbar sein muß. Zu einem Ausgangsproblem können mehrere unterschiedliche Normalformen existieren. Des Weiteren gelingt es nicht immer, alle quadratischen Glieder zu entfernen. Wir bezeichnen die nach der Anwendung von (3.76) verbleibenden quadratischen Glieder mit $F_2^R(x)$ (Resonanzglieder). Dann gilt mit (3.70), (3.72.2), (3.75) und (3.76)

$$\dot{y} = A\,y + F_2^R(y) + \widetilde{F}_3(y) + O(4) \ , \tag{3.77}$$

wobei in (3.77) alle kubischen Terme in $\widetilde{F}_3(y)$ zusammengefaßt wurden. Jetzt verwenden wir mit (3.72.3) für $k = 3$ die entsprechende fast-identische Transformation mit kubischen Gliedern

$$y = u + h_3(u) \ ; \ u, h_3 \in \mathbf{R}^n \text{ mit } J_3 = J_u(h_3(u)) = O(2) \ \ .$$

Dann entsteht nach Einsetzen in (3.77)

$$\dot{u} = A\,u + \widetilde{F}_2^R(u) + \lfloor A\,h_3(u) - J_3\,A\,u + \widetilde{F}_3(u) \rfloor + O(4) \ . \tag{3.78}$$

Ebenso wie bei der Vereinfachung der quadratischen Glieder versuchen wir jetzt, in (3.78) die kubischen Glieder zu reduzieren und dabei entsteht in Analogie zu (3.76)

$$A\,h_3(u) - J_3\,A\,u = -\,\widetilde{F}_3(u) \ \ . \tag{3.79}$$

Wieder ist die rechte Seite von (3.79) gegeben und ein kubischer Potenzansatz für h_3 (und damit J_3) wird derart bestimmt, daß möglichst viele kubische Glieder eliminiert werden können.

Generell können folgende Eigenschaften von Normalformen festgestellt werden:

SATZ 3.11 (Theorem der Normalformen):
Mit Hilfe einer Folge fast-identischer Transformationen der Form (3.72) kann die Ausgangsgleichung in die nicht-eindeutige Normalform des Typs

$$\dot{z} = A\,z + \sum_{j=2}^{k} \widetilde{F}_j^R(z)\,;\ \ z\,,\widetilde{F}_j^R \in \mathbf{R}^n \tag{3.80}$$

übergeführt werden. Es verbleiben in r-ter Potenz die i.a. nicht-verschwindenden resonanten Restglieder $\widetilde{F}_r^R(z)$.   ✳

Dabei sind noch zwei Kommentare anzufügen:

i) Der lineare Teil des vorgelegten Problems (3.70) (bzw. seine Matrix A) bestimmt die Struktur der verbleibenden Nichtlinearitäten in (3.80).

ii) Bei der Vereinfachung der Glieder der Ordnung r bleiben die Glieder niedrigerer Ordnung unverändert.

In Aufgabe 3.9 wird gezeigt, daß eine skalare Differentialgleichung durch eine Folge fast-identischer Transformationen linearisiert werden kann. In den folgenden Beispielen wenden wir uns daher Problemen im $\mathbf{R}^n$ zu.

Drei Beispiele sollen zunächst die Bildung von Normalformen für ebene Probleme veranschaulichen. Dabei wird angenommen, daß die Dimension eines eventuell vorgeschalteten Problems bereits mit Hilfe der zentralen Mannigfaltigkeiten zur reduzierten Differentialgleichung eines ebenen Problems vereinfacht wurde.

BEISPIEL 1:
Wir betrachten ein System mit zwei verschiedenen reellen Eigenwerten mit gleichem Vorzeichen:

$$A = \begin{pmatrix} \sigma_1 & 0 \\ 0 & \sigma_2 \end{pmatrix} \text{ mit i) } \sigma_1 > \sigma_2 > 0\,, \text{ oder ii) } \sigma_2 < \sigma_1 < 0\ . \tag{3.81}$$

Wir setzen für die Transformation (3.72.2) an

$$h_2(y) = \begin{pmatrix} A\,x^2 + B\,x\,y + C\,y^2 \\ D\,x^2 + E\,x\,y + F\,y^2 \end{pmatrix} \text{ mit } y = \begin{pmatrix} x \\ y \end{pmatrix}; \ J_y(h_2(y)) = \begin{pmatrix} 2\,A\,x + B\,y & B\,x + 2\,C\,y \\ 2\,D\,x + E\,y & E\,x + 2\,F\,y \end{pmatrix}.$$

$$\tag{3.82}$$

und

$$F_2(y) = \begin{pmatrix} a\,x^2 + b\,x\,y + c\,y^2 \\ d\,x^2 + e\,x\,y + f\,y^2 \end{pmatrix}. \tag{3.83}$$

Hier und in den beiden folgenden Beispielen sind die Konstanten a, b, c, d, e, f gegeben und die Konstanten A, B, C, D, E, F sollen durch Vereinfachung quadratischer Glieder bestimmt werden. (3.76) hat nun die Form

$$J_2(y)\, A\, y - A\, h_2(y) = \left(\begin{array}{c} \sigma_1\, A\, x^2 + \sigma_2\, B\, x\, y + (2\,\sigma_2 - \sigma_1)\, C\, y^2 \\[2mm] (2\,\sigma_1 - \sigma_2)\, D\, x^2 + \sigma_1\, E\, x\, y + \sigma_2\, F\, y^2 \end{array} \right) = F_2(y)\ . \tag{3.84}$$

Da die Eigenwerte voraussetzungsgemäß nicht verschwinden, können nur Probleme bei den Gliedern proportional zu y^2 in der ersten Komponente von (3.84) bzw. bei dem Term proportional zu x^2 in der zweiten Komponente von (3.84) auftreten wenn die Bedingungen i) $\sigma_2 = \sigma_1/2$ oder ii) $\sigma_1 = \sigma_2/2$ erfüllt sind. Dies bedeutet, daß von den sechs möglichen Nichtlinearitäten des Vektors F_2 in (3.83) i.a. nur fünf Glieder eliminiert werden können.

Wir heben jetzt die Voraussetzung $\sigma_1 \neq 0$ auf. Dann können wir die Ergebnisse dieses Beispiels auf die Differentialgleichung (3.67) (mit $\sigma_1 = 0$ und $\sigma_2 = -1$) anwenden und es entsteht

$$J_2(y)\, A\, y - A\, h_2(y) = \left(\begin{array}{c} -\,B\, x\, y\, -\, 2\, C\, y^2 \\[2mm] D\, x^2 -\, F\, y^2 \end{array} \right) = \left(\begin{array}{c} x\, y \\[2mm] \alpha\, x^2 \end{array} \right) .$$

Wir setzen daher $C = F = 0$ und $B = -1$ bzw. $D = \alpha$. Die Normalform von (3.67) lautet daher

$$\dot{x} = O(3)\ ,\quad \dot{y} = -\, y + O(3)\ .$$

Gehen wir zu Polarkoordinaten (R, φ) über, so entsteht

$$\dot{R} = -\, R\, \sin^2 \varphi + O(R^3)$$

und der Fixpunkt $R = 0$ ist mit Ausnahme der Richtungen $\varphi = 0, \pi$ (x-Achse) stabil.

Wir können die Überlegungen hinsichtlich der Lösbarkeit des Systems (3.84) auch auf den Fall des $\mathbf{R}^n$ erweitern. Wegen (3.76) bzw. (3.79) wissen wir, daß die Umkehrbarkeit des Operators

$$Z_k = A\, h_k(u) - J_k\, A\, u$$

Kriterium für die Lösbarkeit der entsprechenden linearen Gleichungen (wie z. B. für $k = 2$, $n = 2$ (3.84)) ist. Für diagonalisierbare Probleme (reelle, einfache Eigenwerte bzw. Gleichheit von algebraischer und geometrischer Vielfachheit im Falle mehrfacher Eigenwerte) können wir mit Hilfe von Monomen und den Eigenvektoren e_j der diagonalisierten Matrix A für das unbekannte Vektorfeld in (3.72) und für den linearen Operator Z_k die Basis

$$x_1^{m_1} \ldots x_n^{m_n}\, e_j \quad (j - 1, \ldots, n)\ \text{mit}\ m_j \subset N_+ \ \text{und}\ \sum_{j=1}^{n} m_j = k$$

bilden. Die Eigenwerte ξ_i von Z_k ergeben sich zu (σ_j ist Eigenwert von A)

$$\xi_i = \sigma_i - \sum_{j=1}^{n} m_j\, \sigma_j\ ,\quad (i = 1, 2, \ldots, n).$$

Der Operator Z_k ist nicht invertierbar, wenn einer seiner Eigenwerte den Wert Null annimmt. Dies bedeutet aber, daß ein Eigenwert von A sich als Linearkombination der anderen Eigenwerte mit den natürlichen Zahlen (oder Nullen) m_j als Koeffizienten darstellen lassen muß. Für $k = 2$

erhält man die bereits besprochenen Spezialfälle i) $\sigma_2 = \sigma_1/2$ oder ii) $\sigma_1 = \sigma_2/2$. Mehr zum Problem der Linearisierung durch differenzierbare Transformationen findet man bei Sternberg (1957), (1958) und Bryuno (1989). ◻

BEISPIEL 2:
Wir nehmen an daß das Ausgangsproblem einen doppelten Eigenwert mit geometrischer Vielfachheit Eins hat. Die Jordan-Form der entsprechenden Matrix ist dann

$$A = \begin{pmatrix} \sigma & 1 \\ 0 & \sigma \end{pmatrix}. \tag{3.85}$$

Wir verwenden wieder die Ansätze (3.82) und (3.83). Damit erhalten wir an Stelle von (3.84)

$$J_2(y)\, A\, y - A\, h_2(y) = \begin{pmatrix} (A\,\sigma - D)\, x^2 + (B\,\sigma + 2\,A - E)\, x\,y + (B + C\,\sigma - F)\, y^2 \\ D\,\sigma\, x^2 + (E\,\sigma + 2\,D)\, x\,y + (F\,\sigma + E)\, y^2 \end{pmatrix} \tag{3.86}$$

Von besonderem Interesse ist der Bifurkationspunkt $\sigma = 0$. Hier verschwindet in der zweiten Komponente der Koeffizient von x^2 und das Glied dx^2 in (3.83) läßt sich generell nicht eliminieren. Es treten aber zusätzlich die beiden einander i.a. widersprechenden Bedingungen $D = -a$ und $2D = e$ auf. Eine der beiden Bedingungen muß daher gestrichen werden. Dies führt zu zwei alternativen Normalformen (mit den Bezeichnungen (3.83)):

i)   Normalform von Bogdanov (1975)

$$\dot{x} = y + O(3)\;;\;\; \dot{y} = d\,x^2 + e\,x\,y + O(3)\;\;\text{bzw.} \tag{3.87.1}$$

ii)   Normalform von Takens (1974)

$$\dot{x} = y + a\,x^2 + O(3)\;;\;\; \dot{y} = d\,x^2 + O(3)\;. \tag{3.87.2}$$

Wir kommen in Abschnitt 7.4.1 auf die Normalform (3.87.1) zurück und werden dort die universale Entfaltung dieser Differentialgleichung so wie die sich dabei entwickelnde komplizierte Dynamik des resultierenden Systems besprechen. ◻

BEISPIEL 3:
Hier nehmen wir an, daß die Matrix des linearen Teils nach einer Folge von Transformationen die Form

$$A = \lambda(\mu) \begin{pmatrix} \cos\theta(\mu) & -\sin\theta(\mu) \\ \sin\theta(\mu) & \cos\theta(\mu) \end{pmatrix} \text{ mit } \theta(\mu),\, \lambda(\mu) \in \mathbf{R} \text{ und } \lambda(0) = \omega > 0\,,\; \theta(0) = \frac{\pi}{2}, \tag{3.88}$$

annimmt (μ ist ein reeller Parameter). An der Stelle $\mu = 0$ (Bifurkationspunkt) hat die Matrix rein imaginäre Eigenwerte $p(0) = \pm i\omega$ und es tritt die im Abschnitt 4.6 behandelte Hopf-Bifurkation auf. Es ist nun zweckmäßig, mit einer komplexen Variablen $z = x + iy$ und ihrem Konjugium z^* $= x - iy$ zu arbeiten, wobei wir z und z^* als unabhängige Variable behandeln. Dann gilt

$$\begin{pmatrix} x \\ y \end{pmatrix} = \frac{1}{2}\begin{pmatrix} 1 & 1 \\ -i & i \end{pmatrix}\begin{pmatrix} z \\ z^* \end{pmatrix} \text{ bzw. } \begin{pmatrix} z \\ z^* \end{pmatrix} = \begin{pmatrix} 1 & i \\ 1 & -i \end{pmatrix}\begin{pmatrix} x \\ y \end{pmatrix}. \tag{3.89}$$

Nach Eintragen von (3.89) in (3.80) entsteht

$$\begin{pmatrix} \dot{z} \\ \dot{z}^* \end{pmatrix} = \lambda(\mu) \begin{pmatrix} \exp(i\theta) & 0 \\ 0 & \exp(-i\theta) \end{pmatrix} \begin{pmatrix} z \\ z^* \end{pmatrix} + \begin{pmatrix} G^{(1)} \\ G^{(2)} \end{pmatrix} \text{ mit}$$
$$G^{(1)} = F_1(z, z^*, \mu) + i\, F_2(z, z^*, \mu)\,, \quad G^{(2)} = G^{(1)*}\,. \tag{3.90}$$

(3.90) sind zwei konjugiert komplexe Differentialgleichungen. Es reicht daher, nur die erste der beiden zu lösen. Verwenden wir noch eine zu (3.71) analoge Taylor-Entwicklung der Nichtlinearitäten

$$G^{(1)} = G_2(z, z^*, \mu) + G_3(z, z^*, \mu) + \ldots\,; \quad G_k(z, z^*, \mu) = O(z^k)\,, \tag{3.91}$$

so lautet die erste Komponente von (3.90)

$$\dot{z} = p\, z + G_2(z, z^*, \mu) + G_3(z, z^*, \mu) + \ldots\,; \quad p = \exp(i\,\theta)\,; \lambda \in \mathbf{R}\,. \tag{3.92}$$

Jetzt wird eine fast-identische Transformation im Komplexen angesetzt

$$z = u + H(u, u^*)\,; \quad u \in C\,, H = O(2), \tag{3.93}$$

(wir verzichten auf den Index 2, der andeutet, daß H eine quadratische Funktion ist) und es gilt

$$\left(1 + \frac{\partial H}{\partial u}\right) \dot{u} = p\,(u + H) + G_2(u, u^*) - \frac{\partial H}{\partial u^*}\,\dot{u}^* + G_3(u, u^*) + O(4)\,.$$

Beachten wir noch die Reihenentwicklung

$$\left(1 + \frac{\partial H}{\partial u}\right)^{-1} = 1 - \frac{\partial H}{\partial u} + O(2),$$

so entsteht durch Bildung des Konjugiums der letzten Gleichung $u^* = p\, u^* + O(2)$ und wir erhalten

$$\dot{u} = p\, u + \left[G_2(u, u^*, \mu) + p\, H - p\, \frac{\partial H}{\partial u}\, u - p^* \frac{\partial H}{\partial u^*}\, u^* \right] + G_3(u, u^*) + O(4)\,. \tag{3.94}$$

Zur Elimination der quadratischen Glieder versuchen wir, die eckige Klammer in (3.94) Null zu setzen. Es entsteht die Bedingung

$$\pounds\, H = - G_2(u, u^*, \mu) \text{ mit } \pounds\, H = p\, H - p\, \frac{\partial H}{\partial u}\, u - p^* \frac{\partial H}{\partial u^*}\, u^*\,. \tag{3.95}$$

In Analogie zu (3.82) verwenden wir jetzt die quadratische Form

$$H = A\, u^2 + B\, u\, u^* + C\, u^{*2} \tag{3.96}$$

und der Operator in (3.95) ist durch

$$\pounds\, H = - p\, A\, u^2 - p^*\, B\, u\, u^* + (p - 2\, p^*)\, C\, u^{*2}\ . \tag{3.97}$$

gegeben. In (3.97) sind wegen $p(0) = i\omega \neq 0$; $p(0) - 2\, p^*(0) = 3\, \omega \neq 0$ die Koeffizienten ungleich Null, daher können sämtliche quadratischen Glieder in (3.94) eliminiert werden und es folgt

$$\dot{u} = p\, u + G_3(u,\, u^*) + O(4)\ . \tag{3.98}$$

Jetzt sollen die kubischen Glieder vereinfacht werden. Dazu benutzen wir die fast-identische Transformation

$$u = v + h(v,\, v^*)\ ;\ \ v \in C\ \ \text{mit}\ \ h = P\, v^3 + Q\, v^2\, v^* + R\, v\, v^{*2} + S\, v^{*3}\ . \tag{3.99}$$

Die weiteren Schritte sind analog zu den bei der Elimination der quadratischen Glieder angestellten Überlegungen: wir erhalten

$$\dot{v} = p\, v + [\pounds_1 h + G_3(v,\, v^*)] + O(4)\ ,\ \ \text{mit}\ \ \pounds_1 h = p\, h - p\, \frac{\partial h}{\partial v}\, v - p^*\, \frac{\partial h}{\partial v^*}\, v^*\ . \tag{3.100}$$

Zur Vereinfachung der kubischen Glieder versuchen wir jetzt, die eckige Klammer in (3.100) Null zu setzen. Dabei erhalten wir mit (3.99)

$$\pounds_1 h = - 2\, p\, P\, v^3 - (p + p^*)\, Q\, v^2\, v^* - 2\, p^*\, R\, v\, v^{*2} + (p - 3\, p^*)\, S\, v^{*3}\ . \tag{3.101}$$

Wegen $p(0) \neq 0$, $p^*(0) \neq 0$, $p(0) - 3p^*(0) \neq 0$ und $p(0) + p^*(0) = 0$ kann nur das kubische Glied proportional zu Q in (3.99) nicht eliminiert werden und die Normalform des Problems mit dem linearen Teil (3.88) hat die Form

$$\dot{v} = p\, v + b\, v^2\, v^* + O(4)\ \ (b \neq 0) \tag{3.102}$$

mit einem noch zu bestimmenden komplexen Faktor $b = b_1 + ib_2$. Gehen wir nun mit $v = v_1 + iv_2$ wieder zu reellen Größen über, so entsteht

$$\dot{v}_1 = p_1 v_1 - p_2 v_2 + (v_1^2 + v_2^2)\, (b_1 v_1 - b_2 v_2) + O(4)\ \ \text{und} \tag{3.103.1}$$

$$\dot{v}_2 = p_2 v_1 + p_1 v_2 + (v_1^2 + v_2^2)\, (b_2 v_1 + b_1 v_2) + O(4)\ ;\ p = p_1 + i\, p_2\ . \tag{3.103.2}$$

Schließlich benutzen wir noch Polarkoordinaten $v_1 = r \cos \varphi$ und $v_2 = r \sin \varphi$. Mit (3.103) erhalten wir

$$\dot{r} = p_1\, r + b_1\, r^3\ \ \text{und}\ \ \dot{\varphi} = p_2 + b_2\, r^2\ . \tag{3.104}$$

Als Anwendung betrachten wir die Klasse parameterfreier Differentialgleichungen

$$\dot{x} = - y + F(x,\, y)\ ,\ \ \dot{y} = x + G(x,\, y)\ \ \text{mit}\ \ F(0,\, 0) = G(0,\, 0) = 0\ . \tag{3.105}$$

wobei wir annehmen, daß F und G in einer Umgebung des Ursprungs analytisch sind. Hier ist der Ursprung Fixpunkt. Er ist ein Zentrum und die Linearisierung versagt bei der Bestimmung seiner Stabilität. Die Matrix A ist vom Typ (3.88), ihre Eigenwerte sind $\pm i$. Daher gilt $p = p_1 + ip_2 = i$ und mit (3.105) folgt, daß $\dot{r} = b_1 r^3$. Der Fixpunkt ist für $dr/dt > 0$ ($dr/dt < 0$) instabil (stabil). Das Vorzeichen der Konstanten b_1 entscheidet daher über die Stabilität des Fixpunkts. Ohne Beweis übernehmen wir von Rand und Armbruster (1987) das Resultat (dessen Verifikation mit Hilfe einer Symbolverarbeitungs-Routine wir dem Leser empfehlen):

$$b_1 = \frac{1}{16} \Big\{ G_{yyy} + G_{xxy} + F_{xyy} + F_{xxx} + F_{yy}G_{yy} - F_{xx}G_{xx} -$$

$$- G_{xx}G_{xy} - G_{yy}G_{xy} + F_{xx}F_{xy} + F_{yy}F_{xy} \Big\} \; . \tag{3.106}$$

Mit Hilfe von (3.105) und (3.106) wird in Aufgabe 3.7 die Stabilität der Fixpunkte der Differentialgleichungen (3.14) bzw. (3.52) bestimmt. ❑

Es fehlt noch die Behandlung zweier Fälle, die - wie später in Kapitel 7 gezeigt wird - zu Bifurkationen mit der Ko-Dimension Zwei (und u. U. zu äußerst komplizierter Dynamik) führen. Wir wollen diese beiden Fälle nur summarisch behandeln. Wir führen relevanten die Ansätze vor und überlassen die Verifikation der aufwendigen algebraischen Operationen dem Leser.

BEISPIEL 4 (Zwei rein imaginäre und ein verschwindender Eigenwert):
Hier hat die Jacobi-Matrix die Jordan-Form (3.28) (mit $u = w = 0$ und $v = -\omega$). Wir verwenden die komplexe Koordinate $u = x + iy$ und in Verallgemeinerung von (3.89) benutzen wir die Transformation

$$\begin{pmatrix} x \\ y \\ z \end{pmatrix} = T \begin{pmatrix} u \\ u^* \\ z \end{pmatrix} ; \; T = \frac{1}{2} \begin{pmatrix} 1 & 1 & 0 \\ -i & i & 0 \\ 0 & 0 & 1 \end{pmatrix} ; \; T^{-1} = \begin{pmatrix} 1 & i & 0 \\ 1 & -i & 0 \\ 0 & 0 & 1 \end{pmatrix} . \tag{3.107}$$

Nach Eintragen in (3.70) (mit der Matrix A gegeben durch die rechte Seite von (3.28)) entsteht

$$\begin{pmatrix} \dot{u} \\ \dot{u}^* \\ \dot{z} \end{pmatrix} = D \begin{pmatrix} u \\ u^* \\ z \end{pmatrix} + \begin{pmatrix} F^{(1)} + i\,F^{(2)} \\ F^{(1)} - i\,F^{(2)} \\ F^{(3)} \end{pmatrix} ; \; D = T^{-1} A\,T \begin{pmatrix} i\,\omega & 0 & 0 \\ 0 & -i\,\omega & 0 \\ 0 & 0 & 0 \end{pmatrix} \tag{3.108}$$

dabei sind $F^{(j)}$ die Vektorkomponenten von F in (3.70). Die beiden ersten Gleichungen in (3.108) sind konjugiert komplex und es genügt, eine der beiden zu berücksichtigen. Damit folgt

$$\dot{u} = i\,\omega\,u + G(u, u^*, z) \; ; \; G = F^{(1)} + i\,F^{(2)} \; ; \; \dot{z} = H(u, u^*, z) = F^{(3)} \; . \tag{3.109}$$

Zur Bildung der Normalform setzen wir die fast-identische Transformation an

$$u = v + P(v, v^*, \eta) \; ; \; z = \eta + Q(v, v^*, \eta) \; ; \; v \in \mathbf{C}, \; \eta \in \mathbf{R}; \; P, Q = O(2) \; . \tag{3.110}$$

Gemäß (3.71) bilden wir $P = P_2 + P_3 + O(4)$ und $Q = Q_2 + Q_3 + Q(4)$. Nach Eintragen in den ersten Teil von (3.109) erhalten wir

$$\dot{v} = \left(1 - \frac{\partial P}{\partial v}\right)\left[i\,\omega\,(v + P) + G_2 - \frac{\partial P}{\partial z}\dot{z} - \frac{\partial P}{\partial v^*}\dot{v}^*\right] + O(3) \; ,$$

$$\dot{v}^* = - i \, \omega \, v^* + O(2) \quad \text{und} \quad \dot{z} \frac{\partial P}{\partial z} = O(3) \,.$$

Damit wird

$$\dot{v} = i \, \omega \, v + \left\{ i \, \omega \left[P - \frac{\partial P}{\partial v} v + \frac{\partial P}{\partial v^*} v^* \right] + G_2 \right\} + O(3) \,. \tag{3.111}$$

Zur Elimination der quadratischen Glieder versuchen wir, die geschweifte Klammer in (3.111) Null zu setzen. Dabei entsteht

$$P - \frac{\partial P}{\partial v} v + \frac{\partial P}{\partial v^*} v^* - i \frac{G_2}{\omega} = 0 \,. \tag{3.112}$$

Mit der quadratischen Form

$$P = a \, v^2 + b \, v \, v^* + c \, v \, \eta + d \, v^{*\,2} + e \, \eta^2 + f \, v^* \, \eta \tag{3.113}$$

(a bis f sind Konstante) erhalten wir nach Eintragen in (3.112)

$$- a \, v^2 + b \, v \, v^* + 3 \, d \, v^{*2} + e \, \eta^2 + 2 \, f \, v^* \, \eta = i \frac{G_2}{\omega} \,. \tag{3.114}$$

Da das Glied proportional zu $v\eta$ auf der rechten Seite von (3.114) nicht auftritt, so kann dieses Glied auch i.a. nicht eliminiert werden und es gilt als Normalform der ersten Gleichung von (3.109)

$$\dot{v} = i \, \omega \, v + K \, v \, \eta + O(3) \,; \quad K = \text{const}; \, C \ne 0 \,. \tag{3.115}$$

Wir kommen jetzt zur Behandlung der zweiten Gleichung in (3.109). Mit (3.110) erhalten wir zunächst

$$\dot{z} = \left(1 + \frac{\partial Q}{\partial \eta} \right) \dot{\eta} = H_2 - \frac{\partial Q}{\partial v} \dot{v} - \frac{\partial Q}{\partial v^*} \dot{v}^* + O(3) \,,$$

oder, unter Verwendung von (3.111):

$$\dot{\eta} = H_2 + i \, \omega \left(\frac{\partial Q}{\partial v^*} v^* - \frac{\partial Q}{\partial v} v \right) + O(3) \,. \tag{3.116}$$

In Analogie zu (3.113) verwenden wir jetzt die quadratische Form

$$Q = A \, v^2 + B \, v \, v^* + C \, v \, \eta + D \, v^{*2} + E \, \eta^2 + F \, v^* \, \eta \,. \tag{3.117}$$

Die Elimination der quadratischen Glieder erfordert die Nullsetzung der geschweiften Klammer in (3.116) und mit (3.117) entsteht

$$2 \, (D \, v^{*2} - A \, v^2) + (F \, v^* - C \, v) \, \eta = i \frac{H_2}{\omega} \,. \tag{3.118}$$

In (3.118) fehlen auf der rechten Seite die Glieder proportional zu vv^* und η^2. Dies bedeutet, daß die Normalform der zweiten Gleichung von (3.107) die Form

$$\dot{\eta} = M\, v\, v^* + N\, \eta^2 + O(3)\; ;\; M, N = \text{const} \neq 0\; ;\; M, N \in \mathbf{R} \qquad (3.119)$$

annimmt.

Der letzte Schritt besteht nun im Übergang zu Polarkoordinaten ($v = R\,\exp(i\phi)$, $\eta = Z$) und mit $K = K_1 + iK_2$ erhalten wir mit (3.115) und (3.119)

$$\dot{R} = K_1\, R\, Z + O(3)\; ;\; \dot{\phi} = \omega + K_2\, Z + O(3)\; ;\; \dot{Z} = M\, R^2 + N\, Z^2 + O(3)\; . \qquad (3.120)$$

Man sieht leicht, daß die azimutale Gleichung von den beiden anderen Differentialgleichungen entkoppelt ist und daher ignoriert werden kann. In Abschnitt 7.4.2 werden wir die Behandlung dieses Beispiels mit der Bildung der universalen Entfaltung von (3.120) fortsetzen. ❑

BEISPIEL 5 (Zwei unterschiedliche, rein imaginäre Eigenwerte):
Eine Anwendung dieses Falles ist das Doppelpendel mit der Jacobi-Matrix (3.46). Hier betrachten wir das Problem (3.70) im $\mathbf{R}^4$ mit der Jacobi-Matrix in blockdiagonaler Form

$$A = \begin{pmatrix} C & 0 \\ 0 & D \end{pmatrix} \text{ mit } C = \begin{pmatrix} 0 & -a \\ a & 0 \end{pmatrix}, D = \begin{pmatrix} 0 & -b \\ b & 0 \end{pmatrix}\; ;\; a, b \in \mathbf{R} \qquad (3.121)$$

und zur Vereinfachung des Vektors $x = (x, y, p, q)^T$ verwenden wir die beiden komplexen Koordinaten $u = x + iy$ und $v = p + iq$ und führen dazu die Transformation

$$(x, y, p, q)^T = T\, (u, u^*, v, v^*)^T \qquad (3.122)$$

mit

$$T = \begin{pmatrix} W & 0 \\ 0 & W \end{pmatrix}\; ;\; W = \frac{1}{2}\begin{pmatrix} 1 & 1 \\ -i & i \end{pmatrix}\; ;\; T^{-1} = \begin{pmatrix} \widetilde{W} & 0 \\ 0 & \widetilde{W} \end{pmatrix}\; ;\; \widetilde{W} = \begin{pmatrix} 1 & i \\ 1 & -i \end{pmatrix} \qquad (3.123)$$

durch. Nach Eintragen in (3.70) mit (3.120) erhalten wir

$$(\dot{u}, \dot{u}^*, \dot{v}, \dot{v}^*)^T = M\, (u, u^*, v, v^*) + F \qquad (3.124)$$

mit (vgl. (3.90))

$$M = T^{-1}\, A\, T = i\begin{pmatrix} M_1 & 0 \\ 0 & M_2 \end{pmatrix}\; ;\; M_1 = \begin{pmatrix} a & 0 \\ 0 & -a \end{pmatrix}\; ;\; M_2 = \begin{pmatrix} b & 0 \\ 0 & -b \end{pmatrix}\; . \qquad (3.125)$$

Damit genügt es, das zweidimensionale Problem

$$\begin{pmatrix} \dot{u} \\ \dot{v} \end{pmatrix} = i\, \widetilde{M}\begin{pmatrix} u \\ v \end{pmatrix} + \begin{pmatrix} F^{(1)} \\ F^{(2)} \end{pmatrix}\; ;\; \widetilde{M} = \begin{pmatrix} a & 0 \\ 0 & b \end{pmatrix} \qquad (3.126)$$

zu behandeln. Die skalaren Komponenten von (3.126) sind

$$\dot{u} = i\,a\,u + F_2(u, u^*, v, v^*) + F_3(u, u^*, v, v^*) + O(4) \ ;$$
$$\dot{v} = i\,b\,v + G_2(u, u^*, v, v^*) + G_3(u, u^*, v, v^*) + O(4) \ . \tag{3.126'}$$

Man kann nun relativ einfach zeigen, daß - ähnlich wie im Beispiel 3 ('gewöhnliche' Hopf-Bifurkation) - alle quadratischen Glieder eliminierbar sind, d.h. $F_2 = G_2 = 0$. Dazu setzen wir eine kubische, fast-identische Transformation an:

$$u = z + U(z, z^*, w, w^*) + O(4) \ ; \quad v = w + V(z, z^*, w, w^*) + O(4) \ ; \quad U, V = O(3) \ . \tag{3.127}$$

Nach Eintragen in (3.126') erhalten wir

$$\dot{z} = i\,a\,z + \{i\,a\,L_1 + i\,b\,L_2 + F_3\} + O(4) \text{ mit}$$
$$L_1 = U + \frac{\partial U}{\partial z^*}z^* - \frac{\partial U}{\partial z}z \ ; \quad L_2 = \frac{\partial U}{\partial w^*}w^* - \frac{\partial U}{\partial w}w \ . \tag{3.128}$$

Jetzt setzen wir ein allgemeines kubisches Polynom mit komplexen Koeffizienten ζ_i ($i = 1, ..., 20$) an:

$$U = \zeta_1 z^3 + \zeta_2 z^2 z^* + \zeta_3 z^2 w + \zeta_4 z^2 w^* + \zeta_5 z z^{*2} + \zeta_6 z w^2 + \zeta_7 z w^{*2} \tag{3.129}$$
$$+ \zeta_8 z^{*3} + \zeta_9 z^{*2} w + \zeta_{10} z^{*2} w^* + \zeta_{11} z^* w^2 + \zeta_{12} z^* w^{*2} + \zeta_{13} w^3 + \zeta_{14} w^2 w^*$$
$$+ \zeta_{15} w\, w^{*2} + \zeta_{16} w^{*3} + \zeta_{17} z z^* w + \zeta_{18} z z^* w^* + \zeta_{19} z w w^* + \zeta_{20} z^* w w^* \ .$$

Wir setzen voraus, daß keine Resonanzen auftreten, also $a \neq \pm b/2$ (d.h. Frequenz a ist nicht Subharmonische der Frequenz b). Bilden wir nun L_1, so sehen wir, daß die Glieder $z^2 z^*$, $z w^2$, $z w^{*2}$ und $z w w^*$ in diesem Operator nicht enthalten sind. Die Terme $z w^2$ und $z w^{*2}$ entstehen jedoch bei der Bildung des Operators L_2. Dies bedeutet, daß mit Ausnahme der Glieder proportional zu $z^2 z^*$ und $z w w^*$ alle kubischen Terme eliminiert werden können. Daher lautet die Normalform der ersten Differentialgleichung

$$\dot{z} = i\,a\,z + z\left(\alpha\,|z|^2 + \beta\,|w|^2\right) ; \ \alpha, \beta \in C \ ; |\alpha|, |\beta| \neq 0 \tag{3.130}$$

Analog ist die Normalform der zweiten Differentialgleichung (Herleitung erfolgt in Aufgabe 3.14):

$$\dot{w} = i\,b\,w + w\left(\gamma\,|z|^2 + \delta\,|w|^2\right) ; \gamma, \delta \in C \ ; |\gamma|, |\delta| \neq 0 \ . \tag{3.131}$$

Im letzten Schritt gehen wir jetzt zu Polarkoordinaten $z = r_1 \exp(i\varphi_1)$ und $w = r_2 \exp(i\varphi_2)$ über: es entsteht

$$\dot{r}_1 = r_1\left(\alpha_1 r_1^2 + \beta_1 r_2^2\right) + O(4) \ ; \ \alpha = \alpha_1 + i\,\alpha_2 \ , \ \beta = \beta_1 + i\,\beta_2 \ ,$$
$$\dot{\varphi}_1 = a + \alpha_2 r_1^2 + \beta_2 r_2^2 + O(3) \ ,$$
$$\dot{r}_2 = r_2\left(\gamma_1 r_1^2 + \delta_1 r_2^2\right) + O(4) \ , \ \gamma = \gamma_1 + i\,\gamma_2 \ , \ \delta = \delta_1 + i\,\delta_2 \ , \tag{3.132}$$
$$\dot{\varphi}_2 = b + \gamma_2 r_1^2 + \delta_2 r_2^2 + O(3) \ . \qquad \qquad \square$$

Aufgaben

3.1 Vorgelegt sei das zweidimensionale autonome dynamische System

a) $\dot{x} = x^2 - x\,y$; $\dot{y} = -y + x^2$.

Man bestimme Lage und Art der Fixpunkte.

b) $\dot{x}_1 = x_1 - x_2^2$, $\dot{x}_2 = x_1 - x_2$.

Man bestimme Lage und Art der Fixpunkte und zeige, daß die y-Achse ($x = 0$) die stabile Mannigfaltigkeit des Fixpunkts $(0, 0)$ und die y-Achse eine invariante Gerade ist. Man berechne die *zentrale Mannigfaltigkeit* des Fixpunkts $(0, 0)$ und die entsprechende *reduzierte Differentialgleichung*.

3.2 Man berechne die stabile Mannigfaltigkeit des Sattels der ungedämpften, nicht angeregten Pendelschwingung

$$\ddot{\theta} + \sin\theta = 0 \quad \text{für} \quad \theta > 0 \ .$$

Wie liegen Berge und Täler dieses Sattelpunktes?
Hinweis: Hier müssen die Koordinaten in die Richtungen der entsprechenden Eigenvektoren gedreht werden.

3.3 Man berechne die instabile Mannigfaltigkeit des Sattels des dynamischen Systems

$$\ddot{x} - x + x^3 = 0 \quad \text{für} \quad x > 0 \ .$$

3.4 Man bestimme die Fixpunkte und deren Stabilität für das dynamische System

$$\dot{x} = A\,x - B\,y \ ; \quad \dot{y} = B\,x + A\,y \ ; \quad B > 0 \,, A \neq 0 \ .$$

Durch explizite Integration zeige man, daß für $A < 0$ ($A > 0$) Senken (Quellen) auftreten.

3.5 Man berechne die stabilen und instabilen Mannigfaltigkeiten des Fixpunkts des dynamischen Systems

$$\dot{x} = -x + 2\,y^2 \ ; \quad \dot{y} = 2\,y \quad ,$$

und vergleiche sie mit den entsprechenden Mannigfaltigkeiten, die man durch Berechnung der exakten Lösung erhält.
Hinweis: Bei der Integration verwendet man die Substitution $x(y) = z(y)y$

3.6 Man berechne zentrale Mannigfaltigkeit und reduzierte Differentialgleichung der Probleme

i) $\dot{x} = x^2 + y^2$, $\dot{y} = -y + x^2 - y^2$;
ii) $\dot{x} = -y + y^2 + z^2$, $\dot{y} = x + x^2 + z^2$; $\dot{z} = -2z + x^2 + y^2$;
iii) $\dot{x} = \mu\,x + y + y^2$, $\dot{y} = \mu\,y + z^2$, $\dot{z} = -z + x^2$.

3.7 Man verwende.(3.105) und (3.106) zur Berechnung der Stabilität der Fixpunkte in Form von Zentren für die Systeme

i) (3.14). Man verifiziere, daß die Konstante in (3.106) für m=1 durch $b_1 = -3\lambda/8$ gegeben ist.

ii) (3.52). Hier sind bei der Anwendung von (3.105) x und y zu vertauschen. Man verifiziere $b_1 = \alpha/20$.

3.8 Man berechne die zentrale Mannigfaltigkeit des Problems (3.67) und verifiziere dadurch (3.68).

3.9 Vorgelegt sei die skalare Differentialgleichung

$$\dot{x} = a\,x + b\,x^2 + b\,x^2 + \ldots = a\,x + \sum_{j=2}^{N} a_j\,x^j \; ; a \neq 0 \; .$$

Man zeige, daß sich diese Differentialgleichung durch eine Folge von fast-identischen Transformationen des Typs (3.72) linearisieren läßt.

3.10 Ausgehend von (3.31) zeige man, daß für eindimensionale Hamilton-Systeme Fixpunkte in Form von Quellen bzw. Senken in Widerspruch zu (3.44) stehen.

3.11 Mit Hilfe des Ansatzes (3.50') bestimme man die zentrale Mannigfaltigkeit des Systems (3.48) für den Fall $k = 3$.

3.12 Vorgelegt sei als Verallgemeinerung von (3.105) das ebene System

$$\dot{x} = p\,y + f(x, y) \, , \quad \dot{y} = q\,x + g(x, y) \; \text{ mit } \; f(0, 0) = g(0, 0) = 0 \; .$$

mit $pq < 0$. Mit Hilfe der Transformation $x(t) = \alpha\,\xi(t)$, $y(t) = \beta\,\eta(t)$ (a, b const) bringe man das vorgelegte System auf die Form (3.105).

3.13 Vorgelegt seien die dynamischen Systeme

i): $\dot{x} = -\,a\,x + b\,y \; ; \quad \dot{y} = -\,b\,x - a\,y - \dfrac{1}{b}\,y^3 \; ; a, b > 0 \; .$

Man bestimme die Fixpunkte und deren Stabilität. Man berechne den Radius des größten Kreises, der sich als Untermenge des Einzugsgebiets der Senke dieses Systems bestimmen läßt.

ii): $\dot{x} = a\,x - b\,y + b\,y^3 \; ; \quad \dot{y} = b\,x + a\,y + b\,y^3 \; ; a, b < 0 \; .$

Man verifiziere, daß (0, 0) stabiler Fixpunkt ist und klassifiziere diesen Fixpunkt. Man berechne den größten Kreis mit (0, 0) als Mittelpunkt, der Untermenge des Einzugsgebiets des Fixpunkts ist.

4 Bifurkationen

Der Begriff der *Bifurkation* oder *Verzweigung* bezeichnet den Übergang von einem Systemzustand zu einem anderen als Folge einer i.a. stetigen Änderung eines oder mehrerer Parameter $\mu \in \mathbf{R}^m$. So gibt es beispielsweise Bifurkationen vom Typ FP-FP, also den Übergang von einem Fixpunkt zu einem anderen (eine sogenannte *statische Bifurkation*), den Typ FP-GZ von einem Fixpunkt zu einem Grenzzyklus und den Typ GZ-GZ von einem Grenzzyklus zu einem anderen (eine *dynamische Bifurkation*). Diejenigen Parameterwerte, bei denen die Bifurkation eintritt, heißen *kritische* oder K*atastrophenpunkte*. In der Umgebung solcher Punkte ändern sich die Systemeigenschaften rapide. Außerdem nennt man Systeme, bei denen Bifurkationen auftreten, *strukturell instabil*.

Zuerst seien einige Begriffe definiert:

DEFINITION 4.1 (Ko-Dimension, kritische Parameter):
Die *Ko-Dimension* ist die kleinste Dimension k_c des Parameterraumes $\mu \in \mathbf{R}^m$, die eine volle Entfaltung der Dynamik eines Systems gestattet. Dies bedeutet u.a., daß ein System k_c Parameter aufweisen muß, um alle Klassen von Bifurkationen zu ermöglichen. Diejenigen Parameter, die die Verzweigung erzeugen, heißen *kritische Parameter*. ♠

Wir werden im Folgenden stationäre und dynamische, lokale und globale Bifurkationen mit einem oder mehreren Bifurkationsparametern besprechen. In diesem Kapitel stehen jedoch lokale Bifurkationen mit einem Parameter zur Diskussion. In Kapitel 6 behandeln wir globale Bifurkationen und im Kapitel 7 untersuchen wir höherparametrige Bifurkationen.

DEFINITION 4.2 (Variation der Parameter):
Üblicherweise variiert man den Parameter, der die Verzweigung erzeugt, sehr schnell, während man die anderen Parameter festhält. Danach wartet man das Abklingen der Transienten ab (siehe Bild 4.1). Man nennt diesen Typ von Verzweigung *quasi-statische Bifurkation*. ♠

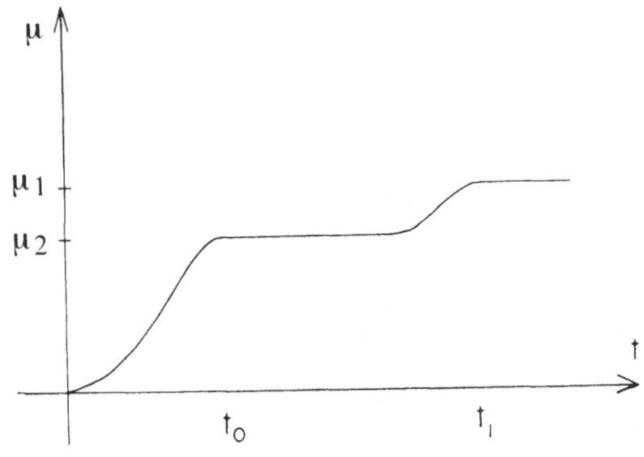

Bild 4.1 Zeitliche Variation des kritischen Parameters im Falle einer quasi-statischen Bifurkation

Im Gegensatz dazu gibt es Systeme, in denen der kritische Parameter mit der Zeit variiert. Als Beispiel dafür betrachten wir ein autonomes, 1-dimensionales System mit langsamer zeitlicher Änderung:

$$\dot{x} = F(x, \mu) \; ; \quad \dot{\mu} = \varepsilon \; ; \quad 0 < \varepsilon \ll 1 \; . \tag{4.1}$$

Die numerische Lösung des Problems (4.1) zeigt typischerweise den in Bild 4.2 dargestellten Fixpunktverlauf.

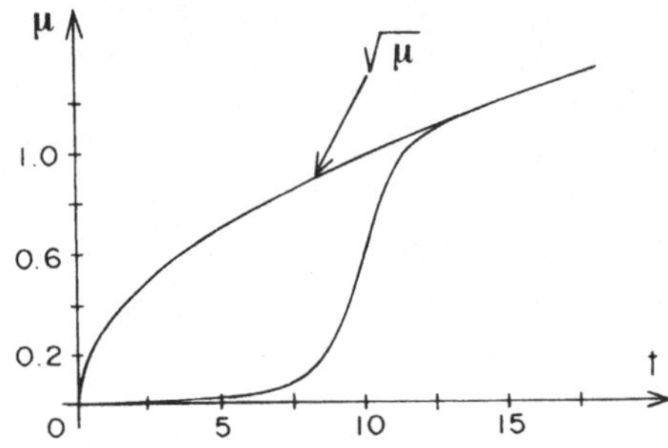

Bild 4.2 Lösungen der Differentialgleichung (4.11.3). Die obere Kurve korrespondiert zu dem Fixpunkt $\sqrt{\mu}$ (μ = const.). Der untere Zweig repräsentiert die numerische Lösung für den Fall μ = 0.1t. Man beachte, daß die beiden Lösungen für $t \to \infty$ ineinander übergehen

Im folgenden Abschnitt werden dynamische Systeme mit benachbarten Systemen verglichen; dabei werden kleine Änderungen der Systemgleichungen zugelassen und die Konsequenzen dieser Änderungen untersucht. Ab Abschnitt 4.2 gehen wir jedoch von vorgegebenen Klassen von Systemen aus, variieren einen Parameter und untersuchen, ob qualitative Zustandsänderungen, d.h. Bifurkationen, auftreten. In Kapitel 7 werden wir diese Überlegungen verallgemeinern und den Einfluß der Variation mehrerer Parameter untersuchen.

4.1 Äquivalente und konjugierte dynamische Systeme, strukturelle Stabilität

Umgangssprachlich ausgedrückt kann man sagen: *Ein System ist strukturell stabil, wenn eine geringe Änderung der Parameter oder der Systemgleichungen nur zu einer geringen Änderung des Systemverhaltens (der Lösung) führt, jedoch nicht zu einer qualitativen Änderung.* Eine etwas genauere Formulierung lautet: *Ein System ist strukturell stabil, wenn alle benachbarten Systeme qualitativ dieselbe Dynamik aufweisen.*
Diese Aussage soll jetzt präzisiert werden. Dazu benötigen wir zunächst den Begriff der konjugierten Systeme:

DEFINITION 4.3 (Konjugierte Systeme):
f und g seien zwei C^r-Diffeomorphismen. Dann heißen zwei autonome Systeme im $\mathbf{R}^n$

$$\dot{\mathbf{x}} = \mathbf{f}(\mathbf{x}) \; ; \quad \dot{\mathbf{y}} = \mathbf{g}(\mathbf{y}) \; ; \quad \mathbf{x}, \mathbf{y}, \mathbf{f}, \mathbf{g} \in \mathbf{R}^n \; , \tag{4.2}$$

deren Abhängigkeit von den Parametern μ nicht explizit hingeschrieben sei, C^k-*konjugiert* (mit k $\leq$ r), wenn ein C^k-Diffeomorphismus $\mathbf{h}(\mathbf{x})$ existiert, für den gilt, daß

$$\mathbf{h}(\mathbf{x}) = \mathbf{y}(\mathbf{h}) \; . \tag{4.3}$$ ♠

Nun wollen wir die Konsequenzen von (4.2) und (4.3) untersuchen. Die zeitliche Ableitung von (4.2) führt wegen (4.3) auf

$$\mathbf{J}(\mathbf{h}(\mathbf{x}))\,\dot{\mathbf{x}} = \dot{\mathbf{y}} \quad . \tag{4.4}$$

Ist $\mathbf{h}$ ein C^k-Diffeomorphismus ($k \geq 1$), dann existiert $\mathbf{J}^{-1}(\mathbf{h})$. Damit folgt aus (4.3) und (4.4), daß $\mathbf{h}$ konjugierte Fixpunkte aufeinander abbildet:

$$\mathbf{f}(\mathbf{p}) = \mathbf{g}(\mathbf{q}) = 0 \Rightarrow \mathbf{q} = \mathbf{h}(\mathbf{p}). \tag{4.4'}$$

Entsprechend leiten wir (4.4) ab nach der Koordinate x_r und erhalten (in Indexschreibweise, mit der Einsteinschen Summationskonvention):

$$\frac{\partial J_{mk}}{\partial h_s}\frac{\partial h_s}{\partial x_r}f_k + J_{mk}(\mathbf{h})\frac{\partial f_k}{\partial x_r} = \frac{\partial g_m}{\partial h_s}\frac{\partial h_s}{\partial x_r} \;.$$

Wertet man diesen letzten Ausdruck aus am Ort eines Fixpunkts ($f_k = 0$), so verschwindet der erste Term und man erhält

$$\mathbf{J}(\mathbf{h})\,\mathbf{J}(\mathbf{f}) = \mathbf{J}(\mathbf{g})\,\mathbf{J}(\mathbf{h}) \quad \text{oder} \quad \mathbf{J}(\mathbf{f}) = \mathbf{J}(\mathbf{h})^{-1}\,\mathbf{J}(\mathbf{g})\,\mathbf{J}(\mathbf{h}) \quad . \tag{4.5}$$

(4.5) bedeutet, daß die Jacobi-Matrizen von $\mathbf{f}$ und von $\mathbf{g}$ ähnlich sind und daher dieselben Eigenwerte besitzen. Damit folgt, daß zwei miteinander korrespondierende Fixpunkte identische Stabilität aufweisen.

Eine weitere Folge ist, daß sich periodische Orbits in periodische Orbits transformieren: mit der Periodizitätsbedingung $\mathbf{x}(t+T) = \mathbf{x}(t)$ folgt

$$\mathbf{y}(t+T) = \mathbf{y}(\mathbf{h}(\mathbf{x}(t+T))) = \mathbf{y}(\mathbf{h}(\mathbf{x}(t))) = \mathbf{y}(t). \tag{4.6}$$

Ziel der Überlegungen ist jedoch eine Charakterisierung von Vektorfeldern $\mathbf{f}$ und $\mathbf{g}$ mit qualitativ ähnlicher Dynamik. Wie wir gleich sehen werden, ist dafür der Begriff C^k-*konjugiert* zu eng gefaßt.
Wir vergleichen das lineare System

$$\dot{x} = y \,;\; \dot{y} = -x \,;\; x, y \in \mathbf{R}$$

mit dem nichtlinearen Hamilton-System

$$\dot{u} = v \,;\; \dot{v} = -u + g(u) \quad \text{mit} \quad g(0) = 0 \,;\; u, v, g \in \mathbf{R} \,,$$

wobei wir voraussetzen, daß $g(u)$ in einer Umgebung von $u = 0$ analytisch ist. Diese beiden Systeme haben denselben Fixpunkt $(0, 0)$ mit übereinstimmender Stabilität (Zentrum). Obwohl beide Systeme damit in einer kleinen Umgebung des Fixpunkts die gleiche Dynamik aufweisen, sind sie nicht konjugiert, da die Perioden ihrer Lösungen nicht übereinstimmen. Das lineare System hat die konstante Periode 2π, während die Periode des nichtlinearen Systems mit dem Abstand vom Fixpunkt variiert (siehe Aufgabe 4.1).

Der Begriff konjugierter Systeme ist daher zur Beschreibung von Systemen mit (lokal) gleicher Dynamik nicht geeignet. An seiner Stelle verwenden wir den Begriff Äquivalenz:

DEFINITION 4.4 (Äquivalente Systeme):
Vorgelegt seien wieder die beiden Vektorfelder in (4.2): f mit dem Fluß $\Phi(x, t)$ und g mit dem Fluß $\Psi(x, t)$. Dann nennt man diese Vektorfelder C^k-*äquivalent*, wenn ein C^k-Diffeomorphismus h(x) dermaßen existiert, daß gilt

$$h[\Phi(x, t)] = \Psi[h(x), \alpha(x, t)] \ . \tag{4.3'}$$

Dabei ist $\alpha(x, t)$ eine wachsende Funktion der Zeit. α vermittelt eine Re-Parametrisierung der Zeit, die die Änderung der Perioden kompensiert.
C^0-äquivalente Systeme nennt man topologisch äquivalent. Zusammenfassend können wir feststellen, daß (4.3) als Sonderfall von (4.3') konjugierte Systeme beschreibt, d.h. Systeme, bei denen die Parametrisierung der Zeit erhalten bleibt. ♠

Die Eigenschaften äquivalenter System werden jetzt in einem Theorem zusammengefaßt:

SATZ 4.1 (Eigenschaften äquivalenter Systeme):
Sind die Vektorfelder **f** und **g** in (4.2) C^k-äquivalent,so gilt:
i)   Wie in (4.4') bilden sich die Fixpunkte der beiden Vektorfelder aufeinander ab.
ii)   Für $k \geq 1$ haben die Jacobi-Matrizen der Fixpunkte von **f** und **g** dieselben Eigenwerte.
iii) Periodische Orbits von **f** entsprechen periodischen Orbits von **g**, wobei die Perioden nicht übereinstimmen müssen. ✿

BEWEIS:
Zunächst gilt, daß der Fluß eines Vektorfeldes am Ort seines Fixpunkts gleich dem Fixpunkt und damit konstant ist. Daher folgt für die beiden Vektorfelder f und g

$$\Phi(p, t) = p \text{ und } \Psi(q, t) = q \ .$$

Zum Beweis von Punkt i) differenzieren wir (4.2') nach t und es entsteht in Indexschreibweise

$$\frac{\partial h_j}{\partial \Phi_r} \left[\frac{\partial \Phi_r}{\partial x_k} \dot{x}_k + \frac{\partial \Phi_r}{\partial t} \right] = \frac{\partial \Psi_j}{\partial h_r} \frac{\partial h_r}{\partial x_k} \dot{x}_k + \frac{\partial \Psi_j}{\partial \alpha} \left[\frac{\partial \alpha}{\partial t} + \frac{\partial \alpha}{\partial x_k} \dot{x}_k \right] \ .$$

Am Ort des Fixpunkts reduziert sich dies zu

$$\frac{\partial h_j}{\partial \Phi_r} \frac{\partial \Phi_r}{\partial t} = \frac{\partial \Psi_j}{\partial t} \frac{\partial \alpha}{\partial t} \ ; \ \text{mit} \ \frac{\partial \Psi_j}{\partial \alpha} = \frac{\partial \Psi_j}{\partial t} \ .$$

Voraussetzungsgemäß gilt aber, daß $\partial \alpha / \partial t > 0$ und für C^k-Diffeomorphismen ($k \geq 1$) ist J(h) invertierbar, d. h.

$$\frac{\partial \Phi_r}{\partial t} = 0 \ \Leftrightarrow \ \frac{\partial \Psi_j}{\partial t} = 0 \ .$$

Dies bedeutet, daß h die Fixpunkte p und q der Vektorfelder f und p aufeinander abbildet.

Der Beweis der Punkte ii) und iii) kann analog zu den entsprechenden Überlegungen bei konjugierten Systemen geführt werden (Hinweise finden sich in Aufgabe 4.2). ✿

BEISPIEL:
Zur Illustration von Satz 4.1 betrachten wir die beiden linearen Systeme

$$S_1 : \dot{x} = y \; ; \; \dot{y} = -x \; ; \; x, y \in \mathbf{R}$$

und

$$S_2 : \dot{u} = v \; ; \; \dot{v} = -a^2 u \; ; \; a, u, v \in \mathbf{R} \; .$$

S_1 wie auch S_2 haben den Ursprung als einzigen Fixpunkt; dieser ist in beiden Fällen ein Zentrum. Die Dynamik der beiden Systeme ist daher in einer Umgebung des Fixpunkts ähnlich. Die Jacobi-Matrizen haben jedoch verschiedene Eigenwerte, S_1 und S_2 sind daher nicht C^k-konjugiert ($k \geq 1$). Setzen wir jedoch

$$\begin{pmatrix} u(t) \\ v(t) \end{pmatrix} = \begin{pmatrix} h_1(x(\alpha(t)), x(\alpha(t))) \\ h_2(x(\alpha(t)), x(\alpha(t))) \end{pmatrix} = \begin{pmatrix} x(\tau) \\ a\,y(\tau) \end{pmatrix} \quad \text{mit } \tau = a\,t \; ,$$

so erhalten wir ausgehend von S_2 wieder S_1 mit den Ableitungen nach der Variablen τ. Da mit

$$J(h) = \begin{pmatrix} 1 & 0 \\ 0 & a \end{pmatrix}$$

$J^{-1}(h)$ existiert, sind S_1 und S_2 C^1-äquivalent.   ❏

DEFINITION 4.5 (Strukturelle Stabilität):
Ein dynamisches System

$$S_0 : \dot{x} = \mathbf{f}(\mathbf{x}) \tag{4.7}$$

heißt *strukturell stabil*, wenn ein Störparameter $0 < \varepsilon \ll 1$ existiert und alle gestörten Systeme S_ε mit Störungen der Ordnung ε C^0-äquivalent zu S_0 sind.   ♠

BEISPIELE:
i) Man betrachtet neben dem ungestörten System (*Originalsystem*)

$$S_0 : \begin{pmatrix} \dot{x} \\ \dot{y} \end{pmatrix} = \begin{pmatrix} 0 & 1 \\ -1 & 0 \end{pmatrix} \begin{pmatrix} x \\ y \end{pmatrix}$$

ein spezielles gestörtes System

$$S_\varepsilon^{(1)} : \begin{pmatrix} \dot{u} \\ \dot{v} \end{pmatrix} = \begin{pmatrix} 0 & 1+\varepsilon \\ -1 & 0 \end{pmatrix} \begin{pmatrix} u \\ v \end{pmatrix} \; .$$

Die Berechnung der Orbits in der Phasenebene liefert

$$x^2 + y^2 = \text{const} \; ; \; \text{bzw. } u^2 + (1+\varepsilon)\,v^2 = \text{const} \; ,$$

d.h. eine Schar von Kreisen bzw. eine Schar von Ellipsen mit fast-identischen Halbachsen, die sich um den Faktor $\sqrt{1+\varepsilon}$ unterscheiden. Diese beiden Systeme haben ähnliche Dynamik und es ist daher anschaulich klar, daß die beiden Systeme C^0-konjugiert sind. Zur Begründung gehen wir zu Polarkoordinaten über und es gilt:

$$\begin{pmatrix} x \\ y \end{pmatrix} = C \begin{pmatrix} \cos t \\ -\sin t \end{pmatrix} \ , \ \begin{pmatrix} u \\ v \end{pmatrix} = C \begin{pmatrix} \omega \cos \omega t \\ -\sin \omega t \end{pmatrix}, \ \text{mit } \omega = \sqrt{1+\varepsilon} \ \text{ und } C = \text{const.}$$

Damit folgt aber

$$\begin{pmatrix} u \\ v \end{pmatrix} = C \begin{pmatrix} \omega \, x(\omega t) \\ y(\omega t) \end{pmatrix} .$$

Daher sind gestörtes und ungestörtes Systeme C^k-äquivalent (k ist beliebig, und die beiden Systeme sind auch topologisch äquivalent). Das ungestörte System S_0 ist nicht strukturell stabil, da andere gestörte Systeme, z. B. solche mit Störungen in der Hauptdiagonale

$$S_\varepsilon^{(2)} : \ \begin{pmatrix} \dot{p} \\ \dot{q} \end{pmatrix} = \begin{pmatrix} \varepsilon & 1 \\ -1 & 0 \end{pmatrix} \begin{pmatrix} p \\ q \end{pmatrix} ,$$

eine gänzlich differente Dynamik aufweisen. $S_\varepsilon^{(2)}$ ist für $\varepsilon > 0$ ($\varepsilon < 0$) ein angefachtes (gedämpftes) System, das nicht äquivalent zu S_0 ist.

ii) Hier betrachten wir lineare Systeme mit kleinen nichtlinearen Störungen

$$S_0 : \dot{\mathbf{x}} = \mathbf{A}\,\mathbf{x} \ \ ; S_\varepsilon^{(1)} \ \dot{\mathbf{u}} = \mathbf{A}\,\mathbf{u} + \varepsilon\,\mathbf{g}(\mathbf{u}) . \tag{4.8}$$

Gilt $\det(\mathbf{A}) \neq 0$, so ist der Ursprung einziger Fixpunkt von S_0. Ist ein Eigenwert der Matrix $\mathbf{A}$ (oder mehrere) Null, dann gilt $\det(\mathbf{A}) = 0$ und $\mathbf{A}$ besitzt keine Inverse.

Nun bestimmen wir die Fixpunkte von $S_\varepsilon^{(1)}$. Vorausgesetzt sei, daß die Matrix $\mathbf{A}$ keine verschwindenden Eigenwerte besitzt. Damit erhält man die Fixpunktgleichung

$$\mathbf{u}_0 = -\varepsilon\,\mathbf{A}^{-1}\,\mathbf{g}(\mathbf{u}_0) .$$

Dies bedeutet, daß der Fixpunkt von S_0 nur eine kleine Änderung erfährt. Linearisierung von $S_\varepsilon^{(1)}$ führt auf

$$\dot{\xi} = [\mathbf{A} + \varepsilon\,\mathbf{J}(\mathbf{g}(\mathbf{u}_0))]\,\xi \ ,$$

was bedeutet, daß die Systeme S_0 und $S_\varepsilon^{(1)}$ Fixpunkte vom gleichen Stabilitätstyp besitzen.

Heuristisch gelangt man damit zu dem Schluß, daß eine notwendige Bedingung für strukturelle Stabilität die Hyperbolizität von Fixpunkten und periodischen Orbits sein muß.

iii) Statische, axiale Belastung eines Stabes:
Die Beulung eines Stabes wird durch die Differentialgleichung

$$\frac{d^2\varphi(s)}{ds^2} + p \sin \varphi(s) = 0 \ \text{ mit } \ \frac{d\varphi(0)}{ds} = \frac{d\varphi(l)}{ds} = 0$$

beschrieben. Dabei ist $\varphi(s)$ die Auslenkung, p ist der zur axialen Last proportionale Parameter und l die Länge des Stabes. Nach Anwendung eines Reduktionsverfahrens (Lyapunov-Schmidt; siehe Troger und Steindl (1991)) entsteht das 1-dimensionale Problem

$$\dot{x} = -(a\,x + x^3)\; ;\; a, x \in \mathbf{R}\;\;. \tag{4.9}$$

In (4.9) ist $a = p - p_0$ (p_0: Eulersche Knicklast). (4.9) besitzt die Fixpunkte $x_0 = 0$, $x_{1,2} = \pm\sqrt{(-a)}$ (siehe Bild 4.3). Der Fixpunkt $x = 0$ ist stabil für $a > 0$.

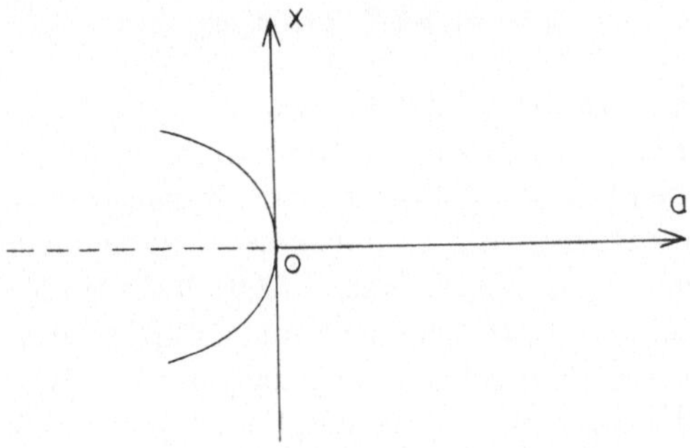

Bild 4.3 Bifurkation in einem idealen System. Der Fixpunkt $x_0 = 0$ verliert seine Stabilität und es entstehen zwei stabile, nach links anwachsende Fixpunkte

Die Überlegungen, die in der Folge zu Bild 4.4, dem Bifurkationsdiagramm der Differentialgleichung (4.9'), einer Verallgemeinerung von (4.9), führen, zeigen aber auch, daß für $a > 0$ (genauer: für $a > a_c$) keine Bifurkationen auftreten. Wir werden später sagen, daß das verallgemeinerte (bzw. entfaltete) System (4.9') für $a > a_c$ strukturell stabil ist. Der kritische Punkt ist hier die Last $p = p_0$, bei der der Stab seitlich ausknickt. (4.9) gestattet nicht, zu entscheiden, ob der Stab nach links oder rechts ausknickt. Man nennt ein solches System mit zwei gleichberechtigten Lösungen ein ideales System.

In einem realen System treten kleine Abweichungen in (4.9) auf, die bewirken, daß die Ausknickung nur nach einer Seite auftritt. Ein reales System werden wir später als *universale Entfaltung* (universal folding) des idealen Systems (4.9) bezeichnen. Die kleine Störung des idealen Systems (4.9) kann durch Addition eines Terms mit einem weiteren Parameter beschrieben werden. Bei dieser Addition soll die Ordnung des Polynoms erhalten bleiben und die Koeffizienten der höchsten Potenzen dürfen nicht modifiziert werden (siehe Kapitel 7). Diese Vorgangsweise (Entfaltung der Differentialgleichung (4.9)) führt dazu, daß das reale System 2-parametrig, und die Ko-Dimension dieses Systems 2 ist.

Führt man nun in (4.9) die kleine additive Störung ε ein, so erhält man

$$\dot{x} = -(a\,x + x^3 + \varepsilon)\; ;\; a, x, \varepsilon \in \mathbf{R}\;\;. \tag{4.9'}$$

Die Fixpunkte von (4.9') sind Lösung einer kubischen Gleichung in Normalform; sie sind dargestellt für einen festen Wert von ε in Bild 4.4.

Man sieht, daß für $a < a_c^{\,l}$ zwei stabile Lösungen existieren, die durch eine instabile Lösung getrennt sind. An $a = a_c^{\,l}$ wird das Verhalten der Lösung hysteretisch: sie springt zwischen zwei stabilen Zweigen hin und her. Diesen Bifurkationstyp nennt man *Flip-Bifurkation*. Man beachte, daß (4.9') die Normalform einer kubischen Gleichung ist, auf die man jede andere kubische Gleichung durch Koordinatentransformation zurückführen kann.

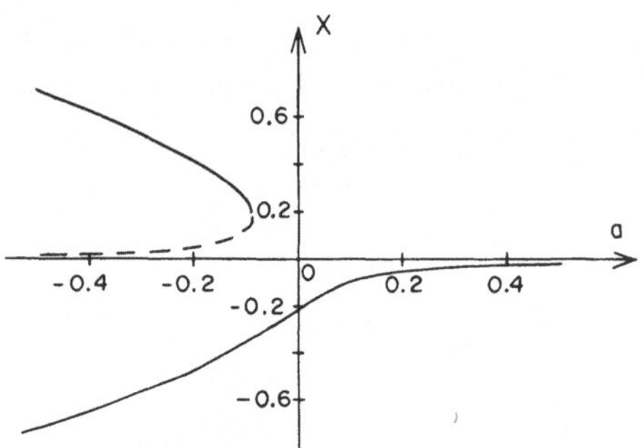

Bild 4.4 Fixpunkte des Systems (4.9') für $\varepsilon = 0.01$ ($a_c{}^1 = -0.088$). Durchgezogene (punktierte) Linien sind stabile (instabile) Lösungen

Zusammenfassend können wir feststellen: Um die Differentialgleichung (4.9) zu "stabilisieren" (besser: zu entfalten), müssen wir sie in einer höher-parametrigen Differentialgleichung einbetten. Dazu sind zwei Parameter nötig. Oder, anders gesagt, die Differentialgleichung (4.9) ist "instabil" gegenüber einer additiven Störung ε. Dies bedeutet, daß zwei Parameter (a und ε) zur Entfaltung des Systems notwendig sind. Wir werden später, in Kapitel 7, feststellen, daß die Differentialgleichung (4.9) die Ko-Dimension 2 hat, da erst zwei Parameter zur Beschreibung ihrer vollen Lösungsmannigfaltigkeit ausreichen. Diese vollständige Entwicklung der Lösungsmannigfaltigkeiten nennt man die *universelle Entfaltung* (universal folding) des degenerierten Problems (4.9). ❑

Zur weiteren Untersuchung der strukturellen Stabilität kommen wir jetzt auf die Aussage zu Beginn dieses Abschnitts bezüglich der Dynamik benachbarter Systeme zurück. Zwei Vektorfelder sind C^k-benachbart, wenn sie und ihre ersten k Ableitungen bezüglich der Norm bis auf ein vorgegebenes ε übereinstimmen. Mit diesem Konzept benachbarter Systeme gerät man aber in Schwierigkeiten, wenn man unbegrenzte Räume betrachten muß, wo die Norm i. a. divergiert.

Ein alternatives Konzept der Definition struktureller Stabilität besteht in der Beschreibung dynamischer Systeme durch *generische* (engl. 'generic'), oder *typische Eigenschaften*. Dies soll jetzt näher diskutiert werden:

DEFINITION 4.6 (Generische Systemeigenschaften):
Eine Eigenschaft eines Vektorfeldes nennt man *generisch*, wenn die Menge der Vektorfelder mit dieser Eigenschaft dicht und offen ist. ♠

BEISPIEL:
Die Hyperbolizität (alle Fixpunkte haben Jacobi-Matrizen mit Eigenwerten, deren Realteile nicht Null sind) ist eine generische Eigenschaft der Vektorfelder. Begründung: Die Menge der Vektorfelder mit hyperbolischen Fixpunkten $\mathcal{H}$ ist dicht und offen. Beweis der Dichtheit: A sei eine nicht-hyperbolische Jacobi-Matrix, dann gibt es stets eine hyperbolische Matrix A_1 mit $A_1 = A + \varepsilon I$ und es gilt $\|A - A_1\| = \varepsilon$. Dies bedeutet, daß eine kleine Störung ausreicht, um alle Vektorfelder hyperbolisch zu machen. Beweis der Offenheit: $\mathcal{H}$ ist offen, da jede Umgebung einer hyperbolischen Jacobi-Matrix Untermenge von $\mathcal{H}$ ist. ❑

Jetzt soll mit Hilfe des Begriffs Generizität eine neue Definition der strukturellen Stabilität eingeführt werden. Dazu modifizieren wir Definition 4.5:

DEFINITION 4.7 (Strukturelle Stabilität):
Dynamische Systeme mit generischen Eigenschaften nennt man *strukturell stabil*. ♠

Die Frage nach den Bedingungen, die Vektorfelder erfüllen müssen, um strukturelle Stabilität zu gewährleisten, kann bis heute nicht beantwortet werden. zur Bestimmung der strukturellen Stabilität eines Systems muß man seine Dynamik kennen. Dies wird in dem folgenden Theorem zum Ausdruck gebracht:

SATZ 4.2 (von Peixoto über strukturelle Stabilität):
Ein 2-dimensionales autonomes System, definiert auf einer kompakten (abgeschlossenen und beschränkten) Untermenge $D \in \mathbf{R}^2$ mit einem Fluß, der am Rand von D ins Innere von D zeigt,

$$\dot{x} = F(x, y) \, , \quad \dot{y} = G(x, y) \, ,$$

ist genau dann strukturell stabil, wenn
i)   nur eine endliche Anzahl von Fixpunkten und geschlossenen Orbits existiert, und diese sämtlich hyperbolisch sind,
ii) keine Orbits existieren, die Sattelpunkte miteinander verbinden (d.h. keine heteroklinen Orbits),
iii) die nicht-wandernde Menge ausschließlich aus Fixpunkten und periodischen Orbits besteht.

✻

BEISPIEL:
Wir betrachten (a, b sind Konstante)

$$\begin{pmatrix} \dot{x} \\ \dot{y} \end{pmatrix} = \begin{pmatrix} a\,x - b\,y - x\,r^2 \\ b\,y - y\,r^2 \end{pmatrix} \, ; \, r^2 = x^2 + y^2 \, ; \, a > 0, \, b < 0 \, . \tag{4.10}$$

Es gibt drei Fixpunkte

$$\begin{pmatrix} x_1 \\ y_1 \end{pmatrix} = \begin{pmatrix} 0 \\ 0 \end{pmatrix} ; \, \begin{pmatrix} x_{2,3} \\ y_{2,3} \end{pmatrix} = \begin{pmatrix} \pm\sqrt{a} \\ 0 \end{pmatrix} .$$

Der erste Fixpunkt ist ein Sattel, die beiden anderen sind Quellen. Alle drei sind hyperbolisch, und es gibt nur *einen* Sattel. Daher können keine heteroklinen Bahnen (Sattelpunkts-Verbindungen) auftreten. Übergang zu Polarkoordinaten führt zu

$$\begin{pmatrix} \dot{r} \\ \dot{\varphi} \end{pmatrix} = \begin{pmatrix} H(\varphi)\,r - r^3 \\ [(b - a)\cos\varphi + b\sin\varphi]\sin\varphi \end{pmatrix} . \tag{4.10'}$$

In der ersten Differentialgleichung von (4.10') ist $H(\varphi)$ eine beschränkte Funktion und für genügend großes r erfolgt der Fluß radial in Richtung Ursprung. Die Bewegung erfolgt also auf einer kompakten Untermenge der Ebene. Schließlich zeigt die azimutale Differentialgleichung von (4.10'), daß die x-Achse invariante Gerade ist. Es können also keine geschlossenen Bahnen um den Ursprung auftreten. Alle anderen Möglichkeiten für periodische Orbits werden durch den radial einwärts verlaufenden Fluß unmöglich gemacht. Bild 4.5 zeigt den Verlauf der Phasenkurven für eine spezielle Wahl der Parameter in (4.10).   ❑

   Im Rahmen der Aufgabe 4.3 wird eine weitere Anwendung des Theorems von Peixoto vorgeführt.

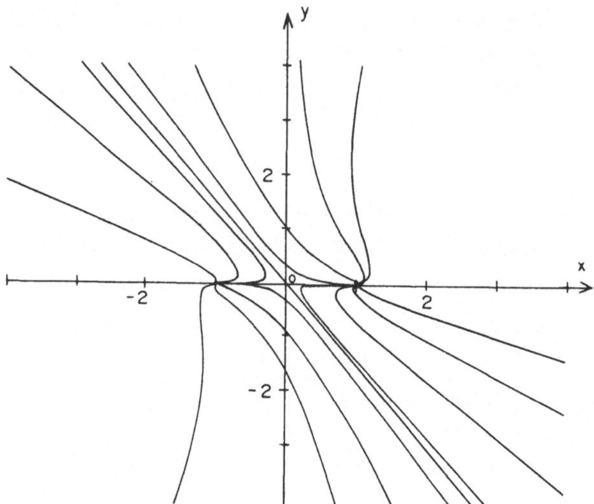

Bild 4.5 Orbits der Lösungen von (4.10) für die Parameter a = 1, b = -2

Zwei Kommentare sollen jetzt die Überlegungen zur strukturellen Stabilität abschließen. Zum einen gibt es - bis heute - keine höherdimensionale Verallgemeinerung des Peixoto-Theorems. Dies liegt am Auftreten komplizierter Bewegungsformen in höheren Dimensionen wie z.B. Rücklaufbewegungen homokliner Bahnen (siehe Kapitel 6). Der zweite Kommentar betrifft die Anwendbarkeit des Satzes von Peixoto. Um die Voraussetzungen erfüllen (oder nicht erfüllen) zu können, muß der Anwender doch über eine weitgehende Kenntnis der Dynamik des Systems verfügen. Oder, wie Wiggins es ironisch ausdrückt: 'man muß die Antwort vor der Frage kennen'.

Der Rest dieses Kapitels ist der Untersuchung von Bifurkationen gewidmet. Dabei werden Bedingungen für das Auftreten der Bifurkationen und die dabei neu entstehenden Lösungen untersucht. Die folgenden Überlegungen beschäftigen sich also mit der Untersuchung strukturell instabiler Systeme. In diesem Kapitel werden lokale Bifurkationen ein-parametriger Systeme untersucht. Dabei bedeutet *lokale Bifurkation*, daß sich die Dynamik lokal in der Umgebung des Bifurkationspunkts ändert. Im Gegensatz dazu können auch *globale Bifurkationen* auftreten, bei denen sich die Dynamik nicht lokal, sondern innerhalb einer gewissen Region des Phasenraums (z. B. längs gewisser Orbits, wie bei hetero- oder homoklinen Bifurkationen, die in Kapitel 6 besprochen werden) qualitativ ändert. Schließlich werden mehrparametrige Bifurkationen (mit Ko-Dimension größer oder gleich Zwei) in Kapitel 7 behandelt.

4.2 Verzweigungs-Grundtypen

Wir betrachten folgende vier Grundtypen, die durch ihre Differentialgleichungen gegeben sind Die drei ersten sind definiert im $\mathbf{R}^1$ durch

$$\dot{x} = \mu - x^2 \quad \text{(Sattel-Knoten-Bifurkation)} , \tag{4.11.1}$$

$$\dot{x} = \mu\, x - x^2 \quad \text{(transkritische Bifurkation)} , \tag{4.11.2}$$

$$\dot{x} = \mu\, x - x^3 \quad \text{(Pitchfork- oder Gabel-Bifurkation)} . \tag{4.11.3}$$

Der vierte Grundtyp ist definiert im $\mathbf{R}^2$. Hier ist es von Vorteil, die komplexe Variable z zu benutzen:

$$\dot{z} = (\mu + i\gamma)z - |z|^2 z \; ; \; z \in \mathbf{C} \; ; \; \mu, \gamma \in \mathbf{R}^1 \qquad (\text{Hopf-Bifurkation}) \, . \qquad (4.11.4)$$

Wir kommen im siebten Kapitel (Abschnitt 7.1 und 7.2) auf diese Grundtypen zurück und werden dort zeigen, daß nur die Sattel-Knoten-Differentialgleichung und die Differentialgleichung der Hopf-Bifurkation strukturell stabil sind. Dagegen müssen transkritische und Pitchfork-Bifurkation in zwei-parametrigen Kurvenscharen eingebettet werden. Diese bedeutet, daß Sattel-Knoten- und Hopf-Bifurkationen Ko-Dimension Eins und transkritische bzw. Pitchfork-Bifurkation Ko-Dimension Zwei haben.

Nach dieser allgemeinen Einführung seien die vier Typen einzeln betrachtet:

4.3 Die Sattel-Knoten-Bifurkation

Die Gleichung (4.11.1) hat die Fixpunkte

$$x_{1,2} = \pm \sqrt{\mu} \; . \qquad (4.12)$$

Reelle Fixpunkte existieren nur für $\mu > 0$. Die Linearisierung von (4.11.1) zeigt, daß der obere Zweig stabil und der untere instabil ist (siehe Bild 4.6).

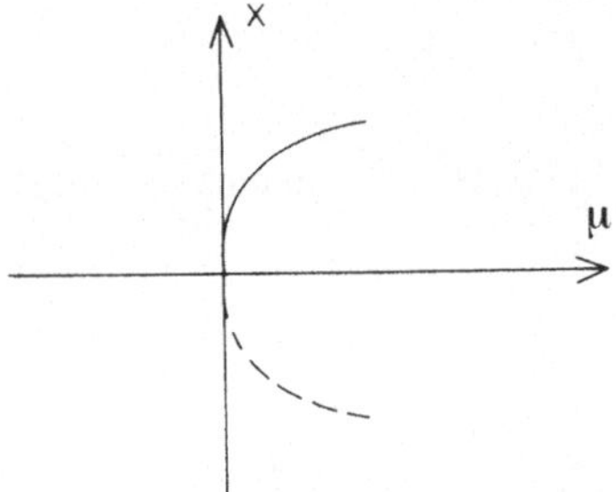

Bild 4.6 Fixpunkte der Sattel-Knoten-Bifurkation: für $x_0 = \mu_0 = 0$

Als erste Verallgemeinerung von (4.11.1) betrachten wir

$$\dot{x} = f(x, \mu) = \mu - \mu_0 - (x - x_0)^2 \; . \qquad (4.13)$$

Die Fixpunkte ergeben sich zu

$$x = x_0 \pm \sqrt{\mu - \mu_0} \; ; \; \mu > \mu_0 \; . \qquad (4.12')$$

Die Verzweigung tritt bei dem Wert $\mu = \mu_0$ auf; auch hier (siehe Bild 4.6) ist der obere (untere) Zweig stabil (instabil).

Bei der Verallgemeinerung dieses Verzweigungstyps vom $\mathbf{R}^1$ auf den $\mathbf{R}^n$ für autonome Systeme,

$$\dot{\mathbf{x}} = \mathbf{f}(\mathbf{x}, \mu) \; ; \; \mathbf{x}, \mathbf{f} \in \mathbf{R}^n \; ,$$

ist zu beachten, daß wegen (4.13), d.h. im $\mathbf{R}^1$, die folgenden Ableitungsregeln gelten:

$$\frac{\partial f}{\partial x}(x_0, \mu_0) = 0 \, , \tag{4.14.1}$$

$$\frac{\partial^2 f}{\partial x^2}(x_0, \mu_0) \neq 0 \, , \tag{4.14.2}$$

$$\frac{\partial f}{\partial \mu}(x_0, \mu_0) \neq 0 \, . \tag{4.14.3}$$

(4.14.1) und (4.14.2) beschreiben die Tangentialität im Verzweigungspunkt $\mu = \mu_0$. Im $\mathbf{R}^n$ betrachten wir nun die Fixpunkte des autonomen Systems, also die Lösungen der Gleichung $\mathbf{f}(\mathbf{x}, \mu) = 0$. Das Theorem der impliziten Funktionen (3.6) besagt, daß diese Lösungen für $\det[\mathbf{J}(\mathbf{f})] \neq 0$ eindeutig sind und es folgt

$$\mathbf{x}'(\mu) = \frac{\partial \mathbf{x}}{\partial \mu} = - \mathbf{J}(\mathbf{f})^{-1} \frac{\partial \mathbf{f}}{\partial \mu} \ . \tag{4.15}$$

Nimmt man im Gegensatz zu (4.15) an, daß die Fixpunkte $\mathbf{x}$ nicht eindeutige Funktionen von μ sind (wie in Bild 4.5 dargestellt, charakterisiert die Nichteindeutigkeit den Bifurkationspunkt), so besitzt für diesen Fall die Jacobi-Matrix keine Inverse und man erhält einen Eigenwert $\sigma_1 = 0$.

In Analogie zu (4.14) können wir nun drei Forderungen als notwendige Bedingung für das Auftreten der Sattel-Knoten-Bifurkation im $\mathbf{R}^n$ formulieren:

SATZ 4.3 (Sattel-Knoten-Bifurkationen):
Notwendig für das Auftreten von Sattel-Knoten-Bifurkationen in einem autonomen System der Form

$$\dot{\mathbf{x}} = \mathbf{f}(\mathbf{x}, \mu) \, ; \ \mathbf{x}, \ \mathbf{f} \in \mathbf{R}^n \, : \tag{4.16}$$

sind die folgenden Bedingungen:

i)   Die Jacobi-Matrix im Verzweigungspunkt,

$$\mathbf{J}_0 = \mathbf{J}(\mathbf{f})\big|_{x_0, \mu_0} \, ,$$

besitzt den *einfachen* Eigenwert $\sigma_1 = 0$ mit dem Eigenvektor $\mathbf{u}_1$ und seinem transponierten Eigenvektor $\widetilde{\mathbf{u}}_1$, d.h.

$$\mathbf{J}_0 \, \mathbf{u}_1 = 0 \, ; \ \mathbf{J}_0^T \, \widetilde{\mathbf{u}}_1 = 0 \, . \tag{4.17}$$

(Man beachte, daß (4.17) sich bei eindimensionalen Systemen auf (4.14.1) reduziert). Alle anderen Eigenvektoren von $\mathbf{J}_0$ spannen den stabilen bzw. instabilen Eigenraum auf.

ii) Als Verallgemeinerung von (4.14.2) fordern wir

$$\frac{\partial^2 f_i(x_0, \mu_0)}{\partial x_j\, \partial x_k}\, (\widetilde{u}_1)_i\, (u_1)_j\, (u_1)_k \neq 0 \ . \tag{4.18}$$

iii) Als Verallgemeinerung von (4.14.2) fordern wir

$$\frac{\partial f_i(x_0, \mu_0)}{\partial \mu}\, (\widetilde{u}_1)_i \neq 0 \ . \tag{4.19}$$

Der Beweis dieses Satzes findet sich bei Sotomayor (1973).   ✻

Illustriert sei dieser Satz an einem Beispiel im $\mathbf{R}^2$:

BEISPIEL:
Wir betrachten das Problem

$$\begin{pmatrix} \dot{x} \\ \dot{y} \end{pmatrix} = \begin{pmatrix} \alpha\,\mu \\ 0 \end{pmatrix} + \begin{pmatrix} a\,\mu & 0 \\ 0 & b \end{pmatrix} \begin{pmatrix} x \\ y \end{pmatrix} + \mathbf{T}_{nl} \ . \tag{4.20}$$

a, b, $\alpha \neq 0$ und μ sind Systemparameter, $\mathbf{T}_{nl}$ enthält die nichtlinearen Terme. Wir nehmen an, daß der Verzweigungspunkt gegeben ist durch

$$\mathbf{x}_0 = \begin{pmatrix} 0 \\ 0 \end{pmatrix}; \ \ \mu_0 = 0 \ .$$

Damit ergibt sich die Jacobi-Matrix im Verzweigungspunkt zu

$$\mathbf{J}_0 = \begin{pmatrix} 0 & 0 \\ 0 & b \end{pmatrix} \ .$$

Die Matrix $\mathbf{J}_0$ besitzt die Eigenwerte $\sigma_1 = 0$ und $\sigma_2 = b$. Damit ist die Bedingung i) von Satz 4.3 erfüllt, denn genau ein Eigenwert ist Null. Dessen Eigenvektoren ergeben sich zu

$$\mathbf{u}_1 = \widetilde{\mathbf{u}}_1 = \begin{pmatrix} 1 \\ 0 \end{pmatrix} \ .$$

Mit (4.18) folgt

$$\frac{\partial^2 f_i(x_0, \mu_0)}{\partial x_j\, \partial x_k}\, (\widetilde{u}_1)_i\, (u_1)_j\, (u_1)_k - \frac{\partial^2 (\mathbf{T}_{nl})_1}{\partial x_1{}^2} \neq 0 \ .$$

Nimmt man an, daß die nichtlinearen Terme quadratisch in der Variablen $x_1 = x$ sind, so ist auch der zweite Teil des Satzes erfüllt.

Schließlich folgt aus (4.19), daß

$$\frac{\partial f_1}{\partial \mu} = \alpha \neq 0 \ .$$

Damit sind alle drei Bedingungen des Satzes erfüllt. Für den Spezialfall

$$\begin{pmatrix} \dot{x} \\ \dot{y} \end{pmatrix} = \begin{pmatrix} \mu + x^2 + y^2 \\ b\,y + x^2 - y^2 \end{pmatrix} \qquad (4.20')$$

($\alpha = 1$, $a = 0$, spezielle quadratische Nichtlinearität), ist in Bild 4.7 der geometrische Ort der Sattel-Knoten-Bifurkation in Form der Kurve $b = b(\mu)$ dargestellt. Die Rechnungen zu diesem Beispiel finden sich im ersten Teil von Aufgabe 4.5.   ❑

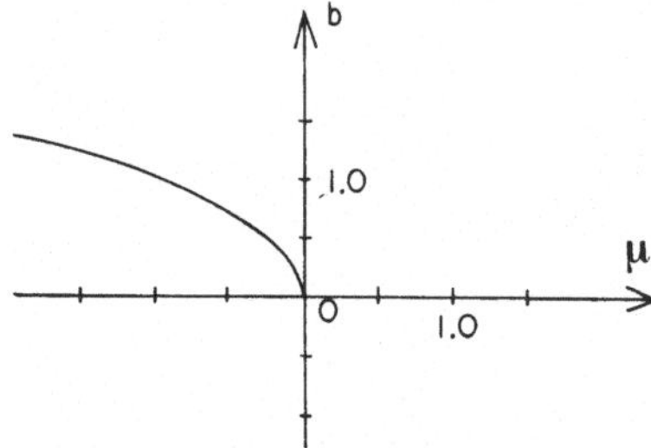

Bild 4.7 Geometrischer Ort der Sattel-Knoten-Bifurkationen des Systems (4.20')

4.4 Die transkritische Verzweigung

Die Fixpunkte von (4.11.2) sind gegeben durch

$$x_1 = 0 ; \quad x_2 = \mu \ , \qquad (4.21)$$

Eine Linearisierung führt auf die folgenden Stabilitätsverhältnisse:

	$x_1 = 0$	$x_2 = \mu$
$\mu < 0$	*stabil*	*instabil*
$\mu > 0$	*instabil*	*stabil*

Im Gegensatz zur Sattel-Knoten-Bifurkation, bei der Fixpunkte nur für $\mu > \mu_0$ existieren, existieren hier die Fixpunkte für sämtliche Werte von μ (siehe Bild 4.8). Im Verzweigungspunkt $(0,0)$ ändert sich die Stabilität der Fixpunkte.

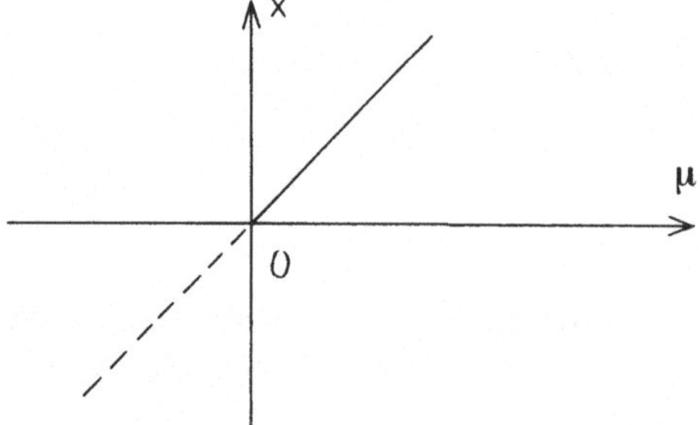

Bild 4.8 Die zwei Fixpunkte der transkritischen Bifurkation

Bei der Verallgemeinerung des Systems (4.16) in den $\mathbf{R}^n$ ist folgendes zu beachten: Für (4.11.2) und den Fixpunkt $x_1 = 0$ gilt, daß

$$\frac{\partial f(x_0, \mu_0)}{\partial \mu} = 0 \ ,$$

d.h. die Bedingung (4.19) ist nicht erfüllt. Die beiden Bedingungen (4.17) und (4.18) gelten weiter und man ersetzt (4.19) durch

$$\frac{\partial^2 f_i(x_0, \mu_0)}{\partial \mu\, \partial x_k}\, (\widetilde{\mathbf{u}}_1)_i\, (\mathbf{u}_1)_k \neq 0 \;. \tag{4.22}$$

(4.17), (4.18) und (4. 22) bilden nun die drei Teile der notwendigen Bedingung für das Auftreten einer transkritischen Bifurkation (Beweis bei Sotomayor (1973)).
In Aufgabe 4.7 wird ein Beispiel für eine transkritische Bifurkation im $\mathbf{R}^2$ gegeben.

4.5 Die Pitchfork-Bifurkation

Viele dynamische Systeme sind *spiegelsymmetrisch* (oder achsensymmetrisch), d.h. sie sind invariant bezüglich der Transformation

$$\mathbf{x} \to -\mathbf{x} \;. \tag{4.23}$$

Transformiert man (4.16) gemäß (4.23), so erhält man im Falle der Spiegelsymmetrie

$$\mathbf{f}(-\mathbf{x}, \mu) = -\mathbf{f}(\mathbf{x}, \mu) \;, \tag{4.24}$$

woraus folgt, daß $\mathbf{f}$ eine ungerade Funktion bezüglich $\mathbf{x}$ sein muß. Diese Eigenschaft schließt quadratische Terme wie im Fall der Sattel-Knoten-Bifurkation aus. Die eindimensionale Differentialgleichung (4.11.3) besitzt diese Eigenschaft und die drei Fixpunkte ergeben sich zu $x_1 = 0$, $x_{2,3} = \sqrt{\mu}$. Der Fixpunkt $x_1 = 0$ existiert für alle Werte des Parameters μ, die beiden anderen sind beschränkt auf den positiven Bereich $\mu > 0$. Die Linearisierung führt auf

	$x_1 = 0$	$x_{2,3} = \sqrt{\mu}$
$\mu < 0$	*stabil*	*nicht existent*
$\mu > 0$	*instabil*	*stabil*

Bei der Verallgemeinerung des Verzweigungstyps (4.11.3) auf den $\mathbf{R}^n$ ist zu beachten, daß für den Fixpunkt $x = 0$ gilt, daß

$$\frac{\partial^2 f(x_0, \mu_0)}{\partial x^2} = \frac{\partial f(x_0, \mu_0)}{\partial \mu} = 0 \;,$$

d.h. (4.18) und (4.19) sind nicht mehr erfüllt. (4.22) hingegen ist erfüllt und man stellt daher zusätzlich die folgende Überlegung an:
    Eine (erste) Verallgemeinerung im $\mathbf{R}^1$ von (4.11.3) ist

$$\dot{x} = f(x, \mu) \;;\; f(x, \mu) = \mu\, x + a\, x^3 \;. \tag{4.25}$$

Die Verzweigungsäste des Fixpunkts $x_1 = 0$ sind stabil (instabil) für $a < 0$ ($a > 0$); die zu dem stabilen Ast führende Verzweigung heißt 'superkritisch', die zu dem instabilen Ast führende Verzweigung heißt 'subkritisch' (siehe Bild 4.9).

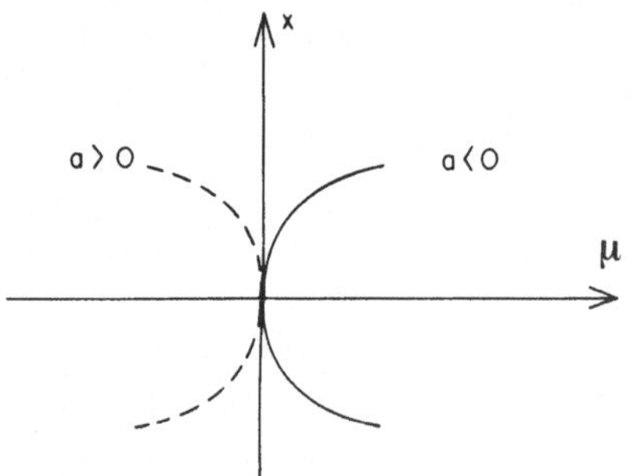

Bild 4.9 Pitchfork-Bifurkationen: superkritisch (a < 0) und subkritisch (a > 0)

Mit (4.25) erhält man damit das Ergebnis

$$\frac{\partial^3 f(x_0, \mu_0)}{\partial x^3} \begin{cases} < 0: & \text{superkritische Bifurkation} \\ > 0: & \text{subkritische Bifurkation} \end{cases} \qquad (4.26)$$

Verallgemeinert man dies Ergebnis auf den $\mathbf{R}^n$, so ergibt sich

$$\frac{\partial^3 f_j}{\partial x_k\, \partial x_l\, \partial x_m}\, (x_0, \mu_0)\, (\widetilde{\mathbf{u}}_1)_j\, (\mathbf{u}_1)_k\, (\mathbf{u}_1)_l\, (\mathbf{u}_1)_m \neq 0 \quad . \qquad (4.27)$$

Daher ist für die Verallgemeinerung auf den $\mathbf{R}^n$ festzustellen: die Beziehungen (4.17), (4.22) und (4.27) bilden die drei Teile der notwendigen Bedingung für das Auftreten einer Pitchfork-(Gabel-)Bifurkation in Systemen der Form (4.16). Der Beweis findet sich wieder bei Sotomayor (1973). Man beachte, daß die Bedingungen (4.22) und (4.27) konsistent mit der Symmetriebedingung (4.24) sind.

Abschließend soll noch kurz auf die Problematik der Ko-Dimension k_c 1-dimensionaler Differentialgleichungen eingegangen werden. Wir werden im Kapitel 7 feststellen, daß k_c für Vektorfelder in Form von Polynomen N-ter Ordnung den Wert $k_c = N-1$ hat, wobei die universelle Entfaltung des Polynoms (nach Elimination der Potenz x^{N-1}) durch die korrespondierende Normalform des Polynoms gegeben ist. Demnach liegt nur die Sattel-Knoten-Differentialgleichung (4.11.1) in universeller Form vor, die transkritische Differentialgleichung (4.11.2) läßt sich in (4.11.1) überführen und beide Probleme besitzen die Ko-Dimension $k_c = 1$. Dagegen besitzt die Pitchfork-Bifurkation die Ko-Dimension Zwei und ihre Normalform ist durch die Differentialgleichung (4.9') gegeben.

4.6 Die Hopf-Bifurkation

Bislang haben wir nur statische Verzweigungen zwischen Fixpunkten betrachtet. Im Weiteren soll es darum gehen, den Übergang von einem Fixpunkt zu einem Grenzzyklus und umgekehrt zu beschreiben. Dazu gehen wir wieder von (4.16) aus und nehmen an, daß ein Fixpunkt $\mathbf{p}(\mu)$ existiert mit

$$\mathbf{f}(\mathbf{p}(\mu), \mu) = 0$$

und daß die dazugehörige Jacobi-Matrix,

$$\mathbf{J}_0 = \mathbf{J}(\mathbf{f}(\mathbf{p}(\mu_0), \mu_0)) \; , \qquad\qquad (4.28.1)$$

für $\mu = \mu_0$ zwei imaginäre Eigenwerte besitzt mit durch

$$\mathbf{J}_0 \, \mathbf{u}_0 = i\,\omega\,\mathbf{u}_0 \; ; \quad \mathbf{J}_0^T \, \widetilde{\mathbf{u}}_0 = - i\,\omega\,\widetilde{\mathbf{u}}_0 \; ; \quad \omega \neq 0 \; , \qquad\qquad (4.28.2)$$

definierte Eigenvektoren ($\mathbf{u}_0$ ist der Eigenvektor, $\widetilde{\mathbf{u}}_0$ der dazu adjungierte Eigenvektor, T bezeichnet die Transponierung).

Der durch die Variation des Parameters μ bedingte Verlauf der Eigenwerte der Jacobi-Matrix in der komplexen Ebene ist in Bild 4.10 dargestellt.

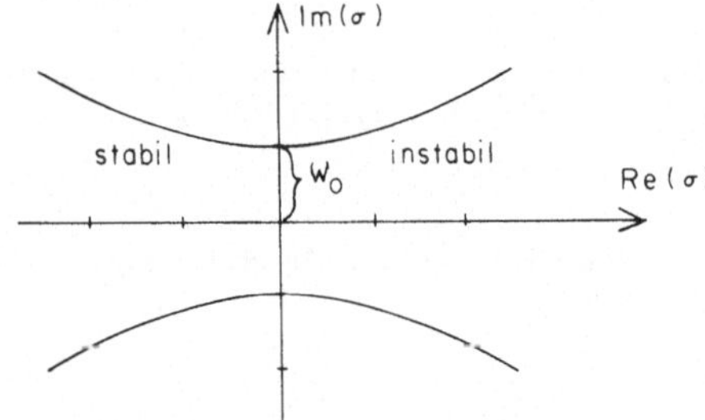

Bild 4.10 Hopf-Bifurkation: Der Verlauf der Eigenwerte der Jacobi-Matrix bin Abhängigkeit vom Parameter μ

Zusätzlich sei angenommen, daß die anderen Eigenwerte bei $\mu = \mu_0$ nichtverschwindende Realteile besitzen. In diesem Fall ist $\mathbf{J}_0$ invertierbar und in einer Umgebung $U(\mu_0)$ existiert eindeutig ein Fixpunkt $\mathbf{p}(\mu)$. Trotzdem ändert sich bei Durchgang durch $\mu = \mu_0$ die Dimensionalität der stabilen und instabilen Eigenräume und damit die stabilen und instabilen Mannigfaltigkeiten. Daher können wir erwarten, daß an der Stelle $\mu = \mu_0$ qualitative Änderungen der Lösungseigenschaften des Systems (4.16) auftreten; diese Änderungen sind von Verzweigungen begleitet.

Zuerst betrachten wir ein einfaches System, das die Bedingungen (4.28.2) erfüllt. Das zugehörige lineare System ist gegeben durch

$$\begin{pmatrix} \dot{x} \\ \dot{y} \end{pmatrix} = \begin{pmatrix} \mu & -\omega \\ \omega & \mu \end{pmatrix} \begin{pmatrix} x \\ y \end{pmatrix} \; . \qquad\qquad (4.29)$$

Die Eigenwerte der Jacobi-Matrix sind

$$\sigma_{1,2} = \mu \pm i\,\omega \; \; ,$$

d.h. das System (4.29) beschreibt für $\mu > 0$ ($\mu < 0$) eine instabile (stabile) Spirale. Bei $\mu = 0$ sind die Eigenwerte rein imaginär und es ergibt sich beim Übergang von negativen zu positiven Werten von μ eine Änderung der Stabilität der Spirale.

Man beachte die *Symmetrie* der Jacobi-Matrix. Diese Symmetrie bedeutet, daß die Jacobi-Matrix mit der Drehmatrix kommutiert. In Aufgabe 4.8 wird gezeigt, daß Matrizen, die mit der Drehmatrix kommutieren, die Form der Jacobi-Matrix von (4.29) haben müssen. Diese Aussage läßt sich auch auf den $\mathbf{R}^n$ verallgemeinern.

Im Folgenden betrachten wir lineare Systeme im $\mathbf{R}^2$, wobei wir den Fixpunkt (nach einer Transformation) in den Ursprung verlegen

$$\dot{x} = F(x, y, \mu) \; ; \quad \dot{y} = G(x, y, \mu) \; ; \quad F(0, 0, \mu) = G(0, 0, \mu) = 0 \; . \qquad\qquad (4.30)$$

Die Jacobi-Matrix von (4.30) erfüllt (4.28.2), d.h. der zentrale Eigenraum ist die xy-Ebene. Die zentrale Mannigfaltigkeit M^c geht durch den Ursprung und ist tangential zu ihrem Eigenraum. Diese Tangentialität ist typisch für die Hopf-Bifurkation und bedeutet, daß in Richtung der μ-Achse eine neue Lösung abzweigt (siehe Bild 4.11).

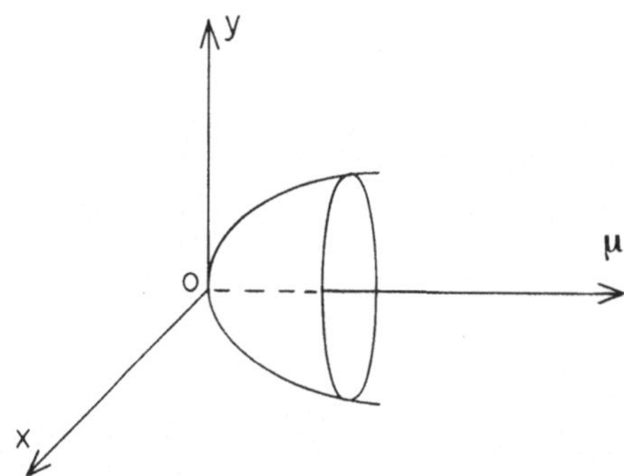

Bild 4.11 Schematische Darstellung der Hopf-Bifurkation der vom Fixpunkt in $x = y = 0$ abzweigenden Lösung

Die in einer Umgebung von μ_0 gültige linearisierte Lösung führt auf die Gesamtlösung

$$\mathbf{x}(t) = 0 + \mathbf{u}_0 \exp(i\omega t) + cc ; \quad \mu \to \mu_0 . \tag{4.31}$$

(4.31) beschreibt eine periodische Bewegung mit Periode $T = 2\pi/\omega_0$.

Im Abschnitt 3.6 haben wir bereits die Vereinfachung des Systems (4.30) durchgeführt, wobei die Jacobi-Matrix die Eigenschaften (4.28) besitzt. Die dazugehörige Normalform lautet in Polarkoordinaten

$$\dot{r} = p_1 r + b_1 r^3 ; \quad \dot{\theta} = p_2 + b_2 r^2 . \tag{3.104}$$

Die radiale Gleichung ist eine verallgemeinerte Pitchfork-Gleichung (siehe (4.11.3)). Wegen $r > 0$ hat sie aber nur die beiden Fixpunkte

$$r_1 = 0 , \quad r_2 = \sqrt{-\frac{p_1}{b_1}} ,$$

d.h. daß neben der Ruhelösung ($r_1 = 0$) noch die periodische Bewegung

$$x(t) = r_2 \cos(\Omega t) ; y(t) = r_2 \sin(\Omega t) \text{ für } p_1 b_1 < 0 \text{ und } \Omega = \frac{p_2 b_1 - p_1 b_2}{b_1} \tag{4.32}$$

existiert. Damit läßt sich folgender Satz über die Hopf-Bifurkationen formulieren:

SATZ 4.4 (Theorem von Hopf):
Betrachtet werde ein System der Form (4.16) mit einem Parameter μ. Es gelte

i)   Das System (4.16) besitzt einen Fixpunkt $\mathbf{p}(\mu)$.

ii) Die zu (4.16) gehörige Jacobi-Matrix besitzt an der Stelle $\mu = \mu_0$ zwei rein imaginäre, einfache Eigenwerte. Deren Eigenvektoren sind definiert durch (4.28.1) und (4.28.2). Die anderen Fixpunkte besitzen Eigenwerte mit nicht-verschwindenden Realteilen.

iii) Der zu $\mu = \mu_0$ gehörige Eigenwert hat die Eigenschaften

$$\sigma(\mu_0) = i\,\omega_0\;;\;\; \mathrm{Re}\left[\frac{d\sigma(\mu_0)}{d\mu}\right] \neq 0\;. \tag{4.33}$$

Sind die Bedingungen i) bis iii) erfüllt, dann existiert eine zentrale Mannigfaltigkeit, die durch den kritischen Punkt $\mathbf{p}_0 = \mathbf{p}(\mu_0)$ geht. An diesem kritischen Punkt zweigt vom Fixpunkt eine periodische Lösung ab, die lokal durch (4.32) charakterisiert ist. Diese periodische Lösung ist für $p_1 > 0$ stabil und für $p_1 < 0$ instabil (siehe Bild 4.9).

Der erste Teil von (4.33) bestimmt die Periode T der abzweigenden Lösung und es gilt T = $2\pi/\omega_0$. Die Bedeutung des zweiten Teils von (4.33) wird erst durch die Überlegungen des nächsten Abschnitts mit Hilfe der Projektionsmethode aufgezeigt werden.   ✳

Die Berechnung der abzweigenden Lösung ist durch die Bestimmung der Normalform (3.103) bzw. (3.104) im Prinzip durchgeführt. Wie wir jedoch in Abschnitt 3.6 gesehen haben, kann in Anwendungen die Berechnung der Normalform zu sehr aufwendigen algebraischen Operationen führen. Wir wollen daher alternativ zum Verfahren der Normalformen eine andere Methode der *Berechnung der abzweigenden Lösung* besprechen. Dieses Verfahren ist - ebenso wie die Entwicklung der Normalform - nur *lokal*, d.h. in einer kleinen Umgebung des Fixpunkts, von dem die Lösung abzweigt, gültig. Diese Methode ist nicht nur in Anwendungen einfach einsetzbar, wir verwenden sie auch zum Beweis des Theorems von Hopf.

4.7 Methode der Projektionen

Dies Verfahren ist eine lokale Methode zur Berechnung der von einem Fixpunkt abzweigenden periodischen Lösung in einer kleinen Umgebung des Bifurkationspunktes.

Ausgangspunkt sei wieder das System (4.16), wobei wir zusätzlich annehmen, daß der Fixpunkt (mit Hilfe einer Transformation) in den Ursprung $\mathbf{x} = \mathbf{0}$ verlegt wurde, d.h.

$$\dot{\mathbf{x}} = \mathbf{f}(\mathbf{x}, \mu)\;;\;\; \mathbf{f}(0, \mu) = 0$$

Weiter nehmen wir an, daß die Hopf-Bifurkation an der Stelle $\mu = 0$ erfolgt. Die Jacobi-Matrix am Bifurkationspunkt sei $\mathbf{J}_0$, d.h.

$$\mathbf{J}_0 = \mathbf{J}(\mathbf{x}=0, \mu=0)\;, \tag{4.34.1}$$

die Jordan-Form von $\mathbf{J}_0$ ist (siehe (2.14))

$$\mathbf{J}_0 = \begin{pmatrix} 0 & \omega & 0 & \cdots & 0 \\ -\omega & 0 & 0 & \cdots & 0 \\ 0 & 0 & \sigma_3(0) & \cdots & 0 \\ \vdots & \vdots & & \ddots & 0 \\ 0 & 0 & 0 & \cdots & \sigma_n(0) \end{pmatrix} \tag{4.34.2}$$

Dabei wird o.B.d.A. der zentrale Eigenraum in die xy-Ebene gelegt. Wir nehmen dabei an, daß nur ein Paar rein imaginärer Eigenwerte von $\mathbf{J}_0$ auftritt und die restlichen Eigenwerte einfach, reell und negativ sind. Das Theorem 3.9 über zentrale Mannigfaltigkeiten besagt, daß man die reduzierte Differentialgleichung für die zentralen Koordinaten in der xy-Ebene formulieren kann.

In der Normalform dieser Differentialgleichung treten entsprechend (3.103) keine quadratischen Glieder auf.

Zur weiteren Vereinfachung des allgemeinen Systems (4.16) führen wir eine Taylor-Entwicklung an der Stelle des Fixpunkts $\mathbf{x} = \mathbf{0}$ durch (bei Annahme der Analytizität von $\mathbf{f}$), wobei wir wieder wegen (3.103) keine quadratischen Glieder berücksichtigen. Dabei entsteht

$$\dot{\mathbf{x}} = \mathbf{f}(\mathbf{x}, \mu) = \mathbf{J}(\mu)\, \mathbf{x} + \mathbf{C}\,(\mu)\, \mathbf{x}\,\mathbf{x}\,\mathbf{x} + O(\mathbf{x}^4)\ , \tag{4.35}$$

wobei $\mathbf{J}$ und $\mathbf{C}$ quadratische bzw. quartäre Matrizen sind.

Die zwei Eigenwerte bzw. Eigenvektoren von $\mathbf{J}_0$ an der kritischen Stelle (am Bifurkationspunkt) sind durch

$$\mathbf{J}_0\,\mathbf{x}_0 = i\,\omega\,\mathbf{x}_0 \ \text{ und } \ \mathbf{J}_0^{\mathrm{T}}\,\widetilde{\mathbf{x}}_0 = -\,i\,\omega\,\widetilde{\mathbf{x}}_0 \tag{4.34.3}$$

definiert ($\pm i\omega$ ist ein Paar rein imaginärer Eigenwerte, $\mathbf{x}_0$ bzw $\widetilde{\mathbf{x}}_0$ sind der Eigenvektor respektive der adjungierte Eigenvektor; siehe auch (4.28)) und es gilt

$$\mathbf{x}_0 = \frac{1}{\sqrt{2}}\,(1,\, i,\, 0,\, 0,\, \ldots)^{\mathrm{T}}\ ;\ \widetilde{\mathbf{x}}_0 = \frac{1}{\sqrt{2}}\,(1,\, i,\, 0,\, 0,\, \ldots)^{\mathrm{T}}\ ;\ \langle \mathbf{x}_0,\, \widetilde{\mathbf{x}}_0 \rangle = 1\ . \tag{4.34.4}$$

Die Methode der Projektionen basiert auf Projektion der Vektoren in den Eigenraum des kritischen Eigenvektors $\mathbf{x}_0$. Sie ist daher verwandt mit der Berechnung der reduzierten Differentialgleichung mit Hilfe der zentralen Mannigfaltigkeit.

Da es sich hier um zeitlich periodische Vorgänge handelt, muß neben einer vektoriellen Projektion auch eine Projektion in den Raum der periodischen Funktionen vorgenommen werden. Zu diesem Zweck definieren wir:

DEFINITION 4.8 (Skalarprodukt von vektoriellen periodischen Funktionen):
Es seien $\mathbf{a}(s)$ und $\mathbf{b}(s)$ zwei 2π-periodische Vektorfunktionen des $\mathbf{R}^n$. Dann ist ihr Skalarprodukt durch

$$[\mathbf{a}(s),\, \mathbf{b}(s)] = \frac{1}{2\pi}\int_0^{2\pi} \langle \mathbf{a}(s)\,\mathbf{b}(s)\rangle\, ds\ ;\ \text{mit } \langle \mathbf{a}(s),\, \mathbf{b}(s)\rangle = \sum_{j=1}^{n} a_j(s)\, b_j^*(s)\ . \tag{4.36}$$

definiert, wobei die spitzen Klammern in (4.36) das Skalarprodukt komplexer Vektoren kennzeichnen.   ♠

Die Projektion in den Eigenraum erfolgt jetzt durch Wahl des Entwicklungsparameters in der Form

$$\varepsilon = [\mathbf{x}(t),\, \exp(is)\,\widetilde{\mathbf{x}}_0] \tag{4.37.1}$$

In (4.37.1) ist $\mathbf{x}(t)$ die gesuchte Lösung von (4.35) und die Variable s ist durch die *Lindstedt-Poincaré-Entwicklung* (siehe z. B. Van Dyke (1975) oder Plaschko und Brod (1989))

$$s = [\omega + \varepsilon\,\omega_1 + \varepsilon^2\,\omega_2 + O(\varepsilon^3)]\, t\ ;\ \omega_j \in \mathbf{R}\ ;\ j = 1,\, 2,\, \ldots \tag{4.37.2}$$

gegeben, wobei $i\omega$ der Eigenwert der Jacobi-Matrix und die weiteren Entwicklungskoeffizienten ω_j ($j = 1, 2, \ldots$) zunächst unbekannt sind. Es muß auch für den Parameter μ eine Reihe der Form

$$\mu = \mu_0 + \varepsilon \, \mu_1 + \varepsilon^2 \, \mu_2 + O(\varepsilon^3) \; ; \; \mu_j \in \mathbf{R} \; ; \; j = 1, 2, \ldots \tag{4.37.3}$$

mit ebenfalls unbekannten Entwicklungskoeffizienten angesetzt werden. Da hier aber die Bifurkation bei $\mu = 0$ auftritt, können wir in (4.37.3) $\mu_0 = 0$ setzen. Schließlich wird noch die gesuchte, vom Fixpunkt $\mathbf{x} = \mathbf{0}$ abzweigende, Lösung in eine Reihe der obigen Form entwickelt:

$$\mathbf{x}(t) = \varepsilon \, \mathbf{x}^{(1)}(s) + \varepsilon^2 \, \mathbf{x}^{(2)}(s) + \varepsilon^3 \, \mathbf{x}^{(3)}(s) + O(\varepsilon^4) \; . \tag{4.37.4}$$

Die Entwicklung (4.37) ist natürlich nur dann sinnvoll, wenn der durch (4.37.1) definierte Entwicklungsparameter ε klein ist. In einer kleinen Umgebung des Fixpunkts sind aber die Abweichungen der abzweigenden Lösungsäste vom Fixpunkt klein. Diese Abweichung wächst stetig mit zunehmendem Abstand vom Fixpunkt. Dies erklärt, warum die Entwicklung der abzweigenden Äste mit der ersten und die der Parameter mit der nullten Potenz von ε beginnt.

Als erste Konsequenz führt Einsetzen von (4.37.4) in (4.37.1) und anschließender Vergleich der Potenzen von ε zu

$$|\mathbf{x}_j(t), \exp(is) \, \widetilde{\mathbf{x}}_0| = \delta_{j,1} \quad . \tag{4.38}$$

($\delta_{j,k}$ ist das Kronecker-Delta). Jetzt tragen wir (4.37) in die Differentialgleichung (4.35) ein: dazu müssen wir zunächst die Zeitableitung in der Form

$$\dot{\mathbf{x}}(t) = \frac{d\mathbf{x}}{ds}\frac{ds}{dt} = \varepsilon \, \omega \, \mathbf{x}^{(1)\,\prime} + \varepsilon^2 \, (\omega_1 \, \mathbf{x}^{(1)\,\prime} + \omega \, \mathbf{x}^{(2)\,\prime}) + O(\varepsilon^3) \; ; \; \prime = \frac{d}{ds} \; ,$$

bilden. Andererseits ergibt Einsetzen von (4.37.3) in (4.35) und eine anschließende Taylor-Entwicklung hinsichtlich des Parameters μ

$$\mathbf{f}(\mathbf{x}, \mu) = \left[\mathbf{J}(0) + \mu \, \mathbf{J}_\mu(0) + \frac{1}{2}\mu^2 \, \mathbf{J}_{\mu\mu}(0)\right] \mathbf{x} + \mathbf{C}(0) \, \mathbf{x} \, \mathbf{x} \, \mathbf{x} + \ldots \; , \; \text{mit} \; \mathbf{J}_\mu = \frac{\partial \mathbf{J}}{\partial \mu} \; .$$

Setzen wir nun alle Entwicklungen in (4.34) ein, so entsteht nach Potenzvergleich die Hierarchie von Problemen

$$\varepsilon^1 : \; \mathbf{L} \, \mathbf{x}^{(1)} = 0 \quad \text{mit} \quad \mathbf{L} = \mathbf{J}(0) \; \omega \, \frac{d}{ds} \; , \tag{4.39.1}$$

$$\varepsilon^2 : \; \mathbf{L} \, \mathbf{x}^{(2)} = \mathbf{D}_2 \; : \; \mathbf{D}_2 = \left(\omega_1 \, \frac{d}{ds} - \mu_1 \, \mathbf{J}_\mu(0)\right) \mathbf{x}^{(1)} \; , \tag{4.39.2}$$

$$\varepsilon^3 : \; \mathbf{L} \, \mathbf{x}^{(3)} = \mathbf{D}_3 \; , \tag{4.39.3}$$

wobei wir vorläufig auf die explizite Angabe der Inhomogenität $\mathbf{D}_3$ in (4.39.3) verzichtet haben. Nach Herleitung einiger wichtiger Beziehungen werden wir jedoch auf die Berechnung des Terms $\mathbf{D}_3$ zurückkommen.

Das System (4.39) besteht aus dem homogenen Problem niedrigster Ordnung (4.39.1) und inhomogenen Problemen höherer Ordnung, deren rechte Seiten durch Glieder niedrigerer Ordnungen bestimmt sind. Die Lösung von (4.39.1) können wir jedoch sofort angeben und es gilt

$$\mathbf{x}^{(1)}(s) = A \exp(i\ s)\ \mathbf{x}_0 + cc\ ;\ A = const\ , \tag{4.40}$$

wobei $\mathbf{x}_0$ der durch (4.34.4) bestimmte Eigenvektor der Jacobi-Matrix ist. In Aufgabe (4.10) wird gezeigt, daß die Anwendung von (4.38) der Konstanten in (4.40) den Wert $A = 1$ zuweist. Damit haben wir die Entwicklungskomponente niedrigster Ordnung bestimmt und es gilt

$$\mathbf{x}^{(1)}(s) = \exp(i\ s)\ \mathbf{x}_0 + \exp(-\ i\ s)\ \mathbf{x}_0^* \ . \tag{4.40'}$$

Wir fahren jetzt mit der Behandlung der inhomogenen Probleme höherer Ordnung von (4.39) fort. Generell kann nun gesagt werden, daß - da das homogene Problem (4.39.1) lösbar ist - die inhomogenen Probleme von (4.39) dann und nur dann lösbar sind, wenn die Lösbarkeitsbedingungen in Form der *Fredholm-Alternative*

$$[\mathbf{D}_j, \exp(i\ s)\ \widetilde{\mathbf{x}}_0] = 0\ ;\ [\mathbf{D}_j^*, \exp(-\ i\ s)\ \widetilde{\mathbf{x}}_0^*] = 0\ ;\ (j = 2, 3, \ldots)\ , \tag{4.41}$$

erfüllt sind. Unter Beachtung von (4.40') bedeutet (4.41), daß die inhomogenen Probleme dann und nur dann lösbar sind, wenn die entsprechenden Inhomogenitäten orthogonal zu der adjungierten Lösung des homogenen Problems sind. Der Beweis der Fredholm-Alternative ist Standard von Lehrbüchern der angewandten Mathematik. Eine Skizze des Beweises ist im Anhang A dieses Kapitels zu finden.

Einsetzen von (4.40') in (4.39.2) führt nun zu der Inhomogenität

$$\mathbf{D}_2 = \exp(is)\ (\ i\ \omega_1 - \mu_1\ \mathbf{J}_\mu(0))\ \mathbf{x}_0 + cc\ ,$$

und die Anwendung der Fredholm-Alternative (4.41) führt bei Beachtung von (4.35.4) zunächst zu

$$[\exp(is)\ (i\ \omega_1 - \mu_1\ \mathbf{J}_\mu(0))\ \mathbf{x}_0, \exp(is)\ \widetilde{\mathbf{x}}_0] = i\ \omega_1 - \mu_1\ \big(\mathbf{J}_\mu(0)\ \mathbf{x}_0, \widetilde{\mathbf{x}}_0\big) = 0 \tag{4.42}$$

und zu einer weiteren Gleichung, die das komplexe Konjugium von (4.42) ist. Zur Interpretation von (4.42) kehren wir zur Untersuchung der Stabilität des Fixpunkts $\mathbf{x} = \mathbf{0}$ von (4.35) zurück. Die entsprechende Linearisierung ergibt

$$\mathbf{J}(\mu)\ \mathbf{x}(\mu) = \sigma(\mu)\ \mathbf{x}(\mu)\ . \tag{4.43}$$

Nimmt man (4.43) an der Stelle $\mu = 0$, dann entsteht wieder (4.34.3). Jetzt differenzieren wir (4.43) nach μ (μ als Index bedeutet μ-Ableitung) und erhalten, wenn wir den entstehenden Ausdruck wieder an der Stelle $\mu = 0$ ansetzen und (4.34.3) berücksichtigen,

$$\mathbf{J}_\mu(0)\ \mathbf{x}_0 + \mathbf{J}(0)\ \mathbf{x}_\mu(0) = \sigma_\mu(0)\ \mathbf{x}_0 + i\ \omega\ \mathbf{x}_\mu(0)\ ;\ \mathbf{x}_0 = \mathbf{x}(0)\ .$$

Jetzt bilden wir das Skalarprodukt dieses Ausdrucks mit dem durch (4.34.4) gegebenen adjungierten Eigenvektor $\widetilde{\mathbf{x}}_0$ und erhalten

$$\big(\mathbf{J}_\mu(0)\ \mathbf{x}_0, \widetilde{\mathbf{x}}_0\big) = \sigma_\mu(0)\ , \tag{4.44}$$

wobei wir bei der Bildung von (4.44) die Beziehung

$$\left\langle \mathbf{J}(0)\, \mathbf{x}_\mu(0),\, \widetilde{\mathbf{x}}_0 \right\rangle = \left\langle \mathbf{x}_\mu(0),\, \mathbf{J}^\mathrm{T}(0)\, \widetilde{\mathbf{x}}_0 \right\rangle = \mathrm{i}\,\omega \left\langle \mathbf{x}_\mu(0),\, \widetilde{\mathbf{x}}_0 \right\rangle$$

verwendet haben, wodurch sich zwei Terme kompensieren.

Wir setzen jetzt (4.44) in die Beziehung (4.42) - und ihr komplexes Konjugium - ein und es entsteht zunächst

$$\begin{aligned} \mathrm{i}\,\omega_1 - \mu_1\,(\,a + \mathrm{i}\,b\,) = 0\,, \\ -\mathrm{i}\,\omega_1 - \mu_1\,(\,a - \mathrm{i}\,b\,) = 0\,, \end{aligned} \quad \text{mit } \sigma_\mu(0) = a + \mathrm{i}\,b \ \text{ und } \ a \neq 0\,. \tag{4.42'}$$

Dabei wurde gemäß des zweiten Teils der Voraussetzungen des Hopf-Theorems (4.33) $a \neq 0$ gesetzt. Die *eindeutigen* Lösungen der Gleichungen (4.42') sind jetzt aber

$$\omega_1 = \mu_1 = 0\,. \tag{4.45.1}$$

Die Anwendung der Voraussetzungen des Hopf-Theorems gestattet also eine eindeutige (hier die triviale) Wahl der Entwicklungskoeffizienten niedrigster Ordnung.

Wegen (4.45.1) verschwindet auch die Inhomogenität $\mathbf{D}_2$ in (4.39.2) und die Lösung dieser Differentialgleichung, die (4.38) mit $j = 2$ erfüllt, ist ebenfalls Null:

$$\mathbf{x}^{(2)} = 0\,. \tag{4.45.2}$$

Unter Berücksichtigung von (4.45) hat nun das Problem in der nächsten Ordnung der Approximation (4.39.3) die Inhomogenität

$$\mathbf{D}_3 = \left(\omega_2\,\frac{\mathrm{d}}{\mathrm{d}s} - \mu_2\,\mathbf{J}_\mu(0) - \mathbf{C}(0)\,\mathbf{x}^{(1)}\,\mathbf{x}^{(1)} \right) \mathbf{x}^{(1)}$$

und nach Einsetzen von (4.40') und Verwendung von (4.44) führt die Anwendung der Fredholm-Alternative zu

$$\mathrm{i}\,\omega_2 - \mu_2\,\sigma_\mu(0) = T_3\,;\ \ T_3 = |\mathbf{C}(0)\,\mathbf{x}^{(1)}\,\mathbf{x}^{(1)}\,\mathbf{x}^{(1)},\ \exp(\mathrm{i}s)\,\widetilde{\mathbf{x}}_0| \tag{4.46.1}$$

und dem komplexen Konjugium dieser Beziehung:

$$-\mathrm{i}\,\omega_2 - \mu_2\,\sigma_\mu^*(0) = T_3^*\,;\ \ \sigma_\mu^*(0) = a - \mathrm{i}\,b\,;\ a \neq 0\,, \tag{4.46.2}$$

wobei wir die kubischen Terme unter T_3 subsummiert und den zweiten Teil von (4.42') berücksichtigt haben. Dies ist ein lineares Gleichungssystem für die beiden gesuchten (reellen) Entwicklungskoeffizienten. Wegen $a \neq 0$ sind die beiden Gleichungen eindeutig lösbar und es gilt

$$\mu_2 = -\frac{\mathrm{Re}(T_3)}{a} \quad \text{bzw. } \omega_2 = b\,\mu_2 + \mathrm{Im}(T_3)\,. \tag{4.47}$$

Damit entsteht nach Einsetzen der Ergebnisse (4.45) und (4.47) in die Entwicklung (4.37)

$$s = |\omega + \varepsilon^2\,\omega_2 + O(\varepsilon^4)|\,t\,;\ \ \mu = \varepsilon^2\,\mu_2 + O(\varepsilon^4) \tag{4.48}$$

(4.37) mit (4.48) deuten an, daß ungerade Entwicklungskoeffizienten verschwinden, d.h.

$$\omega_{2k+1} = \mu_{2k+1} = 0 \; ; \; k \in \mathbf{Z} \; . \tag{4.49}$$

Den Beweis von (4.49) findet man bei Sattinger (1983). Jetzt können wir die zweite Gleichung von (4.48) nach ε auflösen und erhalten

$$\varepsilon = \pm \sqrt{\frac{\mu}{\mu_2}} \; . \tag{4.50}$$

Dabei ist ε reell, wenn entweder i) $\mu > 0$ und $\mu_2 > 0$ oder ii) $\mu < 0$ und $\mu_2 < 0$ erfüllt ist. Je nach Stabilität des Fixpunkts ist eine der beiden Alternativen i) oder ii) sub- bzw. superkritische Bifurkation. Ioos und Joseph (1990) zeigten, daß subkritische (superkritische) Bifurkationen zu instabilen (stabilen) abzweigenden Lösungen korrespondieren, ein Ergebnis, das wir schon an Hand der Normalform (3.104) hergeleitet haben (siehe Bild 4.9).

Zum Abschluß der allgemeinen Überlegungen setzen wir (4.48) und (4.50) in (4.37.4) ein und berücksichtigen (4.40'): wir erhalten dabei das erste Glied der (in einer Umgebung des Bifurkationspunktes gültigen, lokalen) Approximation der abzweigenden Lösung

$$\mathbf{x}(t) = \pm \sqrt{\frac{\mu}{\mu_2}} \left\{ \exp\left[i\left(\omega + \frac{\mu\,\omega_2}{\mu_2} + O(\mu^2) \right) t \right] \mathbf{x}_0 + \mathbf{cc} \right\} + O(\mu^{3/2}) \; . \tag{4.51}$$

Setzen wir noch gemäß (4.34.4) die Eigenvektoren in (4.51) ein, so entsteht

$$\mathbf{x}(t) = \pm \sqrt{\frac{2\mu}{\mu_2}} \, (\cos s, \, -\sin s, \, 0, \, ..., \, 0)^T + O(\mu^{3/2}) \; ; \; s = (\omega + \omega_2 \frac{\mu}{\mu_2}) \, t + O(\mu^2) \; . \tag{4.51'}$$

Damit ist die Existenz und Eindeutigkeit der abzweigenden Lösung erwiesen und der Beweis des Theorems von Hopf ist erbracht. Es sollte auch klar sein, daß (4.51') die Projektion der Lösungen in den zentralen Eigenraum beschreibt. In dieser Approximation verschwinden die Komponenten in allen anderen Richtungen. Ebenso sollte jetzt klar sein, daß (4.51) bzw. (4.51') eine periodische Bewegung mit der Periode

$$T = \frac{2\,\pi}{\omega + \mu \, \dfrac{\omega_2}{\mu_2} + O(\mu^2)} \tag{4.52}$$

darstellt, die in einer kleinen Umgebung des Bifurkationspunktes nur geringfügig von der 'primären' Periode der Hopf-Bifurkation $T_0 = 2\pi/\omega$ abweicht.

BEISPIEL:
Wir untersuchen einen nichtlinear gedämpften Oszillator. Seine Differentialgleichung hat die Form

$$\ddot{x} + \mu \, \dot{x} + \dot{x}^3 + x = 0 \; . \tag{4.53}$$

Diese Differentialgleichung wird mit $y = dx/dt$ in ein System überführt und es entsteht

$$\dot{\mathbf{x}} = \mathbf{J}(\mu) \, \mathbf{x} - \begin{pmatrix} 0 \\ y^3 \end{pmatrix} \; ; \; \mathbf{J}(\mu) = \begin{pmatrix} 0 & 1 \\ -1 & -\mu \end{pmatrix} \; . \tag{4.53'}$$

Der Ursprung ist der einzige Fixpunkt, seine Jacobi-Matrix hat die in (4.53') angegebene Form
und ihre beiden Eigenwerte sind

$$\sigma = -\frac{\mu}{2} \pm \sqrt{\frac{\mu^2}{4} - 1} \quad .$$

Der Fixpunkt $\mathbf{x} = \mathbf{0}$ ist daher für $\mu > 0$ (lineare Dämpfung) stabil und für $\mu < 0$ (lineare Anfa-
chung) instabil. An der kritischen Stelle $\mu_0 = 0$ gilt

$$\sigma(\mu = 0) = \pm i \quad \text{oder} \quad \omega = 1 \quad .$$

Damit tritt bei $\mu_0 = 0$ eine Hopf-Bifurkation auf, deren abzweigende Äste jetzt berechnet werden
sollen. Zunächst lautet das Eigenwertproblem für die kritische Stelle

$$\mathbf{J}(0)\, \mathbf{x}_0 = i\, \mathbf{x}_0 \; ; \quad \mathbf{J}^T(0)\, \widetilde{\mathbf{x}}_0 = -i\, \widetilde{\mathbf{x}}_0 \; ; \quad \mathbf{J}(0) = \begin{pmatrix} 0 & 1 \\ -1 & 0 \end{pmatrix} \;, \quad \mathbf{J}_\mu(0) = \begin{pmatrix} 0 & 0 \\ 0 & -1 \end{pmatrix} \quad .$$

Man verifiziert leicht, daß $\mathbf{J}(0)$ bereits die Jordan-Form aufweist. Damit haben die Eigenvektoren
die Form (4.34.4). Unter Berücksichtigung von (4.45.1,2) können wir an Stelle von (4.37.2 -
4) den vereinfachten Ansatz für die abzweigenden Äste

$$\mathbf{x}(t) = \varepsilon\, \mathbf{x}^{(1)}(s) + \varepsilon^3\, \mathbf{x}^{(3)}(s) + \ldots \; ; \quad \mu = \varepsilon^2\, \mu_2 + \ldots \; ; \quad s = |\, 1 + \varepsilon^2\, \omega_2 + \ldots\,|\, t$$

vorgeben, wobei der Entwicklungsparameter weiterhin durch (4.37.1) gegeben ist.
   Der nächste Schritt besteht in der Untersuchung der Korrekturordnung $O(\varepsilon^3)$. Die Anwendung der Fredholm-Alternative führt nun zu (4.46.1,2). Für unser Beispiel bedeutet dies
zunächst mit (4.44)

$$\sigma_\mu(0) = \left\langle \mathbf{J}_\mu(0)\, \mathbf{x}_0, \widetilde{\mathbf{x}}_0 \right\rangle = \frac{1}{2} \left\langle \begin{pmatrix} 0 & 0 \\ 0 & -1 \end{pmatrix}\begin{pmatrix} 1 \\ i \end{pmatrix}, \begin{pmatrix} 1 \\ i \end{pmatrix} \right\rangle = \frac{i^2}{2} = -\frac{1}{2} \quad .$$

Andererseits gilt

$$\mathbf{C}(0)\, \mathbf{x}^{(1)}\, \mathbf{x}^{(1)}\, \mathbf{x}^{(1)} = \begin{pmatrix} 0 \\ -x_2^{(1)\,3} \end{pmatrix} \quad ,$$

wobei $x_2^{(1)}$ die y-Komponente der Lösung (4.40') ist. Damit tritt in (4.46.1,2) das kubische
Glied

$$T_3 = \frac{1}{\sqrt{2}}\left[\left(0, -x_2^{(1)\,3}\right)^T, \exp(is)\,(1, i)^T \right] = \frac{i}{2\pi\sqrt{2}} \int_0^{2\pi} x_2^{(1)\,3}(s)\, \exp(-is)\, d s \quad .$$

auf. Wegen (4.40') mit (4.35.4) (für $n = 2$) erhalten wir

$$x_2^{(1)\,3} = \left[\frac{i\,(\exp(is) - \exp(-is))}{\sqrt{2}} \right]^3 = -\frac{i}{2\sqrt{2}}\,(\exp(3is) - 3\exp(is) + cc)$$

Wegen der Orthogonalität der Winkelfunktionen kommt der einzige nicht-verschwindende Beitrag vom zweiten Glied des kubischen Ausdrucks und es gilt $T_3 = -3/4$. Damit führt (4.46) zu

$$i\,\omega_2 + \frac{\mu_2}{2} = -\frac{3}{4}$$

und die entsprechende konjugiert komplexe Gleichung ist zu ergänzen. Damit erhalten wir für die Entwicklungskoeffizienten (da ω_2, μ_2 reell):

$$\omega_2 = 0 \;;\; \mu_2 = -\frac{3}{2} \;.$$

Hier gilt also $\mu_2 < 0$; dies bedeutet wegen (4.50), daß die Äste in Richtung negativer Werte von μ in das Gebiet abzweigen, in dem der Fixpunkt $\mathbf{x} = \mathbf{0}$ instabil ist. Die Hopf-Bifurkation ist also superkritisch und ihre abzweigenden Äste stellen stabile periodische Lösungen von (4.53) dar, die mit (4.51) die Form

$$\mathbf{x}(t) = \pm 2\sqrt{\frac{|\mu|}{3}} \begin{pmatrix} \cos[t + O(\mu^2)] \\ -\sin[t + O(\mu^2)] \end{pmatrix} + O(\mu^2) \;. \tag{4.54}$$

haben. $\qquad\qquad\qquad\qquad\qquad\qquad\qquad\qquad\qquad\qquad\qquad\qquad\qquad\qquad$ ❑

Die Projektionsmethode läßt sich auch bei der Berechnung der abzweigenden Lösungen dynamischer Systeme, die durch *partielle Differentialgleichungen vom Typ der Transportgleichungen* beschrieben werden, mit Erfolg einsetzen. Da dieses Buch im wesentlichen gewöhnliche Differentialgleichungen behandelt, soll nur im Anhang B die Projektionsmethode zur Untersuchung von Hopf-Bifurkationen in kontinuierlichen Systemen, die durch partielle Differentialgleichungen beschrieben werden, vorgeführt werden.

Wir haben bis jetzt die Stabilität der durch Hopf-Bifurkationen entstehenden periodischen Lösung durch Bildung der Normalform analysiert. Im nächsten Abschnitt wollen wir ein Verfahren zur Bestimmung der Stabilität beliebiger (nicht notwendig aus Hopf-Bifurkationen hervorgegangener) periodischer Lösungen von Differentialgleichungen besprechen.

4.7 Stabilität periodischer Lösungen

Für die bei Hopf-Bifurkationen auftretenden Äste konnten wir ein Stabilitätskriterium verwenden, das auf dem Austausch der Stabilität zwischen Fixpunkt und abzweigender Lösung basiert. Hier soll jedoch ganz allgemein die Stabilität der Lösungen von *periodischen Systemen*

$$\dot{\mathbf{x}} = \mathbf{F}(\mathbf{x}, t) \;;\; \mathbf{x},\, \mathbf{F} \in \mathbf{R}^n \;;\; \mathbf{F}(\mathbf{x}(t+p), t+p) = \mathbf{F}(\mathbf{x}, t) \;. \tag{4.55}$$

untersucht werden (die Abhängigkeit von Parametern wird nicht explizit angeschrieben; abweichend von der früheren Nomenklatur bezeichnen wir hier die Periode mit dem Symbol p). Es sei

$$\widehat{\mathbf{x}}(t) = \widehat{\mathbf{x}}(t + p)$$

eine vorgegebene periodische Lösung von (4.55) mit der Periode p. Zur Untersuchung ihrer Stabilität wird wieder ein Ansatz der Form

$$\mathbf{x}(t) = \widehat{\mathbf{x}}(t) + \varepsilon\, \mathbf{y}(t) \;\; ; \;\; \varepsilon \to 0_+ \tag{4.56}$$

eingeführt. Nach Einsetzen in (4.55) entsteht das linearisierte System

$$\dot{\mathbf{y}}(t) = \mathbf{D}(t)\,\mathbf{y}(t) \; ; \;\; \mathbf{D}(t) = \mathbf{J}_x(\mathbf{F}(\widehat{\mathbf{x}},t)) \; ; \;\; \mathbf{D}(t+p) = \mathbf{D}(t) \; , \tag{4.57}$$

wobei $\mathbf{D}(t)$ die zugehörige Jacobi-Matrix ist. Parallel zur Stabilitätsuntersuchung mit Hilfe der 'klassischen' Linearisierung soll auch die Stabilität der Poincaré-Karte der periodischen Bewegung (4.56) betrachtet werden. Als Konvention setzen wir

$$\widehat{\mathbf{x}}(0) = \widehat{\mathbf{x}}(p) = \mathbf{q} \subset \Sigma \; ,$$

wobei die globale Poincaré-Abbildung durch Durchstoß der Bahnen (4.56) mit der Ebene

$$\Sigma = \{\, (\mathbf{x},\, t) \in \mathbf{R}^n \times |\, 0,\, p\,|\, |\, t = k\,p \,\} \, , \; k \in \mathbf{N}_+ \; .$$

gebildet wird. Die zur Bildung der Poincaré-Abbildung verwendete Ebene ist hier eine Hyperebene des erweiterten Systems. Die periodische Bewegung $\widehat{\mathbf{x}}(t)$ entspricht dem Fixpunkt $\mathbf{q}$ dieser Abbildung. Zur Berechnung der Stabilität dieses Fixpunkts verwenden wir die Bezeichnungsweise

$$\mathbf{x}_j = \mathbf{x}(\mathbf{x}_{j\text{-}1},\, p) \; .$$

Dabei ist (ähnlich wie bei der Definition des Flusses dynamischer Systeme in Abschnitt 3.1) $\mathbf{x}(\mathbf{x}_{j\text{-}1},\, p)$ die Lösung von (4.55), die die Anfangsbedingung

$$\mathbf{x}(\mathbf{x}_{j\text{-}1},\, 0) = \mathbf{x}_{j\text{-}1}$$

erfüllt. Jetzt bilden wir eine Linearisierung für kleine Störungen des Fixpunkts $\mathbf{q}$ und setzen

$$\mathbf{x}_k = \mathbf{q} + \varepsilon\,\xi_k = \mathbf{x}(\mathbf{q} + \varepsilon\,\xi_{k\text{-}1},\, p) \; ; \;\; \mathbf{x}(\mathbf{q},\, p) = \mathbf{q} \; .$$

Damit führt eine Taylor-Entwicklung zu der linearen Abbildung

$$\xi_k - \mathbf{J}_q(\mathbf{x}(\mathbf{q},\, \mathbf{p}))\,\xi_{k\text{-}1} \; .$$

Jetzt soll gezeigt werden, daß die Jacobi-Matrix $\mathbf{J}_q$ der Differentialgleichung (4.57) genügt. Dazu gehen wir von (4.55) aus und differenzieren

$$\frac{\partial \dot{x}_j}{\partial q_k} = \frac{d}{dt}\left(\frac{\partial x_j}{\partial q_k}\right) = \frac{\partial F_j}{\partial x_m}\frac{\partial x_m}{\partial q_k} \; ,$$

oder, wenn der obige Ausdruck an der Stelle $\mathbf{x} = \mathbf{q}$ gebildet wird,

$$\dot{\mathbf{J}}_q = \mathbf{J}_x(\mathbf{F}(\widehat{\mathbf{x}},\, \mathbf{p}))\,\mathbf{J}_q \; . \tag{4.57'}$$

(4.57') ist eine zu (4.57) analoge Matrix-Differentialgleichung. Wir werden (4.57') in der Folge durch eine andere Überlegung reproduzieren.

Zunächst kehren wir jedoch zu (4.57) zurück. Es sei $\mathbf{y}^{(k)}(t)$ ($k = 1, 2,\ldots,n$) ein Fundamentalsystem von Lösungen dieser Differentialgleichung. Durch Zusammenfassung entsteht dann die Fundamentalmatrix $\mathbf{Y}(t)$ des Systems (4.57) ($Y_{j,k}$ ist dabei die j-te Komponente der k-ten Fundamentallösung):

$$Y_{j,k} = \mathbf{Y}(t)_{j,k} = y_j^{(k)}$$

bzw. nach Differentiation und bei Beachtung von (4.57)

$$\dot{Y}_{j,k} = \dot{y}_j^{(k)} = D_{j,m}\, y_m^{(k)}$$

oder in Matrixform geschrieben:

$$\dot{\mathbf{Y}} = \mathbf{D}\,\mathbf{Y}\ . \qquad\qquad\qquad\qquad\qquad\qquad (4.57'')$$

Dies bedeutet, daß die Fundamentalmatrix ebenso wie die linearisierte Poincaré-Karte die linearisierte Differentialgleichung (4.57) erfüllt. Jetzt soll die Behauptung

$$\mathbf{Y}(t + p) = \mathbf{Y}(t)\,\mathbf{C}\ \ ;\ \ \mathbf{C} = \text{const}\ ;\ \exists\,\mathbf{C}^{-1} \qquad\qquad\qquad (4.58)$$

bewiesen werden. Differenzieren und Einsetzen in (4.57") führt zunächst zu

$$\dot{\mathbf{Y}}(t + p) = \dot{\mathbf{Y}}(t)\,\mathbf{C} = \mathbf{D}(t)\,\mathbf{Y}(t + p) = \mathbf{D}(t)\,\mathbf{Y}(t)\,\mathbf{C}\ .$$

Da $\mathbf{C}^{-1}$ voraussetzungsgemäß existiert, ist (4.58) bewiesen.
Eine Verallgemeinerung von (4.58) der Form

$$\mathbf{Y}(t + m\,p) = \mathbf{Y}(t)\,\mathbf{G}\ ;\ \ \mathbf{G} = \text{const}\ ;\ \exists\,\mathbf{G}^{-1}\ ;\ \ m \in \mathbf{N}\ , \qquad\qquad (4.58')$$

läßt sich mit völlig analogen Überlegungen leicht beweisen.
Eine spezielle Fundamentalmatrix $\widetilde{\mathbf{Y}}(t)$ mit der Eigenschaft

$$\widetilde{\mathbf{Y}}(0) = \mathbf{I} \qquad\qquad\qquad\qquad\qquad\qquad\qquad (4.59)$$

wird *Monodromie-Matrix* genannt und mit (4.58) gilt ebenfalls

$$\widetilde{\mathbf{Y}}(t + p) = \widetilde{\mathbf{Y}}(t)\,\mathbf{C}\ . \qquad\qquad\qquad\qquad\qquad (4.58'')$$

Sie besitzt einige weitere wichtige Eigenschaften: Zunächst gilt mit (4.59) und (4.58") an der Stelle $t = 0$

$$\widetilde{\mathbf{Y}}(p) = \widetilde{\mathbf{Y}}(0)\,\mathbf{C} = \mathbf{C}$$

und nach Einsetzen in (4.58") erhalten wir die wichtige Beziehung

$$\widetilde{Y}(t + p) = \widetilde{Y}(t)\, \widetilde{Y}(p) \ . \tag{4.60}$$

Ausgehend von (4.60) lassen sich nun Konsequenzen für das Verhalten der Monodromie-Matrix, gebildet mit ganzzahligen Vielfachen der Periode p, ableiten. Setzen wir zunächst in (4.60) t = 0, so entsteht die Identität

$$\widetilde{Y}(p) = \widetilde{Y}(0)\, \widetilde{Y}(p) = \widetilde{Y}(p)\ . \tag{4.61.1}$$

Bilden wir nun (4.60) zum Zeitpunkt t = p, so erhalten wir

$$\widetilde{Y}(2\,p) = \widetilde{Y}^2(p)\ , \tag{4.61.2}$$

oder als Verallgemeinerung von (4.61.2)

$$\widetilde{Y}(m\,p) = \widetilde{Y}^m(p)\ ;\ m \in \mathbf{N}\ \ . \tag{4.61.3}$$

(4.61.3) ist eine Funktionalgleichung zur Bestimmung der Monodromie-Matrix; sie hat die Lösung

$$\widetilde{Y}(p) = \exp\,(\mathbf{U}\ p)\ ;\ \mathbf{U} = \mathrm{const}\ . \tag{4.62}$$

wobei $\mathbf{U}$ eine konstante, aber nicht eindeutig bestimmbare Matrix ist. Die Nichteindeutigkeit von $\mathbf{U}$ wird klar, wenn man (4.62) durch den identischen Ausdruck

$$\widetilde{Y}(p) = \exp\left[\left(\mathbf{U} + \frac{2\mathrm{i}\,\pi\,k}{p}\mathbf{I}\right)p\right]\ :\ k \in \mathbf{Z}\ ,$$

ersetzt. Ehe wir zu einer Anwendung der Monodromie-Matrix übergehen, soll daran erinnert werden, daß wir bereits im Kapitel 2 die Beziehung (2.71) für die Determinante der Monodromie-Matrix angegeben haben. Mit den Bezeichnungen dieses Kapitels lautet (2.71)

$$\det |\widetilde{Y}(p)| = \exp\left\{\int_0^p \mathrm{Sp}\ |J(F(\widehat{x}(t)))|\ dt\right\}\ . \tag{2.71'}$$

In Aufgabe (4.15) wird gezeigt, daß (2.71') und (4.61.3) konsistent sind.

Man kann aber andererseits $\widetilde{Y}(p)$ als Jacobi-Matrix der linearisierten Poincaré-Abbildung auffassen. Die Lage der Eigenwerte dieser Matrix (innerhalb bzw. außerhalb des Einheitskreises der komplexen Ebene) bestimmt die Stabilität der Bewegung. Wir formulieren daher jetzt das Eigenwertproblem für die Monodromie-Matrix (λ ist der Eigenwert und ϕ der Eigenvektor)

$$\widetilde{Y}(p)\,\phi = \lambda(p)\,\phi\ \ . \tag{4.63}$$

Multiplizieren wir (4.63) mit $\widetilde{Y}(p)$, so entsteht

$$\widetilde{Y}^2(p)\,\phi = \widetilde{Y}(2\,p)\,\phi = \lambda(2\,p)\,\phi = \lambda(p)\,\widetilde{Y}(p)\,\phi = \lambda^2(p)\,\phi\ ,$$

oder

$$\lambda^2(p) = \lambda(2\,p) \tag{4.64.1}$$

und als Verallgemeinerung

$$\lambda^m(p) = \lambda(m\,p) \; ; m \in \mathbf{N} \; . \tag{4.64.2}$$

Ähnlich wie (4.61.3) hat die Funktionalgleichung (4.64.2) die nicht-eindeutige Lösung

$$\lambda(p) = \exp\left[\left(\sigma + \frac{2i\,\pi\,k}{p}\right)p\right] \; ; k \in \mathbf{Z} \; . \tag{4.65}$$

Die Größen λ und σ werden *Floquet-Multiplikator* bzw. *Floquet-Exponent* genannt.

Eine Lösung von (4.64.2) ist sicher $\lambda = 1$. Die zum diesem Eigenwert gehörige Zeile und Spalte der Monodromie-Matrix $\tilde{\mathbf{Y}}(p)$ muß gestrichen werden, um zur Jacobi-Matrix $\mathbf{J}_q(\mathbf{x})$ der linearisierten Poincaré-Abbildung zu gelangen. Die Streichung einer Zeile bzw. einer Spalte reflektiert die Tatsache, daß bei der Bildung der Poincaré-Karte die Dimension des Systems um Eins erniedrigt wird.

Jetzt bilden wir die Lösungen des linearisierten Stabilitätsproblems (4.56) und (4.57) in der Form

$$\mathbf{y}(t) = \tilde{\mathbf{Y}}(t)\,\mathbf{y}(0) \; . \tag{4.66}$$

Dabei ist $\mathbf{y}(0)$ Eigenvektor von $\tilde{\mathbf{Y}}(p)$ und es gilt

$$\tilde{\mathbf{Y}}(p)\,\mathbf{y}(0) = \lambda(p)\,\mathbf{y}(0) \; . \tag{4.67}$$

Differentiation von (4.66) und Einsetzen in (4.57") zeigt, daß (4.66) tatsächlich eine Lösung des linearisierten Problems (4.57) mit der Anfangsbedingung $\mathbf{y}(0)$ ist. Jetzt bilden wir (4.66) zum Zeitpunkt $t + p$ und erhalten mit (4.60) und (4.66)

$$\mathbf{y}(t+p) = \tilde{\mathbf{Y}}(t)\,\tilde{\mathbf{Y}}(p)\,\mathbf{y}(0) = \tilde{\mathbf{Y}}(t)\,\lambda(p)\,\mathbf{y}(0) = \lambda(p)\,\mathbf{y}(t) \; . \tag{4.68}$$

Ausgehend von (4.66), gebildet zum Zeitpunkt $t + mp$, und bei Verwendung von (4.58') entsteht als Verallgemeinerung

$$\mathbf{y}(t+m\,p) = \tilde{\mathbf{Y}}(t)\,\tilde{\mathbf{Y}}(m\,p)\,\mathbf{y}(0) = \tilde{\mathbf{Y}}(t)\,\tilde{\mathbf{Y}}^m(p)\,\mathbf{y}(0) =$$
$$\tilde{\mathbf{Y}}(t)\,\lambda^m(p)\,\mathbf{y}(0) = \lambda^m(p)\,\tilde{\mathbf{Y}}(t)\,\mathbf{y}(0) = \lambda^m(p)\,\mathbf{y}(t) \; . \tag{4.69}$$

Die Lösung der linearisierten Differentialgleichung mit periodischen Koeffizienten (4.57) läßt sich i.a. nicht analytisch berechnen und man muß auf numerische Verfahren zurückgreifen. Dennoch impliziert (4.69) ein wichtige Aussage über diese Lösungen: Der Quotient der Norm (aber auch der einzelnen Komponenten) der linearisierten Lösungen von (4.57), genommen an Vielfachen der Periode, hat die Form

$$\frac{|\,\mathbf{y}(t + m\,p)\,|}{|\,\mathbf{y}(t)\,|} = |\,\lambda(m\,p)\,| = |\,\lambda(p)\,|^{\,m} = \exp(\,m\,\sigma\,p\,)\;. \tag{4.70}$$

Wir müssen dabei beachten, daß es im $\mathbf{R}^n$ n Floquet-Multiplikatoren $\lambda_1,\ \dots,\ \lambda_n$ gibt. Wegen (4.64.2) hat einer von ihnen den Wert $\lambda_1 = 1$. Die Lage der restlichen Multiplikatoren $\lambda_2,\ \dots,\ \lambda_n$ bestimmt die Stabilität der periodischen Bewegung (4.56). Die Bildung physikalischer Größen, wie z.B. die der Norm bei Vielfachen der Periode p, ist jedoch äquivalent zur Berechnung der (iterierten) Poincaré-Karte. (4.70) demonstriert daher wieder den Zusammenhang zwischen der Stabilität von diskreten und kontinuierlichen dynamischen Systemen. Die Diskretisierung des kontinuierlichen dynamischen Systems erfolgt hier durch Erstellung der Poincaré-Karte. Die periodische Bewegung repräsentiert einen Fixpunkt dieser Abbildung, der stabil (instabil) ist, wenn die Eigenwerte der linearisierten Abbildung - hier die Eigenwerte $\lambda(p)$ der Fundamentalmatrix - im Inneren (im Außenbereich) des Einheitskreises der komplexen λ-Ebene liegen. An der Stabilitätsgrenze $|\lambda(p)| = 1$ erfolgt ein mit Bifurkationen verbundener Wechsel der Stabilität. Dieser Zusammenhang ist völlig analog zu dem in Bild 2.1 dargestellten Stabilitätsverhalten der Fixpunkte von diskreten Systemen.

Zur Interpretation dieser Bifurkationen wenden wir uns wieder dem linearisierten Stabilitätsproblem (4.57) zu und bilden - ausgehend von seiner Lösung $\mathbf{y}(t)$ und von dem Floquet-Exponenten σ – den Vektor

$$\mathbf{z}(t) = \exp(-\sigma\,t\,)\,\mathbf{y}(t)\;. \tag{4.71}$$

Jetzt ersetzen wir in (4.71) den Zeitpunkt t durch t + p. Bei Benutzung von (4.65) und (4.68) entsteht dabei

$$\mathbf{z}(t + p) = \exp[-\sigma(t + p)]\,\mathbf{y}(t + p) = \exp[-\sigma(t + p)]\,\exp(\sigma\,p)\,\mathbf{y}(t) = \mathbf{z}(t)\;.$$

$\mathbf{z}(t)$ hat also die Periode p. Differentiation von (4.71) und Berücksichtigung von (4.57) führt jetzt zu dem Eigenwertproblem

$$\dot{\mathbf{z}}(t) = (\mathbf{D}(t) - \sigma\,\mathbf{I})\,\mathbf{z}(t)\;;\;\; \mathbf{z}(0) - \mathbf{z}(p) = 0$$

zur Bestimmung des Floquet-Exponenten σ, der den Eigenwert darstellt.
Gemäß (4.56) setzen wir jetzt die Gesamtlösung additiv zusammen und mit (4.71) gilt

$$\mathbf{x}(t) = \widehat{\mathbf{x}}(t) + \varepsilon\,\mathbf{z}(t)\,\exp(\sigma\,t)\;. \tag{4.72}$$

Zur Untersuchung ihrer Periodizität bilden wir jetzt

$$\mathbf{x}(t + mp) = \widehat{\mathbf{x}}(t) + \varepsilon\,\mathbf{z}(t)\,\exp[\sigma(t+mp)]\;. \tag{4.73}$$

Der Faktor $\exp(\sigma mp)$ in (4.73) spielt bei der Bestimmung der Periodizitätseigenschaften nun die Schlüsselrolle, wobei der Ausdruck (4.73) i. a. keinen periodischen Vorgang darstellt. In den im Folgenden untersuchten Spezialfällen hat diese Lösung jedoch einfache Eigenschaften.

SPEZIALFÄLLE:

i) $\sigma = 0$ *(d.h. $\lambda = 1$)*
Hier gilt $x(t + mp) = x(t)$, und dies bedeutet, daß die Periodizität erhalten bleibt. Beim Verlassen (Betreten) des Inneren des Einheitskreises verliert (gewinnt) die periodische Bewegung ihre Stabilität, ohne daß eine neue Lösung abzweigt. Es findet also am Rand des Einheitskreises keine Bifurkation statt.

ii) $\sigma = \pm i\pi/p$ *(d.h. $\lambda = -1$)*
Hier gilt mit (4.73), daß

$$x(t + mp) = \hat{x}(t) + \varepsilon\, z(t)\, \exp(\sigma t)\, \exp(\pm i\pi m)\ ,$$

und dies bedeutet speziell, daß

$$x(t + p) \neq x(t) \quad \text{aber} \quad x(t + 2p) = x(t)\ . \tag{4.74}$$

Hier ist die gesamte Lösung also durch die Ausgangsbewegung der Periode p und eine Störlösung der Periode 2p zusammengesetzt. Es tritt also *Periodenverdoppelung* auf und die Gesamtlösung reproduziert sich erst nach zwei Perioden. Hier sei noch einmal daran erinnert, daß bei diskreten Systemen das Auftreten eines Eigenwerts $\lambda = -1$ mit Periodenverdoppelungs-Bifurkationen verknüpft ist (siehe Abschnitte 2.3.2 und 2.3.3).

Zur Untersuchung eines weiteren Sonderfalles verweisen wir auf die Überlegungen in Abschnitt 3.2.

Man bezeichnet eine Bewegung $u(t)$ der Form

$$u(t) = G(g(t), h(t)) \quad \text{mit} \quad g(t + p_1) = g(t) \quad \text{und} \quad h(t + p_2) = h(t)\ ; p_1, p_2, g, h \in R\ ; u, G \in R^n \tag{4.75}$$

als bi-periodischen Vorgang mit den beiden Perioden p_1 und p_2. Wie in Kapitel 3 ausgeführt, entspricht (4.75) einer Bewegung auf einem Torus. Gilt insbesondere (Z ist die Menge der rationalen Zahlen)

$$\frac{p_1}{p_2} = \frac{k}{m} \in Z\ ,$$

dann nennt man die beiden Perioden *kommensurabel* und die Bahn auf dem Torus schließt sich nach m Umläufen:

$$u(t + mp_1) = G(g(t + mp_1), h(t + mp_1)) = G(g(t), h(t + kp_2)) = u(t)\ .$$

Gilt jedoch

$$\frac{p_1}{p_2} \notin Z\ ,$$

so sind die Perioden inkommensurabel und es wird die Bahnkurve überstreicht die gesamte Oberfläche des Torus.

Wir kommen jetzt zur Besprechung eines letzten wichtigen Spezialfalles.

iii) $\sigma = \pm i\pi/(kp)$; $k \in N$ *(d.h. $\lambda = exp(\pm i\pi/k)$)*
Hier wird die Periode um den Faktor 2k vervielfacht oder es tritt eine *subharmonische Bewegung* mit der Frequenz $f = \pi/(pk)$ auf und die Bahn auf dem Torus schließt sich nach 2k Umläufen:

$$\mathbf{x}(t + mp) \neq \mathbf{x}(t) \ \forall \ m = 1, \ldots, 2k\text{-}1 \ \text{ und } \ \mathbf{x}(t + 2kp) = \mathbf{x}(t) \ .$$

Die Floquet-Exponenten und -Multiplikatoren müssen i.a. numerisch bestimmt werden. Dabei ist neben dem ursprünglichen System (4.55) die linearisierte Matrix-Differentialgleichung (4.57") für die Monodromie-Matrix zu lösen und anschließend sind die Eigenwerte dieser Matrix zu bestimmen. Im R^n sind daher insgesamt n^2+n Differentialgleichungen erster Ordnung zu lösen und es ist klar, daß dies in Räumen höherer Dimension zu numerisch aufwendigen Rechnungen führt.

Beschreibungen nützlicher numerischer Routinen findet man u.a. bei Parker und Chua (1989), Doedel (1986), Kubicek und Marek (1988) und Seydel (1988). Wir wollen jedoch dieses Kapitel mit der Behandlung eines Beispiels abschließen, das die analytische Berechnung der Floquet-Größen gestattet.

BEISPIEL:
Wir untersuchen hier das dynamische Problem

$$\ddot{x} + d\,\dot{x} + |\,a^2 + b\cos(t)\,|\sin x = 0 \ , \ d > 0 \ . \tag{4.76}$$

Die entsprechende kanonische Form des erweiterten Systems ist durch

$$\begin{pmatrix} \dot{x} \\ \dot{y} \\ \dot{\theta} \end{pmatrix} = \begin{pmatrix} y \\ -|a^2 + b\cos\theta|\sin x - d\,y \\ 1 \end{pmatrix}$$

$$\text{(wobei } (x,\, y,\, \theta)^T \in S \times R \times S \ ; \ S = [0,\, 2\pi]) \tag{4.76'}$$

gegeben. Für die beiden Fundamentallösungen (mit j = 1, 2) gilt dann

$$\dot{x}^{(j)} = y^{(j)} \ ; \ \dot{y}^{(j)} = -|\,a^2 + b\cos(\theta)\,|\sin(x^{(j)}) - d\,y^{(j)} \ ; \ \dot{\theta} = 1 \ . \tag{4.76''}$$

Fixpunkte von (4.76) existieren für $(x,\, y) = (x_0,\, 0)$ mit $x_0 = 0,\, \pm\pi$. Das erweiterte System besitzt die 2π-periodischen Bahnen $(x_0,\, 0,\, \theta+\theta_0)$. Die (globale) Poincaré-Karte wird hier mit der Periode 2π gebildet. Zur Untersuchung der Stabilität dieser Bahnen verwenden wir den Ansatz

$$x = x_0 + \varepsilon\,\xi(t) \ ; \ y = \varepsilon\,\eta(t) \ ; \ \varepsilon \to 0_+, \tag{4.77}$$

wobei die Zeitkoordinate θ unverändert bleibt. Einsetzen von (4.77) in (4.76") und Linearisierung führt zunächst zu

$$\dot{\xi}^{(j)} = \eta^{(j)} \; ; \; \dot{\eta}^{(j)} = - [a^2 + b \cos \theta] \cos(x_0) \, \xi^{(j)} - d \, \eta^{(j)} \; ; \; \dot{\theta} = 1; \; (j = 1, 2) \; . \tag{4.78}$$

Jetzt bilden wir die Monodromie-Matrix in der Form

$$\mathbf{Z}(t) = \begin{pmatrix} \xi^{(1)} & \xi^{(2)} \\ \eta^{(1)} & \eta^{(2)} \end{pmatrix} \text{ mit } \mathbf{Z}(0) = \mathbf{I} \; . \tag{4.79}$$

Die linearisierte Poincaré-Abbildung hat dann die Jacobi-Matrix $\mathbf{Z}(2\pi)$. Jetzt sollen ihre Eigenwerte berechnet werden. Dazu stellen wir eine Differentialgleichung zur Berechnung ihrer Determinante $H(t) = \det(\mathbf{Z}(t))$ auf. Daher gilt $H(t) = \xi^{(1)} \eta^{(2)} - \xi^{(2)} \eta^{(1)}$ und $H(0) = 1$. Nach Differentiation entsteht

$$\dot{H}(t) = - d \, H(t) \text{ oder } H(t) = H(0) \exp(- d \, t) \text{ mit } H(2\pi) = \exp(- 2 \, d \, \pi) < 1 \; .$$

Die Eigenwerte der Monodromie-Matrix sind durch die Relation

$$\lambda_{1,2} = u \pm \sqrt{u^2 - H(2\pi)} \; ; \; u = \frac{1}{2} \, \mathrm{Sp}(\mathbf{Z}(2\pi)) \tag{4.80}$$

bestimmt. Insbesondere gilt $\lambda_1 \lambda_2 = H(2\pi) < 1$. Weitere analytische Aussagen lassen sich nur im Grenzfall $0 < b \ll 1$ angeben und dieser Sonderfall soll abschließend behandelt werden:

Für $0 < b \ll 1$ und unter Beschränkung auf die Untersuchung der Stabilität des Fixpunktes $x_0 = 0$ läßt sich das System (4.78) in der Form

$$\begin{pmatrix} \dot{u} \\ \dot{v} \end{pmatrix} = \begin{pmatrix} 0 & 1 \\ - a^2 & - d \end{pmatrix} \begin{pmatrix} u \\ v \end{pmatrix} \tag{4.81}$$

schreiben. Eine einfache Rechnung zeigt, daß die Fundamentallösungen, durch deren Zusammenfassung die Monodromie-Matrix gebildet wird, die Form

$$\mathbf{u}^{(1)} = r_2 \, \mathbf{k}_1 \, \exp(r_1 \, t) \; - r_1 \, \mathbf{k}_2 \, \exp(r_2 t) \; , \tag{4.81.1}$$
$$\mathbf{u}^{(2)} = - \, \mathbf{k}_1 \, \exp(r_1 \, t) \; + \mathbf{k}_2 \, \exp(r_2 t) \; , \tag{4.81.2}$$

mit

$$\mathbf{k}_j = \frac{1}{r_2 - r_1} \begin{pmatrix} 1 \\ r_j \end{pmatrix} \tag{4.81.3}$$

haben. Dabei sind die Konstanten r_j Lösungen der charakteristischen Gleichung

$$r_{1,2} = - \frac{d}{2} \pm \sqrt{\left(\frac{d}{2}\right)^2 - a^2} \; .$$

Jetzt soll noch zusätzlich der Fall schwacher Dämpfung, d.h. $0 < d \ll 1$, angenommen werden. Hier gilt $r_{1,2} \approx -d/2 \pm ia$. Damit hat die Monodromie-Matrix die Form

$$Z(2\pi) = e^{-d\pi} \begin{pmatrix} \cos(2\pi a) & \dfrac{\sin(2\pi a)}{a} \\ -a\,\sin(2\pi a) & \cos(2\pi a) \end{pmatrix} . \tag{4.82}$$

und ihre Eigenwerte sind durch

$$\lambda_{1,2} = e^{-d\pi \pm i\pi a} \quad \text{mit} \quad |\lambda_{1,2}| = e^{-d\pi} < 1$$

gegeben. Der Fixpunkt $x_0 = 0$ ist daher stabil. Für $0 < d \ll 1$ gilt dieses Ergebnis gilt auch im Falle schwacher Anregung der Änderungsamplitude b.

Ein weiterer interessanter Spezialfall liegt für $d = 0$ und $a = 1/2$ vor. Hier gilt $\lambda_{1,2} = \exp(\pm i\pi) = -1$ und es tritt eine Periodenverdoppelungs-Bifurkation auf.

Anhang A (Beweis der Fredholm-Alternative)

Hier soll der *Beweis der Fredholm-Alternative* skizziert werden. Wir betrachten dabei das Problem (L sei ein Differentialoperator im $\mathbf{R}^n$)

$$L\,\mathbf{u} = \mathbf{D} \; ; \; \mathbf{u}, \mathbf{D} \in \mathbf{R}^n \; . \tag{A.1}$$

Sein homogener Anteil besitzt die nicht-triviale Lösung $\mathbf{u}_0$ mit

$$L\,\mathbf{u}_0 = 0 \tag{A.2}$$

und das entsprechende adjungierte homogene Problem hat die Form
(L^T ist der zu L adjungierte Differentialoperator)

$$L^T\,\widetilde{\mathbf{u}}_0 = 0 \; . \tag{A.2'}$$

Jetzt bilden wir das Skalarprodukt von Gleichung (A.1) mit dem Vektor $\widetilde{\mathbf{u}}_0$ und es entsteht

$$\langle L\,\mathbf{u}, \widetilde{\mathbf{u}}_0 \rangle = \langle \mathbf{D}, \widetilde{\mathbf{u}}_0 \rangle \; . \tag{A.3}$$

Die rechte Seite von (A.3) läßt sich aber umformen und wegen (A.2') gilt

$$\langle L\,\mathbf{u}, \widetilde{\mathbf{u}}_0 \rangle = \langle \mathbf{u}, L^T\,\widetilde{\mathbf{u}}_0 \rangle = 0 \; . \tag{A.4}$$

Mit (A.4) ist aber damit gezeigt, daß das inhomogene Problem nur lösbar ist, wenn die Fredholm-Alternative in der Form (vgl. (4.41))

$$\langle \mathbf{D}, \widetilde{\mathbf{u}}_0 \rangle = 0 \tag{A.5}$$

erfüllt ist. (A.5) bedeutet, daß das inhomogene Problem (A.1) genau dann lösbar ist, wenn die Inhomogenität $\mathbf{D}$ orthogonal zur adjungierten Lösung des homogenen Problems (A.2') ist. Dies ist die Aussage der Fredholm-Alternative.

Anhang B (Hopf-Bifurkationen in kontinuierlichen Systemen)

Die Projektionsmethode zur Berechnung der von einem Fixpunkt abzweigenden periodischen Lösung kann prinzipiell bei allen nichtlinearen Transportprozesse (Diffusion, Wärmetransport, etc.) angewendet werden. Wir beschränken uns hier jedoch auf die Untersuchung einer Klasse von *verallgemeinerten Van der Pol-Differentialgleichungen*

$$\frac{\partial^2 z}{\partial t^2} + z + \lambda \, [F(z, \frac{\partial z}{\partial t}) - 1] \frac{\partial z}{\partial t} = k \, \frac{\partial^3 z}{\partial x^2 \, \partial t} \; ; \; F(0, 0) = 0 \; , \tag{B.1}$$

für die reelle Funktion $z(x, t)$, die für $0 \leq x \leq 1$ und $0 \leq t < \infty$ definiert ist. Dabei sind $\lambda > 0$ und $k \geq 0$ dimensionslose Dämpfungs- bzw. Transport-Koeffizienten und der zu k proportionale Term in (B.1) beschreibt den Transport (von Masse, Energie etc.) in Richtung der x-Achse. Schließlich sei das nichtlineare Glied $F(z, \partial z/\partial t)$ in einer Umgebung von $(z, \partial z/\partial t) = (0, 0)$ analytisch; eine weitere Einschränkung von F wird später in (B.18) vorgenommen. Für $k = 0$ und $F = z^2$ geht (B.1) in die Van der Pol-Differentialgleichung (3.30) über. Im Folgenden wird der Parameter $\lambda > 0$ festgehalten und k ist der variierende Bifurkationsparameter. Als Randbedingungen geben wir

$$z(x=0, t) = z(x=1, t) = 0, \tag{B.2}$$

oder alternativ

$$z(x=0, t) = \frac{\partial z(x=1, t)}{\partial x} = 0 \; , \tag{B.2'}$$

bzw.

$$\frac{\partial z(x=0, t)}{\partial x} = \frac{\partial z(x=1, t)}{\partial x} = 0. \tag{B.2''}$$

vor.
Eine physikalische Anwendung dieser Klassen von Differentialgleichungen findet man bei Untersuchung hydrodynamischer Instabilitäten im nahen Nachlaufgebiet von Kreiszylindern (siehe Plaschko, Berger und Peralta-Fabi (1993)).
Die triviale Lösung $z = 0$ erfüllt nun die Differentialgleichung (B.1) und jede der alternativen Randbedingungen (B.2). Zur Untersuchung ihrer Stabilität verwenden wir die Linearisierung

$$z = \varepsilon \sum_{n = n_0}^{\infty} A_n \exp(\sigma_n t) F_n(x) \; ; \; \varepsilon \to 0_+ \; , \tag{B.3}$$

wobei wir die die Randbedingungen erfüllenden Eigenfunktionen $F_n(x)$ in der Form

$$F_n(x) = \begin{cases} \sin(a_n \pi x) : a_n = n , n_0 = 1 & \text{(Randbedingung (B.2))} \\[2mm] \sin(a_n \pi x) : a_n = \dfrac{2n+1}{2} ; n_0 = 0 & \text{(Randbedingung (B.2'))} \\[2mm] \cos(a_n \pi x) : a_n = n ; n_0 = 0 & \text{(Randbedingung (B.2''))} \end{cases} \qquad (B.4)$$

ansetzen.

Der Fall der Randbedingungen (B.2'') wird im Folgenden ausgeschlossen, da - wie in Aufgabe 4.18 gezeigt wird - die triviale Lösung für alle Werte von k und für $\lambda > 0$ instabil ist. Einsetzen von (B.3) in (B.1) führt nun in niedrigster Näherung (ε^1) zu der Eigenwertgleichung

$$\sigma_n^2 + \left(k \pi^2 a_n^2 - \lambda\right) \sigma_n + 1 = 0. \qquad (B.5)$$

Damit ist der Eigenwert mit dem größten Realteil durch

$$\sigma_{n_0}^{1,2} = u \pm \sqrt{u^2 - 1} ; \quad u = \left(\lambda - k \pi^2 a_{n_0}^2\right) / 2 \qquad (B.6)$$

gegeben. Halten wir nun λ fest und variieren k, so gilt für die Stabilität der trivialen Lösung:

$$z = 0 \text{ stabil (instabil) für } k > \frac{\lambda}{\pi^2 a_{n_0}^2} \left(k < \frac{\lambda}{\pi^2 a_{n_0}^2}\right) . \qquad (B.7.1)$$

An der Stelle

$$k: = k_c = \frac{\lambda}{\pi^2 a_{n_0}^2} \qquad (B.7.2)$$

tritt eine Hopf-Bifurkation mit lokaler Einheitsfrequenz $\omega = 1$ auf.

Jetzt soll die von $z = 0$ abzweigende periodische Lösung berechnet werden. Wir transformieren (B.1) auf kanonische Form und verwenden dazu die neuen Bezeichnungen

$$p_1(x, t) = z , \quad p_2(x, t) = \dot{z} = \frac{\partial z}{\partial t} . \qquad (B.8)$$

Setzen wir (B.8) in (B.1) ein, so entsteht das System

$$\dot{p}_1 = \frac{dp_1}{dt} = p_2 , \qquad (B.9.1)$$

$$\dot{p}_2 = - p_1 + \lambda \left[1 - F(p_1, p_2)\right] p_2 + k \frac{\partial^2 p_2}{\partial x^2} , \qquad (B.9.2)$$

mit den Randbedingungen entsprechend (B.2) bzw. (B.2')

$$p_1(0,t) = p_1(1, t) = 0 , \text{ bzw. } p_1(0, t) = \frac{\partial p_1}{\partial x}(1, t) = 0 . \qquad (B.10)$$

Wir linearisieren (B.9) und verwenden konsistent mit (B.4) die Fundamentalkomponenten

$$\mathbf{p}(x, t) = \varepsilon\, \mathbf{q}(t)\, \sin(\,b\,\pi\,x\,)\;;\;\; \varepsilon \to 0_+ \;\; \text{mit}\;\; b = a_{n_0} = \left\{ \begin{array}{ll} 1 & (\text{Randbedingung (B.2)}) \\ 1/2 & (\text{Randbedingung (B.2')}) \end{array} \right. \qquad (\text{B.11})$$

Mit (B.11) führt die Linearisierung von (B.9) zu

$$\dot{q}_1 = q_2\;,$$

$$\dot{q}_2 = -\,q_1 + (\lambda - k\,\pi^2\,b^2)\,q_2\;\;.$$

Jetzt führen wir die Jacobi-Matrix $\mathbf{J}$ ein. Mit $b = n_0$ in (B.7.2) entsteht

$$\mathbf{J}(k) = \begin{pmatrix} 0 & 1 \\ -1 & \pi^2 b^2 (k_c - k) \end{pmatrix}\;.$$

An der kritischen Stelle hat sie die Form

$$\mathbf{J}_0 = \mathbf{J}(k_c) = \begin{pmatrix} 0 & 1 \\ -1 & 0 \end{pmatrix}\;\;.$$

Wir benötigen auch die Eigenvektoren $\mathbf{q}_0$ von $\mathbf{J}_0$ und den entsprechenden adjungierten Eigenvektor $\widetilde{\mathbf{q}}_0$, die durch (vgl. (4.34.3) und (4.34.4))

$$(\mathbf{J}_0 - i\,\mathbf{I})\,\mathbf{q}_0 = 0 \;\;\text{and}\;\; (\mathbf{J}_0^{\mathrm{T}} + i\,\mathbf{I})\,\widetilde{\mathbf{q}}_0 = 0$$

definiert sind. Diese beiden Vektoren sind identisch und es gilt

$$\mathbf{q}_0 = \widetilde{\mathbf{q}}_0 = \begin{pmatrix} 1 \\ i \end{pmatrix}\;. \qquad (\text{B.12})$$

Man beachte, daß das Skalarprodukt der Eigenvektoren den Wert $\langle \mathbf{q}_0, \widetilde{\mathbf{q}}_0 \rangle = 2$ hat. Man sieht auch, daß (B.11) an der kritischen Stelle die Form

$$\mathbf{p}_0 = \widetilde{\mathbf{p}}_0 = \begin{pmatrix} 1 \\ i \end{pmatrix} \exp(it)\,\sin(\pi b x) \qquad (\text{B.13})$$

annimmt. Hier variiert die Lösung von (B.9) räumlich und zeitlich. Als Verallgemeinerung des Skalarprodukts (4.36) müssen wir hier für Vektorfelder, definiert für $0 \le x \le 1$, und zeitlicher Periode 2π das innere Produkt in der Form

$$[\,\alpha(x,t),\,\beta(x,t)\,] = \frac{1}{2\pi} \int_0^{2\pi} \int_0^1 \langle \alpha(x,t),\,\beta(x,t) \rangle\,dx\,dt\;\;, \qquad (\text{B.14})$$

ansetzen. Mit (B.14) kann man jetzt leicht zeigen, daß der Eigenvektor (B.13) normiert ist, d. h. $[\mathbf{p}_0, \widetilde{\mathbf{p}}_0] = 1$. Zur Vereinfachungen der Rechnungen bringen wir das System (B.9) auf die Form

$$\mathbf{p} = \mathbf{J}_0\,\mathbf{p} + \mathbf{D}\left(\lambda + k\,\frac{\partial^2}{\partial x^2}\right)\mathbf{p} - \lambda\,\mathbf{T}\ ,\tag{B.15.1}$$

mit

$$\mathbf{D} = \begin{pmatrix} 0 & 0 \\ 0 & 1 \end{pmatrix}\ \text{und}\ \mathbf{T} = \begin{pmatrix} 0 \\ F(p_1,\,p_2)\,p_2 \end{pmatrix}\ .\tag{B.15.2}$$

Nun setzen wir in Analogie zu (4.37.1) für den Entwicklungsparameter

$$\mu = |\,\mathbf{p},\,\chi\,|\ .\tag{B.16}$$

Dabei ist $\mathbf{p}$ die gesuchte Lösung von (B.15) und χ die adjungierte Eigenlösung, gegeben durch (B.13), wobei t durch ρ ersetzt ist (ρ ist die neue Zeitvariable die durch den zweiten Teil von (B.17.1) definiert wird), also

$$\chi = \begin{pmatrix} 1 \\ i \end{pmatrix}\exp(i\rho)\,\sin(\pi b x)\ .\tag{B.13'}$$

Mit (4.49) und (B.16) erhalten wir die Entwicklung der Lösung und der Parameter in der Form

$$\mathbf{p} = \mu\,\mathbf{p}^{(1)}(x,\,\rho) + \mu^3\,\mathbf{p}^{(3)}(x,\,\rho) + O(\mu^5)\ ;\ \rho = \Omega\,t\ ,\tag{B.17.1}$$

und

$$\Omega = 1 + \mu^2\,\Omega_2 + O(\mu^4)\ ;\ k = k_c + \mu^2\,k_2 + O(\mu^4)\ ;\ k_j,\,\Omega_j \in \mathbf{R}\ \forall\,j = 2, 4, \ldots\ .\tag{B.17.2}$$

(B.10) und (B.17.1) führen zu den Randbedingungen

$$p_1^{(j)}(x{=}0,\,\rho) = p_1^{(j)}(x{=}1,\,\rho) = 0\ \text{ bzw. }\ p_1^{(j)}(x{=}0,\,\rho) = \frac{\partial p_1^{(j)}(x{=}1,\,\rho)}{\partial \zeta} = 0\ \ (j = 1, 3, \ldots)\ .\tag{B.17.3}$$

Gemäß (4.49) und (4.45.2) haben wir bei der Lösung ungerade Potenzen und bei den Parametern gerade Potenzen von μ angesetzt. Dabei muß konsistent mit (4.35) vorausgesetzt werden, daß das nichtlineare Glied in (B.1) bzw. (B.15) kubisch und die Funktion F daher quadratisch sein muß:

$$F(p_1,\,p_2) = a\,p_1^2 + b\,p_1 p_2 + c\,p_1^2 + O(|\mathbf{p}|^3)\ ;\ a,\,b,\,c = \text{const}\ .\tag{B.18}$$

Einsetzen von (B.17.1) in (B.16) führt zu der Normierungsbedingung

$$|\,\mathbf{p}^{(j)},\,\chi\,| = \delta_{j,1}\ .\tag{B.19}$$

($\delta_{i,k}$ ist das Kronecker-Delta). Wir erhalten daher in niedrigster Ordnung (μ^1) (siehe (4.39.1))

$$\mathbf{L}\,\mathbf{p}^{(1)} = 0\ ,\tag{B.20}$$

mit dem Operator

$$\mathbf{L} = \mathbf{J}_0 + \mathbf{D}\left(\lambda + k_c \frac{\partial^2}{\partial x^2}\right) - \frac{\partial}{\partial \rho} \; . \tag{B.21}$$

In der ersten Korrekturordnung (μ^3) entsteht

$$\mathbf{L}\,\mathbf{p}^{(3)} = \mathbf{R}\mathbf{H}_3 \tag{B.22}$$

mit der Inhomogenität

$$\mathbf{R}\mathbf{H}_3 = \left(\Omega_2 \frac{\partial}{\partial \rho} - D\,k_2 \frac{\partial^2}{\partial x^2}\right)\mathbf{p}^{(1)} + \lambda \left(\begin{array}{c} 0 \\ F(A,\,B)\,B \end{array}\right), \text{ mit } \mathbf{p}^{(1)} = \left(\begin{array}{c} A \\ B \end{array}\right) \; . \tag{B.23}$$

In Analogie zu (4.40) erhalten wir die Lösung von (B.20) in der Form

$$\mathbf{p}^{(1)} = \{\exp(i\rho)\,\mathbf{q}_0 + cc\}\,\sin(\pi b x) = 2\left(\begin{array}{c} \cos \rho \\ -\sin \rho \end{array}\right)\,\sin(\pi b x) \; . \tag{B.24}$$

(der Eigenvektor q_0 ist durch (B.12) gegeben). Zur Lösung des inhomogenen Problems (B.22) mit (B.23) verwenden wir wieder die Fredholm-Alternative (siehe Anhang A dieses Kapitels)

$$[\,\mathbf{R}\mathbf{H}_3,\,\chi\,] = 0 \; , \tag{B.25}$$

und benutzen zusätzlich die zu (B.25) konjugiert komplexe Bedingung.

Bisher wurden die Überlegung für eine Nichtlinearität $F(p_1,\,p_2)$, gegeben durch (B.18), vorgenommen. Jetzt beschränken wir uns auf den Fall der in der ursprünglichen Van der Pol-Gleichung (siehe (3.30)) auftretenden Funktion

$$F(p_1,\,p_2) = p_1^2 \tag{B.18'}$$

Alternativen zu (B.18') werden in Aufgabe 4.20 behandelt. Dann erhalten wir mit (B.24) bis (B.25) (Hinweise zur Herleitung werden in Aufgabe 4.19 gegeben)

$$i\,\Omega_2 + \frac{\pi^2 b^2}{2}\,k_2 + \frac{3\,\lambda}{8} = 0 \; . \tag{B.26}$$

(B.26) und das entsprechende komplexe Konjugium führen zu

$$\Omega_2 = 0 \; ; \quad k_2 = -\frac{3\,\lambda}{4\,\pi^2\,b^2} \; . \tag{B.27}$$

Jetzt können wir die abzweigende Lösung berechnen. Wir setzen (B.27) in (B.17.2) ein, lösen nach μ auf und erhalten

$$\mu = \pm\,2\,\pi\,b\,\sqrt{\frac{k_c - k}{3\,\lambda}} \quad \text{und} \quad \rho = \left[1 + O((k_c - k)^2)\right]t \; . \tag{B.28}$$

Mit (B.17.1) und (B.24) ist die abzweigende, periodische Lösung

$$\mathbf{p} = 4\,\pi\,b\,\sqrt{\frac{k_c - k}{3\,\lambda}}\;\sin(\pi b x)\begin{pmatrix} \cos t \\ -\sin t \end{pmatrix} + O\big((k - k_c)^{3/2}\big)\;. \qquad (B.29)$$

Wegen (B.7.1) und (B.29) tritt eine superkritische Hopf-Bifurkation auf. Wie bei der entsprechenden Normalform (siehe Satz 4.3) ist die abzweigende Lösung superkritischer Hopf-Bifurkationen stabil (der allgemeine Beweis dieser Aussage findet sich bei Iooss und Joseph, 1990).

Formt man schließlich (B.29) noch mit Hilfe der Additionstheoreme der Winkelfunktionen um, so kann man (B.29) als Schwingung interpretieren, die sich in x-Richtung mit der Phasengeschwindigkeit $c_{ph} = \pm\,1/(\pi b)$ ausbreitet.

Aufgaben

4.1 Vorgelegt sei das Hamilton-System eines ungedämpften Oszillators

$$\dot{u} = v\;,\; \dot{v} = -\,g(u)\quad\text{mit}\quad g(-u) = g(u)\;.$$

Man zeige, daß periodische Lösungen mit der Periode

$$T(u_0) = \sqrt{8}\int_0^{u_0} |G(u_0) - G(s)|^{-1/2}\,ds\quad\text{mit}\quad G(s) = \int_0^s g(u)\,du$$

in einer kleinen Umgebung des Fixpunkts $0 < |u_0| \ll 1$ auftreten.
Hinweise: Man zeige, daß geschlossene Kurven der Form

$$v^2(u) = 2\int_u^{u_0} g(s)\,ds\quad\text{für}\quad u < u_0$$

Orbits sind und verifiziere die Symmetrieeigenschaft $v^2(-u)=v^2(u)$. Wie läßt sich mit diesen Ergebnissen die Periode der Bahnen bestimmen?

4.2 Man beweise Punkt ii) und iii) des Satzes 4.1
Hinweis: Für den Beweis von Punkt ii) differenziert man (4.3') erst nach t und dann nach der Koordinate x_r.

4.3 Mit Hilfe des Theorems von Peixoto zeige man, daß das folgende Hamilton-System nicht strukturell stabil sein kann:

$$\dot{x} = -\,\lambda\,y + x\,y\;;\quad \dot{y} = \lambda\,x + \frac{x^2 - y^2}{2}\;.$$

(Hinweis: Man zeige die Existenz heterokliner Bahnen.)

4.4 Man bestimme den geometrischen Ort der Sattel-Knoten-Bifurkation des dynamischen Systems (4.20').

(Hinweis: Man zeige zunächst, daß der Parameter μ negativ sein muß.)

4.5 Man zeige, daß das System

$$\dot{x} = b\,x + x^2 - y^2\ ;\ \dot{y} = a + x^2 + y^2\ ;\ a,\ b = const.$$

an der Stelle $a = 0$ eine Sattel-Knoten-Bifurkation aufweist und berechne den geometrischen Ort der Verzweigungspunkte.

4.6 Vorgelegt seien die 2-dimensionalen dynamischen Systeme

$$\begin{pmatrix} \dot{x} \\ \dot{y} \end{pmatrix} = J \begin{pmatrix} x \\ y \end{pmatrix} + \begin{pmatrix} x^n + y^n \\ x^n\,y^n \end{pmatrix} \ \text{mit i)}\ J = \begin{pmatrix} a\,\mu & 0 \\ \mu & b \end{pmatrix} \ \text{und ii)}\ J = \begin{pmatrix} a\,\mu & 0 \\ 1 & \mu\,b \end{pmatrix} .$$

Dabei sind $(a, b) \neq (0, 0)$ und $n \geq 2$ Konstante und μ ist der Bifurkationsparameter. Welche Einschränkungen müssen die Konstanten erfüllen, damit an der Stelle $\mu = 0$ die notwendigen Bedingungen für

a) eine Sattel-Knoten-Bifurkation,
b) eine transkritische Bifurkation, oder
c) eine Pitchfork-Bifurkation
erfüllt sind ?

4.7 Man zeige daß, das System

$$\begin{pmatrix} \dot{x} \\ \dot{y} \end{pmatrix} = \begin{pmatrix} a\,\mu & 0 \\ 0 & b \end{pmatrix} \begin{pmatrix} x \\ y \end{pmatrix} + \begin{pmatrix} x^2 + y^2 + xy \\ x^3 - y^3 \end{pmatrix}$$

die notwendigen Bedingungen für eine transkritische Bifurkation erfüllt.

4.8 Man zeige im $\mathbf{R}^2$ oder $\mathbf{R}^3$, daß eine Matrix, die mit der Drehmatrix kommutiert, ein Paar von konjugiert komplexen Eigenwerten besitzt (vgl. (4.29)).

4.9 Mit Hilfe eines Symbolverarbeitungsprogramms zeige man, daß die Matrix

$$\mathbf{J}_1 = \begin{pmatrix} a\,\mu & f + b\,\mu \\ -f + c\,\mu & d\,\mu \end{pmatrix} ;\ a, b, c, d, f = const ;\ \mu \to 0\ \text{(Bifurkationsparameter)}$$

auf die Form

$$\mathbf{J} = \begin{pmatrix} u\,\mu & -i(f + \beta\,\mu + O(\mu^2)) \\ -i(f + \beta\,\mu + O(\mu^2)) & u\,\mu \end{pmatrix} ;\ u = \frac{a+d}{2} ;\ \beta = \frac{b-c}{2}$$

gebracht werden kann. Welche Eigenwerte hat die transformierte Matrix $\mathbf{J}$?
Hinweis: Man bilde die Transformations-Matrix $\mathbf{T}$ mit Hilfe der Eigenvektoren

$$(\mathbf{J}_1 - \sigma_{1,2}\,\mathbf{I})\,\mathbf{x}_{1,2} = 0\ ;\ \mathbf{T} = (\mathbf{x}_1 + \mathbf{x}_2,\ \mathbf{x}_1 - \mathbf{x}_2)$$

4.10 Man verifiziere (4.40').
(Hinweis: Man beachte die Überlegungen, die bei dem Beispiel (4.53) zur Berechnung der Größe T_3 führen.)

4.11 Gegeben sei das 2-parametrige dynamische System (2.38) mit den Parametern θ und $\rho > 0$.
a) Durch Übergang zu Polarkoordinaten berechne man die beiden exakten, asymptotischen Lösungen und bestimme deren Stabilität. Welcher der beiden Parameter bestimmt die Stabilität der Lösungen? Welcher Parameter ist der Bifurkationsparameter?
b) Man zeige, daß die mit der trivialen Lösung gebildete Jacobi-Matrix $\mathbf{J}(0)$ mit der Drehmatrix kommutiert.

4.12 Mit Hilfe der Methode der Projektionen berechne man die abzweigende Lösung der Differentialgleichung

$$\dot{x} = y \; ; \; \dot{y} = -x + a\,\mu\,y + b\,y^3 \; ; \; a, b = \text{const}$$

(Hinweis: Hier ist μ der Bifurkationsparameter.)

4.13 Vorgelegt seien die dynamischen Systeme

i) $\ddot{x} + \omega^2 x = \varepsilon\,(-\mu\,\dot{x} + a\,x^3 + b\,\dot{x}\,x^2)$ (Van der Pol-Oszillator)

ii) $\ddot{x} + x = \mu\,\dot{x} - a\,x^3 \; ; \; a\,, \mu = \text{const}\,.$

Man zeige, daß eine Variation des Parameters μ zu Hopf-Bifurkationen führt und berechne die abzweigenden Lösungen mit Hilfe der Projektionsmethode (Alternative Berechnungsverfahren zur Behandlung dieser Probleme werden in Abschnitt 5.4 besprochen).

4.14 Man verifiziere, daß für das dynamische System (4.76) im Spezialfall $b = 0$, $0 < d \ll 1$ die Monodromie-Matrix die Form (4.82) hat.
(Hinweis: man verifiziere zunächst (4.59) und bilde die Monodromie-Matrix mit Hilfe von (4.81) im Grenzfall $d \to 0$.)

4.15 Man zeige, daß (2.71') und (4.61.3) konsistent sind.
(Hinweis: Man setzt in (2.71') mp an Stelle von p und entwickelt den Exponenten im Integral auf der rechten Seite).

4.16 Man zeige, daß eine exakte, subharmonische Lösung des Problems der Schwingungen des angeregten, ungedämpften Duffing-Oszillators

$$\ddot{x} + \alpha\,x + \beta\,x^3 = F_0 \cos t \; ; \; \alpha, \beta, F_0 = O(1)\,,$$

die Form

$$x(t) = A \cos \frac{t}{3}$$

hat und man berechne die Amplitude A der subharmonischen Schwingung.

4.17 Vorgelegt sei das System

$$\begin{pmatrix} \dot{x} \\ \dot{y} \\ \dot{z} \end{pmatrix} = \begin{pmatrix} \mu\,x - b\,y + r\,x\,z - s\,y\,z \\ b\,x + \mu\,y + s\,x\,z + r\,y\,z \\ \beta\,(x^2 + y^2) + \alpha\,z \end{pmatrix} \; ; \; b, \beta, r, s \in R \, ; \; \alpha < 0$$

mit dem Bifurkationsparameter μ. Man zeige, daß an der Stelle $\mu = 0$ eine Hopf-Bifurkation auftritt.

Hier läßt sich die abzweigende Lösung (ausnahmsweise) mit Hilfe des Ansatzes

$$\begin{pmatrix} x \\ y \\ z \end{pmatrix} = \begin{pmatrix} A\,\cos(\omega t) \\ -A\,\sin(\omega t) \\ z_0 \end{pmatrix} \; ; \; A, \omega, z_0 = \text{const.}$$

berechnen. Man bestimme die Konstanten dieses Ansatzes und berechne Stabilität und Typ (sub- bzw. superkritisch) der Bifurkation.

4.18 Man zeige, daß die triviale Lösung von (B.1) im Falle der Randbedingungen (B.2") für alle Werte des Parameters k und für $\lambda > 0$ instabil ist.

Hinweis: Man beachte, daß wegen (B.4) das erste Glied in der Reihe (B.3) x-unabhängig ist.

4.19 Man verifiziere (B.26).

(Hinweis: Man zeigt zunächst, daß das in (B.25) auftretende Skalarprodukt im (B.18') die Form

$$\langle RH_3, \chi \rangle = (\pi\,b)^2\,k_2 + 2\,i\,\Omega_2\,\sin^2(\pi bx) + \lambda\,\sin^4(\pi bx) + \text{Glieder}\,(\exp(\pm 3i\rho))$$

hat, wobei die zu $\exp(\pm 2i\rho)$ proportionalen Glieder bei der ρ-Integration verschwinden.

4.20 An Stelle von (B.18') seien die Nichtlinearitäten

i) $F(p_1, p_2) = p_1 p_2$ und ii) $F(p_1, p_2) = p_2^2$

angesetzt. Man berechne die entsprechenden abzweigenden Lösungen, ihre Stabilität und Typ der Bifurkation.

4.21 Ein Modifikation der Sine-Gordon-Gleichung hat in dimensionsloser Darstellung die Form

$$\left(M^2\,\frac{\partial^2}{\partial t^2} - \frac{\partial^2}{\partial x^2} \right)\phi = \beta\,\frac{\partial \phi}{\partial t} - \alpha\,\sin\phi$$

Sie beschreibt die Evolution des Potentials $\phi(x, t)$ im Intervall $0 \le x \le 1$ mit den Alternativen

i) $\phi(0, t) = \phi(1, t) = 0$, oder ii) $\phi(0, t) = \dfrac{\partial \phi(1, t)}{\partial x} = 0$, oder iii) $\dfrac{\partial \phi(0, t)}{\partial x} = \dfrac{\partial \phi(1, t)}{\partial x} = 0$.

für die Randbedingungen. Man zeige, daß für $\beta = 0$ eine Hopf-Bifurkation auftritt.

Hinweis: Hier tritt am Bifurkationspunkt ein neues Phänomen auf. Dort findet man ein diskretes Spektrum von Frequenzen der abzweigenden Lösung. Man berechne die abzweigende Lösung für die entsprechende Grundfrequenz und die erste höhere harmonische Frequenz.

4.22 Vorgelegt sei die Landau-Ginzburg-Gleichung für die Funktion $U(x, t)$

$$\frac{\partial U}{\partial t} = U - (1 + i\,a)\,U\,|U|^2 + (1 + i\,b)\,\frac{\partial^2 U}{\partial x^2} \; ; \; \text{mit} \; \left(\frac{\partial U}{\partial x}\right)_{x=0} = \left(\frac{\partial U}{\partial t}\right)_{x=1} = 0 \; .$$

(a,b sind reelle Parameter). Man zeige, daß $u_0(t) = \exp[i\,a\,(t-t_0)]$, $t_0 = $ const., Lösung ist und bestimme ihre Stabilität mit Hilfe des Ansatzes

$$U(x, t) = u_0(t) + \varepsilon\,u_0(t)\,f(t)\,\cos(n\,\pi\,x)\; ; \; \varepsilon \to 0_+ \; .$$

5 Asymptotische Methoden

Es gibt eine Methode zur Bestimmung des Übergangs dynamischer Systeme von 'regulärem' zu chaotischem Verhalten. Dieses Verfahren, das ursprünglich von Melnikov (1963) entwickelt wurde, geriet für einige Zeit in Vergessenheit und wurde von Guckenheimer und Holmes (1983) wiederentdeckt und von Wiggins (1988) und (1990) und anderen weiterentwickelt. Wir werden diese Methode im nächsten Kapitel ausführlich besprechen; hier soll nur darauf hingewiesen werden, daß dieses Verfahren auf einem asymptotischen Verfahren, der Mittelwert-Methode, basiert. Es steht dabei die Approximation von Lösungen von Differentialgleichungen durch Integration der Gleichungen über eine Periode des Systems im Mittelpunkt. Diese Methode, die bis zu ihrer 'Renaissance' im Rahmen der Theorie chaotischer Phänomene schon als ein wenig veraltet angesehen werden konnte, ist aber nicht das einzige asymptotische Verfahren. Wir werden hier mit der Besprechung des Mittelwert-Verfahrens beginnen und anschließend eine weitere asymptotische Routine, die Vielvariablen-Methode, behandeln. Die praktische Bedeutung dieser asymptotischen Verfahren besteht darin, daß mit ihrer Hilfe eine breite Klasse von Schwingungsproblemen mit kleinen Nichtlinearitäten behandelt werden können. Dabei können allgemeine Aussagen über das Auftreten von Fixpunkten, Grenzzyklen, etc. gemacht werden.

5.1 Die Mittelwert-Methode

Wir gehen hier von einem nicht-autonomen periodischen System der Periode T aus, welches einen kleinen Parameter ε beinhaltet (die Abhängigkeit von anderen Parametern wird nicht explizit angeschrieben)

$$\dot{\mathbf{x}} = \varepsilon\, \mathbf{f}(\mathbf{x}, t, \varepsilon)\; ;\; \mathbf{x}, \mathbf{f} \in \mathbf{R}_n\; ;\; t \in \mathbf{R}\; ;\; \varepsilon \to 0_+\; . \tag{5.1}$$

Die Periodizität dieses Systems ist durch die Beziehung

$$\mathbf{f}(\mathbf{x}, t+T, \varepsilon) = \mathbf{f}(\mathbf{x}, t, \varepsilon)$$

gegeben. Jetzt wollen wir zeigen, wie man (5.1) in ein einfacheres, autonomes System überführen kann. Wenn wir (5.1) über eine Periode T mitteln, erhalten wir das gemittelte System (die gemittelte Differentialgleichung) in der Form

$$\dot{\mathbf{y}} = \varepsilon\, \langle \mathbf{f}(\mathbf{y}) \rangle \;\; \text{mit}\; \langle \mathbf{f}(\mathbf{y}) \rangle = \frac{1}{T} \int_0^T \mathbf{f}(\mathbf{y}, t, 0)\, dt \;\; . \tag{5.2}$$

Im Abschnitt 5.3 werden wir zeigen, daß dieses Verfahren die Untersuchung von Schwingungen mit kleinen Nichtlinearitäten der Klasse

$$\ddot{x} + \omega_0^2\, x = \varepsilon\, f(x, \dot{x}, t)\, ,\, x, f \in \mathbf{R}\; ;\; \varepsilon \to 0_+ \tag{5.1'}$$

gestattet.

Zur Untersuchung des Zusammenhangs zwischen den Lösungen des Ausgangsproblems (5.1) und den Lösungen des gemittelten Problems (5.2) soll jetzt das folgende Theorem angegeben und (teilweise) bewiesen werden.

SATZ 5.1 (Mittelwert-Theorem):
Dieser Satz besteht aus drei Teilen.

i) Es existiert eine fast-identische Transformation der Form

$$\mathbf{x} = \mathbf{y} + \varepsilon\, \xi(\mathbf{y}, t) \; , \tag{5.3}$$

die (5.1) in

$$\dot{\mathbf{y}} = \varepsilon\, \langle \mathbf{f}(\mathbf{y}) \rangle + \varepsilon^2\, \mathbf{f}_1(\mathbf{y}, t, \varepsilon) \tag{5.4}$$

überführt. (5.4) bedeutet, daß das gemittelte System (5.2) die niedrigste Ordnung der Approximation des ursprünglichen Systems (5.1) darstellt.

BEWEIS von i):
Die Ableitung von (5.3) ist

$$\dot{\mathbf{x}} = \left(\mathbf{I} + \varepsilon\, \mathbf{J}_y(\xi)\right) \dot{\mathbf{y}} + \varepsilon\, \frac{\partial \xi}{\partial t} \; .$$

Dabei bedeutet $\mathbf{J}_y(\xi)$ die Jacobi-Matrix der Variablen ξ bezüglich der Koordinate $\mathbf{y}$. Setzen wir dies in (5.1) ein, so entsteht

$$\dot{\mathbf{y}} = \varepsilon \left(\mathbf{I} + \varepsilon\, \mathbf{J}_y(\xi)\right)^{-1} \left[\langle \mathbf{f}(\mathbf{y} + \varepsilon\, \xi) \rangle + \tilde{\mathbf{f}}(\mathbf{y} + \varepsilon\, \xi, t, \varepsilon) - \frac{\partial \xi}{\partial t} \right] \; . \tag{5.5}$$

In (5.5) wurde eine Zerlegung in gemittelte und oszillierende Anteile der Form

$$\mathbf{f}(\mathbf{y}, t, \varepsilon) = \langle \mathbf{f}(\mathbf{y}) \rangle + \tilde{\mathbf{f}}(\mathbf{y}, t, \varepsilon) \tag{5.6}$$

vorgenommen. Jetzt verwenden wir die Reihenentwicklung (geometrische Reihe von Matrizen)

$$\left(\mathbf{I} + \varepsilon\, \mathbf{J}_y(\xi)\right)^{-1} = \mathbf{I} - \varepsilon\, \mathbf{J}_y(\xi) + O(\varepsilon^2) \; ,$$

und benutzen die Konvention

$$\frac{\partial \xi}{\partial t} = \tilde{\mathbf{f}}(\mathbf{y}, t, 0) \; . \tag{5.7}$$

Schließlich ergibt eine Taylor-Entwicklung von (5.5) die Beziehung (5.4), wobei wir

$$\mathbf{f}_1 = \mathbf{J}_y(\mathbf{f}(\mathbf{y}, t, 0))\, \xi - \mathbf{J}_y(\xi)\, \langle \mathbf{f}(\mathbf{y}) \rangle + \frac{\partial \tilde{\mathbf{f}}}{\partial \varepsilon}(\mathbf{y}, t, 0) \tag{5.8}$$

setzen müssen. Damit ist (5.4) bewiesen und wir kommen nun zum zweiten Teil des Theorems.

ii) Die Anfangsbedingungen der Systeme (5.1) bzw. (5.2) seien

$$\mathbf{x}(0) = \mathbf{x}_0 \; ; \; \mathbf{y}(0) = \mathbf{y}_0 \quad \text{mit} \quad |\mathbf{x}_0 - \mathbf{y}_0| = O(\varepsilon) \; .$$

Dann folgt

$$|\mathbf{x}(t) - \mathbf{y}(t)| = O(\varepsilon) \quad \text{für} \quad 0 \le t < O(\varepsilon^{-1}) \; . \tag{5.9}$$

Der interessierte Leser findet den etwas aufwendigen Beweis von (5.9) bei Guckenheimer und Holmes (1983).

iii) Es sei $\mathbf{a}$ ein hyperbolischer Fixpunkt von (5.2). Dann folgt, daß die Lösung von (5.1) durch eine periodische Bahn der Form

$$\alpha_\varepsilon(t) = \mathbf{a} + O(\varepsilon) \; , \tag{5.10}$$

gegeben ist, die dieselbe Stabilität wie der Fixpunkt des gemittelten Systems aufweist. Die periodische Bahn kann in manchen Fällen auch in den Fixpunkt selbst entarten: $\alpha_\varepsilon(t) = \mathbf{a}$.

BEWEIS von iii):
Zur Lösung von (5.4) setzen wir die (reguläre) Störentwicklung

$$\mathbf{y}(t, \varepsilon) = \mathbf{y}_0(t) + \varepsilon \, \mathbf{y}_1(t) + \varepsilon^2 \, \mathbf{y}_2(t) + O(\varepsilon^3)$$

an. Nach Einsetzen in (5.4) und Potenzvergleich hinsichtlich des Parameters ε ergibt sich die Hierarchie von Differentialgleichungen

$$\dot{\mathbf{y}}_0(t) = 0 \; ; \; \dot{\mathbf{y}}_1(t) = \langle \mathbf{f}(\mathbf{y}_0) \rangle \; ; \; \dot{\mathbf{y}}_2(t) = \mathbf{J}\big(\langle \mathbf{f}(\mathbf{y}_0) \rangle\big) \mathbf{y}_1 + \mathbf{f}_1(\mathbf{y}_0, t, 0) \; ; \dots$$

Die zu (5.4) gehörige Anfangsbedingung sei $\mathbf{y}(t, 0) = \mathbf{a}$ ($\mathbf{a}$ ist eine von ε unabhängige Konstante).

Die ersten Glieder der Entwicklung der Lösung von (5.4) sind daher

$$\mathbf{y}(t, \varepsilon) = \mathbf{a} + \varepsilon \, \langle \mathbf{f}(\mathbf{a}) \rangle t + O(\varepsilon^2) \; .$$

Jetzt wird eine mit Hilfe der Periode T gebildete (universelle) Poincaré-Abbildung $\mathbf{P}$ des Anfangspunkts vorgenommen:

$$\mathbf{P} : \mathbf{a} \rightarrow \mathbf{a} + \varepsilon \, \langle \mathbf{f}(\mathbf{a}) \rangle T + O(\varepsilon^2) \; . \tag{5.11}$$

In Abschnitt 1.4 haben wir gezeigt, daß Fixpunkte von Poincaré-Karten periodischen Bahnen des dynamischen Systems entsprechen. (5.11) zeigt nun aber, daß ein Fixpunkt des gemittelten Systems, der definitionsgemäß durch die Beziehung $\langle \mathbf{f}(\mathbf{a}) \rangle = 0$ bestimmt ist (in der Ordnung $O(\varepsilon)$), einem Fixpunkt der Poincaré-Abbildung entspricht. Damit ist das Auftreten einer periodischen Lösung des ursprünglichen Systems bewiesen. Die Stabilität dieser Lösung ergibt sich durch Linearisierung der Poincaré-Karte $\mathbf{P}$ in (5.11). Ihre Jacobi-Matrix hat aber wegen (5.11) die Form

$$I + \varepsilon \, T \, \mathbf{J} \left(\langle\!\langle \mathbf{f(a)} \rangle\!\rangle \right)$$

und man kann zeigen (Lipschutz (1991)), daß diese Matrix dieselbe Zahl von Eigenwerten innerhalb bzw. außerhalb des Einheitskreises wie die Matrix $\mathbf{J} \left(\langle \, \mathbf{f(a)} \, \rangle \right)$ besitzt.
Damit ist Punkt iii) bewiesen.   ✳

Im nächsten Abschnitt sollen einige einfache Beispiele die Möglichkeiten der Mittelwert-Methode illustrieren.

5.2 Beispiele

BEISPIEL 1:
Zunächst untersuchen wir das 1-dimensionale lineare System

$$\dot{x} = - \varepsilon \, x \, \sin(t) \quad x \in \mathbf{R} \quad .$$

Dieses System hat die Periode $T = 2\pi$ und seine exakte Lösung ist

$$x(t) = x(0) \, \exp\left[\varepsilon \, (\cos t - 1)\right] \quad .$$

Die gemittelte Gleichung und ihre Lösung sind jedoch

$$\dot{y} = 0 \quad \text{oder} \quad y = y(0) \quad .$$

Wir nehmen an, daß die Anfangsbedingungen die Beziehung $y(0) = x(0) + \varepsilon$ erfüllen. Dann gilt

$$|x(t) - y(t)| = |x(0) \exp(\varepsilon \cos t - 1) - x(0) - \varepsilon| = |\varepsilon| |(\cos t - 1) - 1| + O(\varepsilon^2) \quad . \qquad \square$$

BEISPIEL 2:
Als zweites Beispiel sei das System

$$\dot{x} = - \varepsilon \left[x - \cos^2(t) \right] \quad (x \in \mathbf{R})$$

vorgelegt. Seine exakte Lösung ist

$$x(t) = C \, e^{-\varepsilon t} + \frac{1}{2} + \frac{\varepsilon}{\varepsilon + 4} \left[\frac{\varepsilon}{2} \cos(2\,t) + \sin(2\,t) \right] \, .$$

Die Anfangsbedingung lautet hier $x(0) = C + 1/2 + O(\varepsilon^2)$. Das entsprechende gemittelte System und seine Lösung sind

$$\dot{y} = \varepsilon \left(\frac{1}{2} - y \right) \quad \text{und} \quad y = \frac{1}{2} + \left(y(0) - \frac{1}{2} \right) e^{-\varepsilon t} \, .$$

Unter der Annahme $y(0) = x(0) + \varepsilon$ können wir verifizieren, daß

$$|x(t) - y(t)| = \varepsilon \left| e^{-\varepsilon t} - \sin 2t \right| + O(\varepsilon^2)$$

gilt.   ❑

BEISPIEL 3:
Als letztes Beispiel wird das 2-dimensionale System

$$\begin{pmatrix} \dot{x} \\ \dot{y} \end{pmatrix} = 2\,\varepsilon\,\cos^2 t \begin{pmatrix} -1 & 1 \\ 0 & -1 \end{pmatrix} \begin{pmatrix} x \\ y \end{pmatrix}$$

betrachtet. Das gemittelte System

$$\begin{pmatrix} \dot{u} \\ \dot{v} \end{pmatrix} = \varepsilon \begin{pmatrix} -1 & 1 \\ 0 & -1 \end{pmatrix} \begin{pmatrix} u \\ v \end{pmatrix}$$

hat den Ursprung als Fixpunkt. Dieser ist eine Senke mit dem doppelten Eigenwert $-\varepsilon$. Die Lösung des gemittelten Systems ist durch

$$\begin{pmatrix} u \\ v \end{pmatrix} = \begin{pmatrix} u_0 + \varepsilon\,v_0\,t \\ v_0 \end{pmatrix} e^{-\varepsilon t}$$

gegeben. Der Leser kann leicht verifizieren, daß das Ausgangssystem die exakte Lösung

$$\begin{pmatrix} x \\ y \end{pmatrix} = \begin{pmatrix} x_0 + \varepsilon\,y_0\,z(t) \\ y_0 \end{pmatrix} e^{-\varepsilon z(t)} \quad \text{mit} \quad z(t) = t + \frac{\sin 2t}{2}$$

besitzt. Bei Vorgabe der Anfangsbedingungen in Form von $u_0 = x_0 + \varepsilon$; $v_0 = y_0 + \varepsilon$ läßt sich die Differenz zwischen der Lösung des gemittelten und des ursprünglichen Systems einfach bilden und es entsteht

$$|x(t) - u(t)| = \varepsilon\,e^{-\varepsilon t} \left| 1 + (x_0 - y_0)\frac{\sin 2t}{2} + O(\varepsilon) \right|$$

bzw.

$$|y(t) - v(t)| = \varepsilon\,e^{-\varepsilon t} \left| 1 + y_0 \frac{\sin 2t}{2} + O(\varepsilon) \right| \quad . \qquad ❑$$

5.3 Schwach nichtlineare Oszillatoren

In diesem Abschnitt untersuchen wir Oszillationen, die durch die Klasse von Differentialgleichungen

$$\ddot{x} + \omega_0^2\,x = \varepsilon\,f(x, \dot{x}, t) \quad (\varepsilon \to 0_+) \tag{5.12}$$

beschrieben werden. In dieser Differentialgleichung ist ω_0 die Eigenfrequenz des Oszillators und in vielen Anwendungsfällen sind auf der rechten Seite von (5.12) periodische, externe Anregungen anzusetzen. Wir nehmen daher an, daß f periodisch ist:

$$f(x, \dot{x}, t+T) = f(x, \dot{x}, t) \text{ mit } T = \frac{2\pi}{\omega} \;.$$

Dabei ist T die Periode und ω die Frequenz der externen Anregung. Das Phänomen der Resonanz tritt auf, wenn die Bedingung

$$\omega = k\,\omega_0 \quad (k \in \mathbf{N})$$

erfüllt ist. Dabei nennt man k *Ordnung der Resonanz*. In diesem Abschnitt beschränken wir uns auf die Untersuchung der primären Resonanz mit k = 1. Ein Beispiel für Resonanzen höherer Ordnung wird im nächsten Abschnitt behandelt. Um die Ansätze der Mittelwert-Methode weiterhin verwenden zu können, führen wir jetzt mit der Matrix **P** die *Van der Pol-Transformation*

$$\begin{pmatrix} u \\ v \end{pmatrix} = \mathbf{P}\begin{pmatrix} x \\ \dot{x} \end{pmatrix} \text{ mit } \mathbf{P} = \begin{pmatrix} \cos\omega t & -\dfrac{\sin\omega t}{\omega} \\[2mm] -\sin\omega t & -\dfrac{\cos\omega t}{\omega} \end{pmatrix} \tag{5.13}$$

ein. Man sieht leicht, daß $\det(\mathbf{P}) = -1/\omega \neq 0$ gilt und dies bedeutet, daß **P** invertierbar ist. Man kann auch leicht verifizieren, daß die inverse Matrix die Form

$$\mathbf{P}^{-1} = \begin{pmatrix} \cos\omega t & -\sin\omega t \\ -\omega\sin\omega t & -\omega\cos\omega t \end{pmatrix} \tag{5.13'}$$

annimmt. Zeitliche Ableitung von (5.13) und Einsetzen in (5.12) führt zu

$$\begin{pmatrix} \dot{u} \\ \dot{v} \end{pmatrix} = \dot{\mathbf{P}}\begin{pmatrix} x \\ \dot{x} \end{pmatrix} + \mathbf{P}\begin{pmatrix} \dot{x} \\ -\omega_0^2\, x + \varepsilon\, f \end{pmatrix} \tag{5.14}$$

Diese Beziehung liefert nach Ausführung der Matrix-Operationen

$$\begin{pmatrix} \dot{u} \\ \dot{v} \end{pmatrix} = -\frac{\varepsilon}{\omega}[\Omega\, x + f(x, \dot{x}, t)]\begin{pmatrix} \sin\omega t \\ \cos\omega t \end{pmatrix} \text{ mit } \omega^2 - \omega_0^2 = \varepsilon\,\Omega \;. \tag{5.15}$$

BEISPIEL:
Wir betrachten ein vereinfachtes aeroelastisches System, das die Anregung von transversalen Schwankungen eines Fluids durch einen harmonisch oszillierenden festen Körper beschreibt (Plaschko et al. (1992)). Hier hat (5.12) die spezielle Form

$$\ddot{x} + \omega_0^2\, x = \varepsilon\left[A\cos\omega t - d_1\,\dot{x} - d_3\,\dot{x}^3 \right]; d_1 < 0, d_3 > 0 \;. \tag{5.16}$$

εA und ω sind Amplitude und Frequenz der Oszillationen des Körpers, d_1 ist die lineare, d_3 die kubische Dämpfungskonstante. Bildet man für diese spezielle Funktion $f(x, \dot{x}, t)$ den Ausdruck $\Omega x + f(x, \dot{x}, t)$, so erhält man unter Verwendung von (5.13) und (5.13') die Beziehung

$$\Omega\, x + f = (\,\Omega\, u + A + d_1\,\omega\, v)\cos\eta + (-\,\Omega\, v + d_1\,\omega\, u)\sin\eta +$$

$$+\, d_3\,\omega^3\,(\,u^3\sin^3\eta + 3\,u^2\, v\sin^2\eta\cos\eta + 3\,u\, v^2\sin\eta\cos^2\eta + v^3\cos^3\eta\,)\;.$$

Die Mittelung erfolgt jetzt durch eine Integration über das Intervall $[0, 2\pi/\omega]$: mit (5.15) und (5.16) erhalten wir das gemittelte System

$$\dot{U} = \frac{-\varepsilon}{2\omega} \left[a\,U - \Omega\,V - b\,U\,(\,U^2 + V^2\,) \right] \qquad\qquad (5.17.1)$$

und

$$\dot{V} = \frac{-\varepsilon}{2\omega} \left[\Omega\,U + a\,V - b\,V\,(\,U^2 + V^2\,) + A \right] \quad \text{mit } a = d_1\,\omega \ ; \ b = -\frac{3}{4}\,d_3\,\omega^3 \ . \qquad (5.17.2)$$

Großbuchstaben bezeichnen die gemittelten Variablen. Unter Beachtung der Vorzeichen von d_1 und d_3 in (5.16) können wir jetzt (5.17) umformen und wir erhalten das skalierte drei-parametrige System

$$\frac{dU}{d\tau} = U - \sigma\,V - \xi\,U\,(\,U^2 + V^2\,) \ , \qquad\qquad (5.18.1)$$

$$\frac{dV}{d\tau} = \sigma\,U + V - \xi\,V\,(\,U^2 + V^2\,) - \gamma \ . \qquad\qquad (5.18.2)$$

mit

$$\tau = \frac{-\varepsilon\,a}{2\,\omega}\,t = \frac{\varepsilon\,|d_1|}{2}\,t \ ; \ \sigma = \frac{\Omega}{a} = \frac{\omega_0^2 - \omega^2}{\varepsilon\,|d_1|\,\omega} \ ; \ \xi = \frac{b}{a} = \frac{3\,d_3\,\omega^2}{4\,|d_1|} \ ; \ \gamma = -\frac{A}{a} = \frac{A}{\omega\,|d_1|} \ . \qquad (5.18.3)$$

Man sieht, daß die Variable τ und die Parameter ξ und γ positiv sind. Dasselbe gilt für den Parameter σ, vorausgesetzt, die Eigenfrequenz ist größer als die Anregungsfrequenz, was in den Anwendungen stets zutrifft. Man beachte außerdem, daß (5.18) im Spezialfall $\xi = 1$ mit den gemittelten Gleichungen des Van der Pol-Oszillators übereinstimmt (siehe Guckenheimer und Holmes (1983) und Aufgabe 5.3).

Zur Berechnung der Fixpunkte setzen wir die Ableitungen in (5.18) Null und eine Kombination der beiden resultierenden Beziehungen ergibt zunächst

$$U^2 + V^2 = \frac{\gamma\,U}{\sigma} \ . \qquad\qquad (5.19)$$

Jetzt setzen wir (5.19) in den stationären Anteil von (5.18.1) ein und erhalten

$$V = \frac{1}{\sigma}\left(U - \gamma\ \xi\,\frac{U^2}{\sigma} \right) . \qquad\qquad (5.20)$$

Schließlich führt Einsetzen von (5.19) und (5.20) in den stationären Teil von (5.18.2) zu der kubischen Gleichung zur Bestimmung von U

$$U\left[\sigma + \frac{1}{\sigma}\left(1 - \gamma\ \xi\,\frac{U}{\sigma} \right)^2 \right] - \gamma = 0 \ . \qquad\qquad (5.21)$$

Jetzt soll die Stabilität der Lösungen von (5.21) (der Fixpunkte des gemittelten Oszillators) untersucht werden. Wie üblich verwenden wir einen Linearisierungsansatz

$$U(\tau) = U_j + \mu \, p(\tau) \; ; \quad V(\tau) = V_j + \mu \, q(\tau) \; ; \quad \mu \to 0_+ \; , \; j = 1, 2, 3 \; . \tag{5.22}$$

U_j ($j = 1, 2, 3$) steht für die drei Lösungen von (5.21), V_j bezeichnet die sich daraus mit (5.20) ergebenden Werte von V. Dabei erhalten wir mit (5.18) bis (5.22) das linearisierte System

$$\frac{dp}{d\tau} = p - \sigma \, q - \xi \left[p \, (U_j^2 + V_j^2) + 2 \, U_j \, (U_j \, p + V_j \, q) \right] \, , \tag{5.23.1}$$

$$\frac{dq}{d\tau} = \sigma \, p + q - \xi \left[q \, (U_j^2 + V_j^2) + 2 \, V_j \, (U_j \, p + V_j \, q) \right] \, , \tag{5.23.2}$$

mit der Jacobi-Matrix

$$\mathbf{J}_0 = \begin{pmatrix} 1 - \xi \, (\, 3 \, U_j^2 + V_j^2 \,) & - \sigma - 2 \, \xi \, U_j \, V_j \\[2mm] \sigma - 2 \, \xi \, U_j \, V_j & 1 - \xi \, (\, U_j^2 + 3 \, V_j^2 \,) \end{pmatrix} \, . \tag{5.23.3}$$

Die Stabilität der Fixpunkte ist wieder durch die beiden Eigenwerte $\lambda_{1,2}$ der Jacobi-Matrix bestimmt und es gilt ($\mathrm{Sp}(\mathbf{B})$ ist die Spur der Matrix $\mathbf{B}$)

$$\lambda_{1,2} = \frac{S}{2} \pm \sqrt{\frac{S^2}{4} - \Delta} \; ; \quad S = \mathrm{Sp}(\mathbf{J}_0) \, , \quad \Delta = \det(\mathbf{J}_0) \, , \tag{5.24}$$

wobei $\mathrm{Sp}(\mathbf{J}_0)$ die Spur der Jacobi-Matrix (5.23.3) ist. Diese Spur hat die Form

$$\mathrm{Sp}(\mathbf{J}_0) = 2 \left(1 - 2 \, \gamma \, \xi \, \frac{U_j}{\sigma} \right)$$

und die Determinante der Jacobi-Matrix ist durch

$$\det(\mathbf{J}_0) = z^2 - 2 \, \xi \, \gamma \, z \, \frac{U_j}{\sigma} + \sigma^2 \; ; \quad z = 1 - \gamma \, \xi \, \frac{U_j}{\sigma}$$

gegeben. Die Auswertung der Beziehungen (5.20) und (5.21) zur Bestimmung der Fixpunkte sowie der Relation (5.24) zur Bestimmung der Stabilität der Fixpunkte muß numerisch vorgenommen werden. Die entsprechenden Ergebnisse sind in den Bildern 5.1 und 5.2 dargestellt.

Zusammenfassend können wir feststellen, daß gemäß dem Mittelwert Theorem die Fix punkte des gemittelten Systems zu Grenzzyklen des ursprünglichen Systems korrespondieren. Nach Inversion der Transformation (5.13) mit Hilfe von (5.13') erhalten wir diese periodischen Lösungen in niedrigster Näherung in der Form (auf die Andeutung der Korrekturglieder in Form von $O(\varepsilon)$ wird hier verzichtet)

$$x(t) = U_j \cos \omega t - V_j \sin \omega t = \alpha \cos (\omega t + \phi) \; (j = 1, 2, 3) \, , \tag{5.25.1}$$

wobei die Amplitude α und die Phase ϕ gegeben sind durch

$$\alpha = \sqrt{U_j^2 + V_j^2} \, , \quad \phi = \arctan \frac{V_j}{U_j} \, . \tag{5.25.2}$$

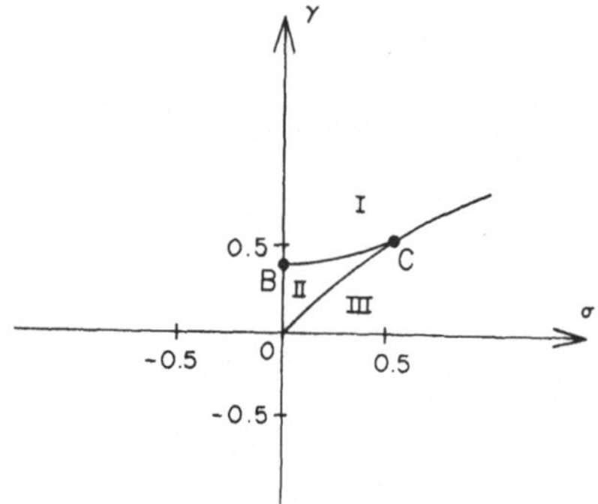

Bild 5.1 Lage der Fixpunkte des Oszillators (5.16) in der Parameter-Ebene (für $\xi = 0{,}8$). Im Gebiet I liegt eine Senke, im Gebiet III eine Quelle. In II koexistieren eine Quelle, ein Sattel und eine Senke

Wir kommen jetzt zur Diskussion der numerischen Ergebnisse. Bild 5.1 gibt Aufschluß über Art und Stabilität der Fixpunkte in der (γ, σ)-Parameterebene. In den Gebieten I bzw. III existiert nur *eine* reelle Lösung der kubischen Gleichung (5.21). Es existiert dort daher genau ein Fixpunkt, dieser ist in I eine Senke und in III eine Quelle. Im Gebiet II ergeben sich drei reelle Lösungen von (5.21), dies sind eine Quelle, ein Sattel und eine Senke. Überschreitet man - aus der Region II kommend - die Kurve OC, so fallen Senke und Sattel zusammen und verschwinden im Gebiet III, wo nur mehr die Quelle existiert. Analoges gilt, wenn man die Kurve BC aus der Region II kommend überschreitet, wobei Quelle und Sattel koinzidieren und im Gebiet I nur mehr eine Senke auftritt. Dies bedeutet, daß längs der Kurven OC und BC Sattel-Knoten-Bifurkationen auftreten (siehe Abschnitt 4.3). Schließlich finden wir bei Überschreiten der Kurve, die von C ausgehend nach rechts oben verläuft, Hopf-Bifurkationen. Diese Bifurkation bedingt die Ausbildung einer neuen Frequenzkomponente des Oszillators. Einsetzen der entsprechenden periodischen Lösungen für U und V in den ersten Teil von (5.25.1) führt dann zu einer bi-periodischen Bewegung. Ein periodische Bewegung als Lösung des gemittelten Systems entspricht daher einer Bewegung des Ausgangssystems auf einem Torus. In einer kleinen Umgebung des Punktes C treten komplizierte Phänomene auf, die sich durch eine Reskalierung der Variablen erfassen lassen. Wir verweisen diesbezüglich den interessierten Leser auf die Ausführungen in dem Buch von Guckenheimer und Holmes (1983).

Zur weiteren Illustration der Lösung des Problems (5.16) ist in Bild 5.2 für einen Wert des Parameters γ der Verlauf der drei reellen Lösungen von (5.26) über dem Parameter σ aufgetragen. Der linke Ast entspricht dabei der Quelle, der rechte Ast korrespondiert zur Senke, während der mittlere, punktiert gezeichnete, Ast den Sattel darstellt.

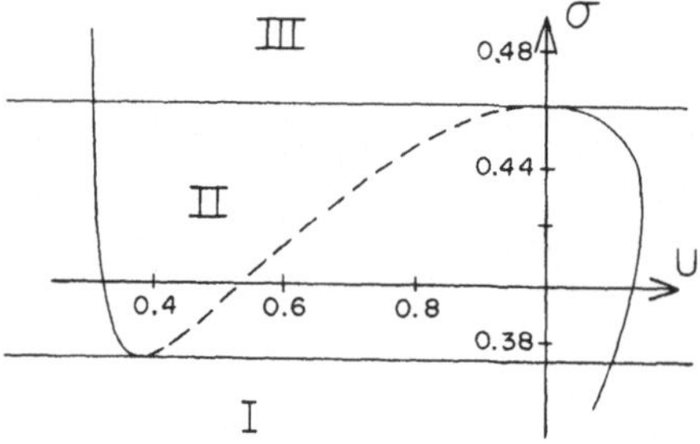

Bild 5.2 Fixpunkt-Koordinate U des Oszillators (5.16) für $\gamma = 0{,}5$ und $\xi = 0{,}8$

5.4 Die Vielvariablen-Methode

Im letzten Abschnitt stand die Untersuchung von Schwingungen mit externer, nahezu resonanter Anregung im Mittelpunkt. Hier wollen wir zunächst Systeme mit kleinen Nichtlinearitäten untersuchen, die über einen Zeitraum von vielen Perioden (der Eigenschwingung oder der Anregung) oszillieren. In derartig langen Zeitintervallen kann der Einfluß der kleinen Nichtlinearitäten zu endlichen Effekten akkumulieren. Unter Beschränkung auf 2-dimensionale Systeme soll in diesem Abschnitt die Klasse von Problemen (μ ist ein Satz von Parametern)

$$\ddot{x} + \omega^2\, x = \varepsilon\, f(x, \dot{x}, t; \mu) \ ; \ \varepsilon \to 0_+ \tag{5.26}$$

behandelt werden. Zur Lösung von (5.26) führen wir eine asymptotische Entwicklung ein, die mit zwei unterschiedlichen Zeitmaßstäben arbeitet:

$$x(t, \varepsilon) = x_0(T_0, T_1) + \varepsilon\, x_1(T_0, T_1) + O(\varepsilon^2) \ . \tag{5.27}$$

Dabei sind die neuen Zeitvariablen durch

$$T_0 = t \ \ \text{und} \ \ T_1 = \varepsilon\, t \tag{5.28}$$

definiert. Man kann (5.28) als zwei zeitliche Maßstäbe mit T_0 als langsam und T_1 als rasch variierender Variablen interpretieren. Als Konsequenz von (5.27) und (5.28) ergibt sich für die Zeitableitungen

$$\frac{d}{dt} = \frac{\partial}{\partial T_0} + \varepsilon\, \frac{\partial}{\partial T_1} \ ; \ \frac{d^2}{dt^2} = \frac{\partial^2}{\partial T_0^2} + 2\,\varepsilon\, \frac{\partial^2}{\partial T_0\, \partial T_1} + \varepsilon^2\, \frac{\partial^2}{\partial T_1^{\,2}} \ . \tag{5.29}$$

Tragen wir nun (5.27) in (5.26) ein und verwenden (5.29), so erhalten wir die Hierarchie von Problemen

$$\varepsilon^0 : \ L_0\, x_0 = 0 \ \ \text{mit} \ L = \frac{\partial^2}{\partial T_0^2} + \omega^2 \ , \tag{5.30.1}$$

$$\varepsilon^1 : \ L_0\, x_1 = R_1 \ , \tag{5.30.2}$$

mit der Inhomogenität der Ordnung Eins

$$R_1 = -\,2\, \frac{\partial^2 x_0}{\partial T_0\, \partial T_1} + f(x_0, \frac{\partial x_0}{\partial T_0}, T_0; \mu) \ . \tag{5.31}$$

Die Probleme höherer Ordnung weisen eine analoge Struktur auf.

Typisch für dieses Verfahren ist, daß in niedrigster Ordnung eine homogene, partielle Differentialgleichung auftritt, in der die Variable T_1 nur ein Parameter ist. In höheren Ordnungen entstehen inhomogene, partielle Differentialgleichungen, bei denen der Operator der homogenen Gleichung mit dem Operator L_0 des Problems niedrigster Ordnung übereinstimmt. Die Inhomogenitäten dieser Differentialgleichungen sind mit Gliedern niedrigerer Ordnungen zu bilden; sie sind daher bei der Lösung der entsprechenden Differentialgleichung schon bekannt.

Die Übereinstimmung der homogenen Teile dieser Hierarchie bedeutet, daß Resonanz auftreten kann. Resonante Terme würden aber den Gültigkeitsbereich der Entwicklung (5.27) einschränken und dieser Ansatz wäre nicht gleichmäßig in $0 \leq t < \infty$ gültig. Die Vermeidung von Resonanz ist daher ein wichtiger Leitfaden zur Bestimmung einer sinnvollen Approximation der Lösungen von (5.26).

Schließlich ist festzustellen, daß eine gewöhnliche Differentialgleichung in eine partielle übergeführt wurde. Dies bedingt aber nur scheinbar eine Komplizierung des Problems, da die entsprechenden partiellen Differentialgleichungen leicht zu lösen sind. Eine Schlüsselrolle bei ihrer Lösung spielt die Bestimmung resonanter Glieder. Hier wird also - wie oft in der angewandten Mathematik - ein Problem zunächst erschwert, um es anschließend leichter lösen zu können.

Wir kommen jetzt zu dem Problem (5.30.1) zurück, wo T_1 nur ein Parameter ist. Seine Lösung hat die Form (wobei cc stets das konjugiert Komplexe des vorausgehenden Terms bezeichnet)

$$x_0 = A(T_1) \exp(i \omega T_0) + cc ; \; A \in \mathbf{C} \quad . \tag{5.32}$$

Die Funktion A in (5.32), die die Rolle der von der Variablen T_1 abhängigen Integrationskonstanten spielt, wird häufig die *langsam variierende Amplitudenfunktion* genannt. Diese Funktion ist im Rahmen der niedrigsten Näherung unbestimmt. Ihre Berechnung erfolgt in höheren Ordnungen der Approximation durch Erfüllung von Bedingungen, die zur Vermeidung von Resonanzen angesetzt werden. Nun wird die Lösung (5.32) zur Bildung der rechten Seite (5.31) des Störproblems (5.30.2) herangezogen. Anschließend trennen wir den dabei entstehenden Ausdruck in resonante (oberer Index R) und nicht-resonante (oberer Index NR) Anteile

$$R_1 = R_1^R + R_1^{NR} \quad . \tag{5.33}$$

Dabei gilt wegen (5.31) und (5.32)

$$R_1^R = - 2 \frac{\partial^2 x_0}{\partial T_0 \, \partial T_1} + f^R(x_0, \frac{\partial x_0}{\partial T_0}, T_0; \mu) \tag{5.34}$$

und

$$R_1^{NR} = f^{NR}(x_0, \frac{\partial x_0}{\partial T_0}, T_0; \mu) \quad . \tag{5.35}$$

(R bzw. NR kennzeichnen auch bei der Funktion f resonante bzw. nicht-resonante Anteile). Resonante Glieder führen zu Lösungsteilen, die gemäß

$$T_0^m \exp(i \omega T_0) + cc \quad (m \in \mathbf{N}) \tag{5.36}$$

algebraisch mit der Zeit wachsen würden. Dies bedeutet aber, daß bei Auftreten von Lösungen des Typs (5.36) die asymptotische Entwicklung (5.27) nicht gleichmäßig gültig ist. Folglich müssen wir resonante Glieder ausschließen und dies bedeutet, daß im Falle des Problems (5.30.2)

$$R_1^R = 0 \tag{5.37}$$

gesetzt werden muß. Gemeinsam mit (5.32) und (5.34) führt (5.37) zu einer Differentialgleichung für die langsam variierende Amplitudenfunktion A:

$$2\,i\,\omega\,\frac{dA}{dT_1}\exp(i\,\omega\,T_0) + cc = -\,f^R(x_0, \frac{\partial x_0}{\partial T_0}, T_0; \mu)\;.\tag{5.38}$$

Es ist jetzt aber klar, daß die Fixpunkte von (5.38), die wir mit

$$A_\infty = |\,A_\infty\,|\exp(\,i\,\phi\,)\;;\;|\,A_\infty\,|,\;\phi = const\tag{5.39}$$

bezeichnen, wegen (5.32) die Grenzzyklen des ursprünglichen Problems (5.26) darstellen. Die Lösung dieser Schwingungsgleichung hat daher in niedrigster Ordnung die Form

$$x(t,\,\varepsilon) = 2\,|\,A_\infty\,|\cos(\omega t + \phi) + O(\varepsilon)\;.\tag{5.40}$$

In Analogie zum Mittelwert-Theorem können wir jetzt den folgenden Satz formulieren:

SATZ 5.2 (Theorem der Vielvariablen-Methode):
i) Existieren Fixpunkte von (5.37) bzw. (5.38), die durch $dA/dT_1 = 0$ definiert sind, so haben diese die Form (5.39). In niedrigster Näherung erhält man dann als Lösung von (5.26) den Grenzzyklus (5.40). Diese periodische Bewegung hat dieselbe Stabilität wie der Fixpunkt von (5.37).

ii) Besitzt (5.38) periodische Lösungen der Form

$$A(T_1) = R\cos(\Omega\,T_1 + \phi):\;R,\,\Omega,\,\phi = const\;;\;\Omega \neq \omega\;,$$

so weist das Schwingungsproblem (5.26) in niedrigster Näherung eine bi-periodische Bewegung mit den Frequenzen ω und Ω auf. Ihre Stabilität stimmt mit der Stabilität des Grenzzyklus der Funktion $A(T)$ überein.

Der einfache Beweis dieses Theorems kann durch Anwendung der Beziehungen (5.34) bis (5.40) erbracht werden.

BEISPIEL 1:
Zur Illustration dieser Methode soll jetzt ein Beispiel durchgerechnet werden. Dazu betrachten wir einen verallgemeinerten, gedämpften, aber durch keine äußeren Kräfte angeregten Van der Pol-Oszillator, der durch die Differentialgleichung

$$\ddot{x} + \omega^2\,x = \varepsilon\,(-\,d\,\dot{x} + a\,x^3 + b\,\dot{x}\,x^2)\tag{5.41}$$

definiert sei (a, b, d sind reelle Parameter). Man bestätigt leicht, daß (0, 0) ein Fixpunkt von (5.41) ist, der für $d > 0$ (Dämpfung) stabil ist. An der Stelle $d = 0$ tritt eine Hopf-Bifurkation auf, deren abzweigende Äste im Rahmen der Aufgabe 4.12 mit Hilfe der Methode des Projektionen berechnet werden. Hier verwenden wir die Vielvariablen-Methode, um gemäß (5.40) die Grenzzyklen zu berechnen. Zunächst gilt mit (5.31)

$$R_1 = -\left(d + 2\,\frac{\partial}{\partial T_1}\right) x_0' + a\,x_0^3 + b\,x_0'\,x_0^2 \;\; ; \;\; x_0' = \frac{\partial x_0}{\partial T_0}\; .$$

Einsetzen von (5.32) führt zu dem resonanten Teil der Inhomogenität R_1

$$R_1^R = \left[- i\,\omega \left(d\,A + 2\,\frac{dA}{dT_1}\right) + (3\,a + i\,\omega\,b)\,|\,A\,|^2\,A \right] \exp(i\,\omega\,T_0) + cc\; .$$

Zur Vermeidung des Auftretens von resonanten Gliedern setzen wir dieses Glied Null und es entsteht die Differentialgleichung zur Bestimmung der langsam variierenden Amplitude

$$\frac{dA}{dT_1} = \frac{1}{2}A\left[- d + \left(b - 3\,i\,\frac{a}{\omega}\right)|\,A\,|^2 \right] \; . \tag{5.42}$$

Diese Differentialgleichung gestattet die Verwendung des Ansatzes

$$A(T_1) = R(T_1)\,\exp[\,i\,\phi(T_1)\,]\;\; ; R,\,\phi \in \mathbf{R}\; .$$

Nach Eintragen in (5.42) entstehen die beiden reellen Differentialgleichungen

$$\frac{dR}{dT_1} = \frac{R}{2}\left(b\,R^2 - d\right)\;\; \text{und}\;\; \frac{d\phi}{T_1} = -\frac{3\,a\,R^2}{2\,\omega}\; . \tag{5.43}$$

Die Fixpunkte der 'radialen' Gleichung sind $R_1 = 0$; $R_{2,3} = \pm\,\sqrt{d/b}$. Eine einfache Linearisierung zeigt, daß die Stabilität dieser Gleichgewichtspunkte durch das Vorzeichen der Dämpfungskonstante charakterisiert wird und es gilt

	$d < 0$	$d > 0$
R_1	instabil	stabil
$R_{2,3}$	stabil	instabil

Zusammenfassend können wir feststellen, daß, bei positiven Werten von d (Dämpfungsbereich), die Ruhelage des Oszillators stabil ist. An der Stelle d = 0 verliert diese Ruhelage ihre Stabilität und wird instabil. Dabei tritt eine zu negativen Werten von d hin wachsende Grenzzyklus-Lösung auf, die stabil ist und für b < 0 existiert. Sie hat die Form

$$x(t,\,\varepsilon) = \pm\,2\,\sqrt{\frac{d}{b}}\,\cos\left[\left(\omega - \frac{3\,\varepsilon\,a\,d}{2\,\omega\,b}\right)t + \phi_0\right] + O(\varepsilon)\;\; ; \;\; \phi_0 = \text{const}\; . \tag{5.44}$$

(5.44) stimmt mit der im Rahmen der Aufgabe 4.12 mit Hilfe der Projektionsmethode berechneten Approximation der Zweige der Hopf-Lösung überein. ❏

BEISPIEL 2:
Als zweites Beispiel für die Anwendung der Vielvariablen-Methode soll jetzt der angeregte Duffing-Oszillator mit subharmonischer Eigenfrequenz untersucht werden. Seine Differentialgleichung ist durch

$$\ddot{x} + \omega_0^2\,x = \varepsilon\,[\,\gamma\,\cos\omega t - d\,\dot{x} - a\,x^3\,] \tag{5.45.1}$$

gegeben und wir nehmen zusätzlich an, daß die Frequenzen die Bedingung

$$\omega_0 = \frac{\omega}{3} + \varepsilon\,\Omega \;;\; \Omega = O(1)\;;\; \varepsilon \to 0_+ \tag{5.45.2}$$

erfüllen, die Anregungsfrequenz also in der Nähe des dreifachen der Eigenfrequenz liegt. Wegen (5.45.2) muß hier (5.32) modifiziert werden und mit Hilfe der Entwicklung (5.27) erhalten wir nun in niedrigster Näherung

$$x_0 = A(T_1)\,\exp(\,i\,\omega\,T_0\,/\,3\,) \; + \mathrm{cc} \; . \tag{5.46}$$

Hier sind auch (5.30.2) und (5.31) abzuändern und das Problem erster Störordnung lautet

$$\left[\frac{\partial^2}{\partial T_0^2} + \frac{\omega^2}{9}\right] x_1 = R_1 \tag{5.47.1}$$

mit der Inhomogenität

$$R_1 = -\,2\,\frac{\partial^2 x_0}{\partial T_0\,\partial T_1} + \gamma\,\cos\omega t - d\,\frac{\partial x_0}{\partial T_0} - a\,x_0^3 - \frac{2\,\omega\,\Omega}{3}\,x_0 \; . \tag{5.47.2}$$

Setzen wir nun (5.46) in (5.47.2) ein, so entsteht zunächst

$$R_1 = -\left[\frac{i\,\omega}{3}\left(d\,A + 2\,\frac{dA}{dT_1}\right) + \left(3\,a\,|\,A\,|^2 + \frac{2\,\omega\,\Omega}{3}\right)A\right]\exp(i\,\omega\,T_0\,/\,3) + \mathrm{cc} +$$
$$+ \frac{1}{2}\left(\gamma - 2\,a\,A^3\right)\exp(i\,\omega\,T_0) + \mathrm{cc} \; . \tag{5.48}$$

Der resonante Anteil in (5.48) ist der Koeffizient von $\exp(i\omega T_0/3)$. Seine Nullsetzung führt zu der Differentialgleichung zur Bestimmung der langsam variierenden Amplitude

$$\frac{dA}{dT_1} = \frac{1}{2}A\left[-\,d + i\left(\frac{9\,a}{\omega}\,|\,A\,|^2 + 2\Omega\right)\right] \; . \tag{5.49}$$

Bei Verwendung des Seperationsansatzes

$$A(T_1) = R(T_1)\,\exp|\,i\,\phi(T_1)\,| \; ; R,\,\phi \in \mathbf{R} \tag{5.50}$$

erhalten wir nach Trennung in Real- und Imaginärteil

$$\frac{dR}{dT_1} = -\,\frac{d}{2}\,R \;\; \text{oder} \;\; R(T_1) = R_0\,\exp\left(-\,\frac{d}{2}\,T_1\right) \tag{5.51.1}$$

und

$$\frac{d\phi}{dT_1} = \Omega + \frac{9\,a}{2\omega}\,R_0^2\,\exp(-\,d\,T_1) \; , \tag{5.51.2}$$

wobei bereits (5.51.1) benutzt wurde. Nach einer Integration entsteht für $d \neq 0$

$$\phi = \Omega \, T_1 - \frac{9\,a}{2\,\omega\,d} \, R_0^2 \, \exp\left(-\,d\,T_1\right) + \phi_0 \; . \tag{5.52}$$

Damit ist das Problem in niedrigster Näherung gelöst und mit (5.46), (5.50), (5.51.1) und (5.52) entsteht

$$x_0 = 2\,R_0 \, \exp\left(\frac{-\,\varepsilon\,d\,t}{2}\right) \cos\left[\left(\frac{\omega}{3} + \varepsilon\,\Omega\right) t - \frac{9\,a}{2\,\omega\,d}\,R_0^2\,\exp\left(-\,\varepsilon\,d\,t\right) + \phi_0\right] \; . \tag{5.53}$$

(5.53) ist für $\varepsilon \to 0_+$ und mit $d > 0$ (Dämpfung) eine schwach gedämpfte Schwingung mit geringfügig modifizierter Eigenfrequenz. Die Dämpfung läßt diese Schwingung abklingen und es entsteht das asymptotische Verhalten

$$t \to \infty : \quad x \to O(\varepsilon) \quad \text{für} \quad \varepsilon \to 0_+ \quad \text{und} \quad d > 0 \; .$$

Für $d < 0$ (mechanische Anregung) stellt (5.53) eine zeitlich anwachsende Schwingung dar. Die Ansätze der Vielvariablen-Methode gelten in diesem Falle nur für $t \in [0, O(\varepsilon^{-1})]$. Dies bedeutet, daß die Entwicklung nicht gleichmäßig gültig ist; die Vielvariablen-Methode versagt.
Es verbleibt noch die Berechnung des Korrekturgliedes x_1. Dazu ziehen wir wieder (5.47) heran und setzen in R_1 die resonanten Glieder Null (siehe Erläuterungen, die zur Herleitung von (5.49) führten). Dabei erhalten wir

$$\left[\frac{\partial^2}{\partial T_0^2} + \frac{\omega^2}{9}\right] x_1 = \frac{1}{2}\,(\gamma - 2\,a\,A^3)\ \exp\left(i\,\omega\,T_0\right) + cc \; . \tag{5.54}$$

Beachtet man, daß - im Falle der Dämpfung ($d > 0$), im umgekehrten Falle ($d < 0$) versagt ja die Methode - die Amplitudenfunktion A in (5.54) abklingt, dann erhält man eine asymptotische Darstellung der allgemeinen Lösung von (5.54) in der Form

$$t \to \infty \; : \; x_1 = B(T_1)\,\exp\left(\frac{i\,\omega\,T_0}{3}\right) + cc - \frac{9\,\gamma}{8\,\omega^2}\,\cos(\omega\,T_0) \; . \tag{5.55}$$

Dabei ist $B(T_1)$ eine in höheren Näherungen zu bestimmende Amplitudenfunktion.

   Durch Nullsetzen der resonanten Glieder in der nächsthöheren Ordnung der Approximation kann man zeigen, daß auch die Amplitudenfunktion B abklingt

$$t \to \infty \; : \; B(T_1) \to 0 \; . \tag{5.56}$$

Damit können wir zusammenfassend feststellen, daß die Lösung von (5.45) in niedrigster Näherung die Form

$$t \to \infty \; : \; x(t, \varepsilon) = -\,\varepsilon\,\frac{9\,\gamma}{8\,\omega^2}\,\cos(\omega\,T_0) + O(\varepsilon^2) \tag{5.57}$$

annimmt. (5.57) bedeutet, daß die Frequenzkomponente mit der Eigenfrequenz $\omega/3$ ausstirbt, während die Komponente mit der Anregungsfrequenz überlebt. In der Physik und in den Ingenieurwissenschaften nennt dieses Phänomen *Frequency Locking*. (siehe auch Hale (1969), bzw. Holmes und Holmes (1981), wo ähnliche dynamische Systeme mit der Mittelwert-Methode behandelt werden).   ❑

BEISPIEL 3:

Zum Abschluß dieses Kapitels soll noch der Fall des ungedämpften Oszillators nachgetragen werden. Mit d = 0 erhalten wir an Stelle von (5.51.1)

$$R = R_0 = const \ .$$

Damit erhalten wir, wenn wir wieder (5.49) heranziehen,

$$A = R_0 \exp\left[i\left(\left(\Omega + \frac{9\,a\,R_0}{2\,\omega}\right)T + \phi_0\right)\right] \ . \tag{5.58}$$

Tragen wir diese Beziehung in (5.46) ein, so erhalten wir das Ergebnis

$$x_0(t, \varepsilon) = 2\,R_0 \cos\left\{\left[\frac{\omega}{3} + \varepsilon\,\left(\Omega + \frac{9\,a\,R_0}{2\,\omega}\right)\right]t + \phi_0\right\} \ . \tag{5.59}$$

(5.59) repräsentiert eine Schwingung mit einer nur geringfügig modifizierten Eigenfrequenz. Das Problem der nächsten Ordnung der Approximation ist wieder durch (5.54) bestimmt, wobei A gemäß (5.58) gebildet werden muß. Die partikulare Lösung dieser Differentialgleichung hat die Form

$$x_{1,p} = -\frac{9}{\omega^2}\left(\gamma - 2\,a\,A^3\right)\cos(\omega\,T_0) \tag{5.60}$$

Setzen wir nun (5.59) und (5.60) (der homogene Teil der Korrekturlösung schwingt ja mit der Eigenfrequenz und kann in (5.59) eingearbeitet werden), dann sehen wir, daß die resultierende Gesamtlösung eine bi-periodische Schwingung mit den Frequenzen ω und $\omega/3$ darstellt. ❑

SCHLUßBEMERKUNG:

Hier wurden nur einige Aspekte der Vielvariablen-Methode besprochen, die Anwendung auf praktische Probleme stand im Vordergrund. Mehr über dieses Verfahren und verwandte asymptotische Ansätze findet der interessierte Leser u. a. bei Nayfeh (1981) und Plaschko und Brod (1989).

Schließlich soll ergänzend angeführt werden, daß sich die Anwendungsgebiete von Mittelwert-Methode und Vielvariablen-Ansätzen überlappen. In vielen Fällen, wie z. B. bei dem Problem (5.16), können beide Verfahren mit Erfolg verwendet werden (siehe z. B. Aufgaben 5.2 bis 5.4).

Aufgaben

5.1 Man vergleiche die exakte Lösung mit der durch die Mittelwert-Methode bestimmte Approximation für die Probleme

$$5.1.1 \quad \dot{x} = \varepsilon\,(\,1 + x^2\,)\,\sin^2 t \ ;$$

$$5.1.2 \quad \dot{x} = \varepsilon\left[x\,\cos^2 t - \frac{x^3}{2}\right];$$

$$5.1.3 \quad \dot{x} = \varepsilon\left[x^2\,\sin^2 t + \cos^2 t\right];$$

5.1.4 $\quad \begin{pmatrix} \dot{x} \\ \dot{y} \end{pmatrix} = \varepsilon \, \sin^2(2\,t) \begin{pmatrix} 0 & 1 \\ 1 & 1 \end{pmatrix} \begin{pmatrix} x \\ y \end{pmatrix} \; .$

5.2 Man approximiere die Lösungen des angeregten Duffing-Oszillators mit primärer Resonanz

$$\ddot{x} + \omega_0^2 \, x = \varepsilon \, [\, \gamma \, \cos(\omega \, t) - d \, \dot{x} - a \, x^3 \,] \; ; \; d, a > 0 \; ; \; \omega_0^2 - \omega^2 = O(\varepsilon)$$

durch Anwendung
i) des Mittelwert-Verfahrens,
ii) der Vielvariablen-Methode.
Man untersuche dabei insbesondere die Stabilität der Fixpunkte.
Hinweis: Hier sind in einem Gebiet der Parameterebene (die der Region II des Oszillators (5.16) entspricht, siehe Bilder 5.1 und 5.2) zwei stabile Fixpunkte durch eine instabilen Fixpunkt verbunden und es tritt Hysterese auf.

5.3 Wie 5.2 für die Van der Pol-Oszillator mit primärer Resonanz

$$\ddot{x} + x = \varepsilon \left[A \cos \omega t + a \, (1 - x^2) \, \dot{x} \right] ; \; A, a > 0 \; ; \; \omega^2 - 1 = O(\varepsilon) \; .$$

Hinweis: Die gemittelten Differentialgleichungen sind durch (5.18) mit $\xi = 1$ gegeben.

5.4 Man berechne mit Hilfe der Vielvariablen-Methode die Grenzzyklus-Lösungen des aeroelastischen Systems (5.16).

5.5 Man zeige, daß eine exakte, subharmonische Lösung des Problems der Schwingungen des angeregten, ungedämpften Duffing-Oszillators

$$\ddot{x} + \alpha \, x + \varepsilon \, x^3 = F_0 \cos t \; ; \; \alpha, \, \varepsilon, \, F_0 = O(1)$$

die Form

$$x(t) = A \cos \frac{t}{3}$$

hat und berechne die Amplitude A der subharmonischen Schwingung.

6 Homokline Bifurkationen

Der Schwerpunkt dieses Kapitels ist die Herleitung des Melnikov-Kriteriums für den Schnitt zweier Mannigfaltigkeiten der Sattelpunkte einer ebenen flächenerhaltenden Abbildung. Letztere ist die globale Poincaré-Karte eines periodisch gestörten Hamilton-Systems. Der Schnitt dieser Mannigfaltigkeiten entspricht dem Aufbrechen der Sattelverbindungen und damit einer globalen, homoklinen Bifurkation. Dieser Vorgang führt zu äußerst komplizierten dynamischen Verhalten und man spricht vom chaotischen Wirrwarr (engl. *tangle*).

Wir beginnen mit einer Anknüpfung an die Überlegungen am Ende von Kapitel 2 und besprechen eine spezielle 2-dimensionale flächenerhaltende Abbildung. Nach einer heuristischen Untersuchung ihrer Fixpunkte werden, als Einschub, Wirkungs- und Winkelvariablen zur Beschreibung von Hamilton-Systemen behandelt. Diese Variablen gestatten eine weitgehende Vereinfachung der Beschreibung gestörter Hamilton-Systeme und erleichtern damit die Herleitung des Melnikov-Kriteriums. Physikalische Anwendungen, die zu derartigen Bifurkationen führen, bilden den Abschluß dieses Kapitels.

6.1 Die Standardabbildung

Die letzten Untersuchungen Poincarés zum Drei-Körper-Problem führten ihn zur Bildung der 2-dimensionalen Standardabbildung

$$S(r,\theta): \quad r_{n+1} = r_n + k \sin \theta_n \; ; \quad \theta_{n+1} = \theta_n + r_{n+1} \bmod 2\pi \; . \tag{6.1}$$

k ist ein Parameter, r und θ sind radiale und azimutale Variable. Weitere physikalische Probleme, die zur Abbildung (6.1) führen, werden von Jackson (1993) angegeben. Man überzeugt sich leicht davon, daß

$$\det [J(S(r,\theta))] = 1 \tag{6.2}$$

gilt, wobei J die Jacobi-Matrix der Standardabbildung ist. Die Abbildung (6.1) ist also eine flächenerhaltende Iteration (siehe auch Aufgabe 2.18). Besonders einfach ist der Spezialfall k = 0. Hier erfolgt die Iteration auf dem Umfang eines Kreises und es gilt $r = r_0 = $ const. Gilt außerdem noch $r_0 = 2\pi M/N$ (N, M $\in$ **N**), dann hat die N-te Iteration den Fixpunkt

$$S^N(2\pi M/N, \theta_0) = (2\pi M/N, \theta_0) \; .$$

Gilt jedoch $r_0 \neq 2\pi M/N$, dann erzeugt die Abbildung (6.1) eine Punktmenge, die dicht am Umfang des entsprechenden Kreises liegt.

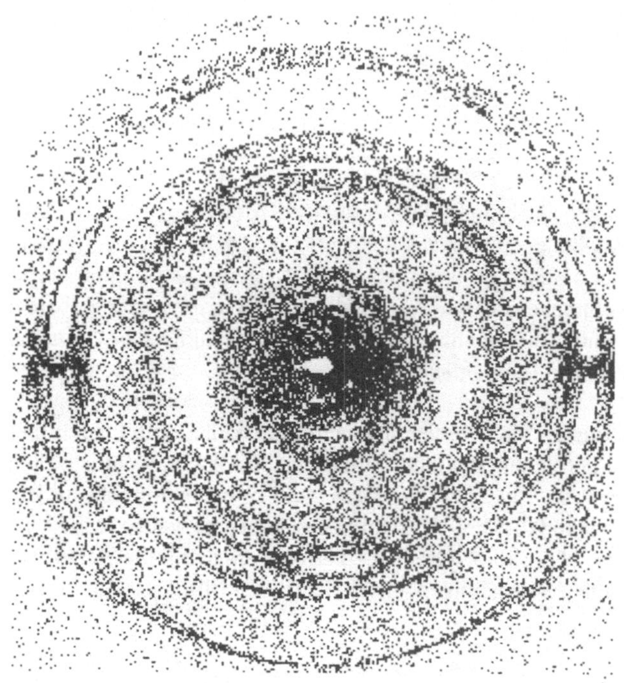

Bild 6.1 Numerische Ergebnisse der Iteration (6.1) für k = 1,56

Die in Bild 6.1 dargestellten numerischen Ergebnisse des Falles k ≠ 0 zeigen äußerst komplizierte Verhältnisse. Wir wollen im Weiteren den Grenzfall k → 0₊ untersuchen. Wir bezeichnen dabei mit $C^\pm$ die Iterationen, die von Anfangspunkten ausgehen, die auf benachbarten Kreisen liegen:

$$x_0^+ = (r_0^+, \theta_0 = 0) \; ; \; x_0^- = (r_0^-, \theta_0 = 0) \; ; \; r_0^\pm = 2\,\pi\,\frac{M}{N} \pm \varepsilon^2 \; .$$

Einsetzen in (6.1) führt zu

$$(r_1, \theta_1) = (r_0, r_0) \; ; \; (r_2, \theta_2) = (r_0 + k \sin r_0, \, 2\,r_0 + k \sin r_0) \; ; \; (r_3, \theta_3) = (r_0 + O(k), \, 3\,r_0 + O(k))$$

oder allgemein

$$(r_n, \theta_n) = (r_0 + O(k), \, n\,r_0 + O(k)) \; .$$

$$(6.3)$$

Damit folgt aber

$$S^N(r_0^\pm, \theta_0=0) = (r_0^\pm, \pm \varepsilon^2) + O(k) \; .$$

$$(6.4)$$

(6.4) bedeutet, daß die N-te Iteration der Standardabbildung Punkte auf dem äußeren (inneren) Kreis mit der Anfangsbedingung r_0^+ (r_0^-) gegen den (mit dem) Uhrzeiger dreht. Ist k hinreichend klein, dann muß zwischen C^+ und C^- eine Kurve D liegen, die ihre Winkellage bei Anwendung von S^N nicht ändert (siehe Bild 6.2). Wir bezeichnen diese Kurve mit $r = R(\theta)$ und es gilt

$$S^N : (R(\theta), \theta) \rightarrow (\tilde{R}(\theta), \theta) \ . \tag{6.5}$$

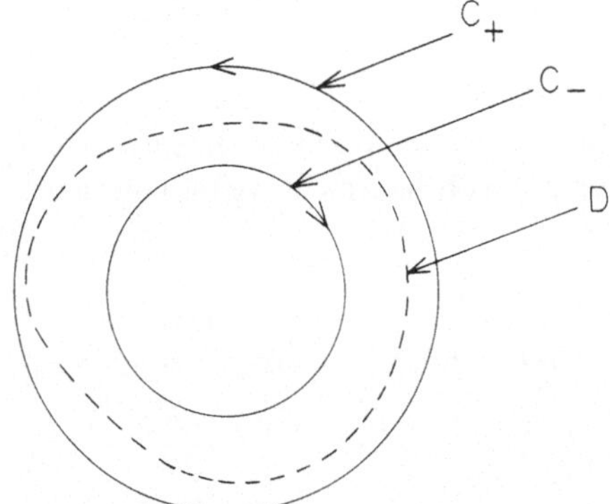

Bild 6.2 Iteration von Punkten auf benachbarten Kreisen

Besitzt S^N Fixpunkte, dann müssen diese auf der Kurve D liegen. Die Eigenschaften dieser Kurve D waren Gegenstand der letzten Untersuchungen von Poincaré; sie wurden nach seinem Tod von Birkhoff fortgesetzt und wir formulieren sie in dem folgenden Theorem:

SATZ 6.1 (Theorem von Poincaré-Birkhoff):
Die Punktmengen D und $S^N D$ schneiden einander in 2N isolierten hyperbolischen bzw. elliptischen Fixpunkten von S^N.

BEWEIS:
Wir wollen den Beweis nur teilweise führen. Zunächst untersuchen wir mittels einer Linearisierung die Stabilität einer flächenerhaltenden Abbildung. Wegen (6.2) entsteht für die Eigenwerte die Beziehung

$$\sigma^2 - a\,\sigma + 1 = 0 \ ; \ a = Sp(J(S))$$

und damit gilt

$$\sigma_1 \sigma_2 = 1 \quad \text{und} \quad \sigma_{1,2} = \frac{1}{2}\left(a \pm \sqrt{a^2 - 4}\,\right) \ . \tag{6.6}$$

Damit gibt es nur die drei Klassen von Fixpunkten:

i) $|a| > 2$. Hier gilt

$$\sigma_{1,2} \in \mathbf{R} \ \text{mit} \ |\sigma_1| > 1 \ \text{und} \ |\sigma_2| < 1$$

und man nennt diese Fixpunkte *(hyperbolische) Sattelpunkte*.

ii) $|a| < 2$. Hier entsteht

$$\sigma_{1,2} = \frac{1}{2}\left(a \pm i\sqrt{4 - a^2}\right) = \exp(\pm i\,\delta) \in \mathbf{C} \ ; \quad \cos\delta = \frac{a}{2} \ .$$

Fixpunkte mit Eigenwerten auf dem Einheitskreis entsprechen Zentren bei dynamischen Systemen und werden *elliptische Fixpunkte* genannt.

iii) $|a| = 2$. Hier fallen die Eigenwerte zusammen, es gilt $\sigma_1 = \sigma_2 = \pm 1$ und der entsprechende Fixpunkt heißt *parabolischer Fixpunkt*. Dieser Ausnahmefall soll hier nicht weiter untersucht werden.

Jetzt wollen wir zeigen, daß in einer kleinen Umgebung eines Fixpunkts von (6.1) kein weiterer Fixpunkt liegen kann. Legen wir den Ursprung in den entsprechenden Fixpunkt, dann gilt nach einer Linearisierung

$$\begin{pmatrix} x_{n+1} \\ y_{n+1} \end{pmatrix} = J(S) \begin{pmatrix} x_n \\ y_n \end{pmatrix}$$

und nach einer Transformation auf die Jordan-Form entsteht

$$\begin{pmatrix} \xi_{n+1} \\ \eta_{n+1} \end{pmatrix} = H \begin{pmatrix} \xi_n \\ \eta_n \end{pmatrix} . \tag{6.7}$$

Dabei hat die Jordan-Form der Jacobi-Matrix H eine der drei Formen (siehe (2.14), (2.14') und (2.14''))

$$\text{i) } H_1 = \begin{pmatrix} \sigma_1 & 0 \\ 0 & \sigma_2 \end{pmatrix}; \text{ ii) } H_2 = \begin{pmatrix} \cos\delta & \sin\delta \\ -\sin\delta & \cos\delta \end{pmatrix} \text{ oder iii) } H_3 = \begin{pmatrix} 1 & 1 \\ 0 & 1 \end{pmatrix} . \tag{6.8}$$

Daher gilt

$$\det[H_j - I] \neq 0 \ \text{ für } j = 1, 2 \ \text{ bzw. } \ \det[H_3 - I] = 0$$

und in den Fällen i) und ii) besitzt die Fixpunktgleichung zu (6.7) nur die triviale Lösung, d.h. der Ursprung ist der einzige Fixpunkt. Einzig im Falle iii) existieren in einer Umgebung eines Fixpunkts weitere Fixpunkte. Da man aber den nur für $|a| = 2$ auftretenden Spezialfall iii) ausschließen kann, existieren in einer kleinen Umgebung eines Fixpunkts keine weiteren Fixpunkte und es gibt daher nur isolierte Fixpunkte.
Die Fixpunkte von $S^N D$ liegen auf D, sie sind die Schnittpunkte von D und $S^N D$. Da der Fluß von S^N im Inneren von D im Uhrzeigersinn und im Äußeren von D gegen den Uhrzeigersinn verläuft (siehe Bild 6.2) gibt es nur Sättel und Zentren, nicht aber Quellen oder Senken. Ohne Beweis soll noch angeführt werden, daß diese Fixpunkte alternierend auftreten (Sattel-Zentrum-Sattel-Zentrum-…). Da der Fluß in der Umgebung hyperbolischer bzw. elliptischer Fixpunkte nicht topologisch äquivalent ist, können elliptische Fixpunkte nicht auf hyperbolische Fixpunkte (und umgekehrt) abgebildet werden. Es müssen also immer 2N Fixpunkte auftreten.   ✳

Von großer Bedeutung ist die Erhaltung der Fläche. Die von D und $S^N D$ eingeschlossenen Flächen müssen gleich groß sein (siehe Bild 6.3).

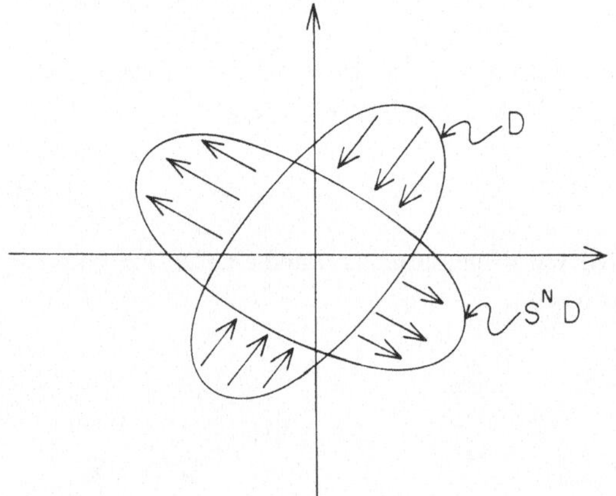

Bild 6.3 Fixpunkte und Flächenerhaltung der N-ten Iteration der Standardabbildung

Es ist auch wichtig zu beachten, daß die Kurven in den Bildern 6.2 und 6.3 nicht den Phasenfluß dynamischer Systeme darstellen. Es handelt sich vielmehr um Punktmengen, die durch Iteration, ausgehend von einem Anfangspunkt, entstehen. Variiert man die Anfangsbedingung, so entstehen die invarianten Mannigfaltigkeiten der Abbildung. Sie werden in der folgenden Definition näher besprochen.

DEFINITION 6.1 (Invariante Mannigfaltigkeiten):
Wir betrachten die Abbildung

$$x \rightarrow g(x) \; ; \; x, g \in R_n \; . \tag{6.9}$$

Man nennt die Punktmengen M *invariante Mannigfaltigkeiten* der Abbildung (6.9), wenn mit jedem $x_0 \in M$ auch $g^k(x_0) \in M$ für beliebiges $k \in N_+$ gilt. ♠

Im Folgenden wollen wir Sattelpunkte und elliptische Punkte getrennt untersuchen.

6.2 Sattelpunkte flächenerhaltender Abbildungen

In Analogie zu dynamischen Systemen (Siehe Abschnitt 3.5) definieren wir stabile und instabile Mannigfaltigkeiten M^s und M^i eines Sattelpunktes p der Abbildung S

$$M_p^s = \{x \mid \lim_{n \to \infty} S^n x = p\} \text{ bzw. } M_p^i = \{x \mid \lim_{n \to -\infty} S^n x = p\} \; . \tag{6.10}$$

Dabei können die folgenden vier Fälle auftreten (siehe Bild 6.4 und Bild 6.5):

i)   Es existieren zwei Sattelpunkte a und b, die durch heterokline Bahnen verbunden werden. Hier gilt $M_a^s = M_b^i$ und $M_a^i = M_b^s$.

ii) Ein Sattelpunkt a wird mit sich selbst durch eine homokline Bahn verbunden und es gilt
$M_a^s = M_a^i$.

iii) Ein nicht realisierbarer Fall ist der einer Mannigfaltigkeit, die sich selbst kreuzt. Dabei
würde das Prinzip, daß zwei benachbarte Punkte auf benachbarte Punkte abgebildet werden,
verletzt werden. Es sei A der Schnittpunkt und b bzw. c benachbarte Punkte. Dann gilt

$$| S(A) - S(b) | < | S(A) - S(c) | .$$

Da diese Bedingung aber nicht erfüllt ist, tritt ein Widerspruch auf und eine Mannigfaltigkeiten eines Sattels kann sich nicht selbst schneiden.

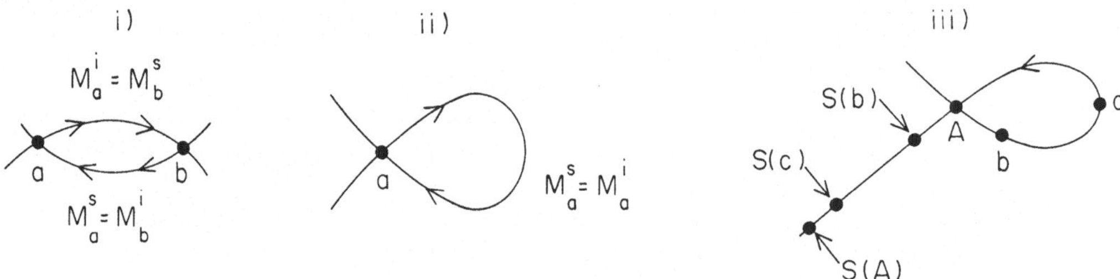

Bild 6.4 Darstellung der Fälle i - iii

iv) Der generische Fall ist jedoch der Schnitt der stabilen mit der instabilen Mannigfaltigkeit, die
von einem oder zwei verschiedenen Sattelpunkten ausgehen (Siehe Bild 6.5).

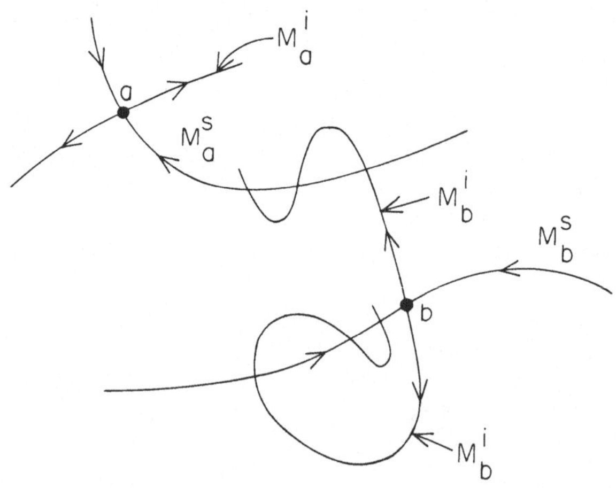

Bild 6.5 Schnitt stabiler und instabiler
Mannigfaltigkeiten zweier Sattelpunkte a und b

SATZ 6.2 (Schnittpunkte von Mannigfaltigkeiten):
Hetero- bzw. homokline Schnitte von Mannigfaltigkeiten besitzen unendlich viele Schnittpunkte.

BEWEIS:
Wir bilden (mit x_1 als 'erstem' Schnittpunkt)

$$x_1 \in M_j^s \quad \text{und} \quad x_1 \in M_j^i \quad \text{mit} \quad j = a \ \text{oder} \ b \ . \tag{6.11}$$

Dann kann, ausgehend von diesem Schnittpunkt, die Iteration auf einer der beiden Mannigfaltigkeiten fortgesetzt werden und es gilt

$$S^n x_1 \in M_j^s \quad \text{und} \quad S^n x_1 \in M_j^i \quad \text{für } j = a, b \ . \tag{6.12}$$

(6.12) gilt, weil x_1 (als Anfangsbedingung) anfänglich zu beiden Mannigfaltigkeiten gehört. Die Abbildung S bzw. ihre n-te Iteration S^n bildet aber jeden Punkt von M_j^s (M_j^i) auf jeden Punkt von M_j^s (M_j^i) ab. Da aber x_1 anfänglich zu beiden Mannigfaltigkeiten gehört, gehört dieser Punkt stets zu beiden Mannigfaltigkeiten. Dies bedeutet aber, daß sich diese Mannigfaltigkeiten unendlich oft schneiden müssen.

Ist S auch invertierbar, so folgt mit (6.11) auch

$$S^{-n} x_1 \in M_j^s \quad \text{und } x_1 \in M_j^i \quad \text{mit } j = a \text{ oder } b \ . \tag{6.13}$$

Daher gibt es keinen Anfangspunkt und keinen Endpunkt; der Punkt x_1 in den Überlegungen, die von (6.11) bis zu (6.13) führten, ist daher als willkürlich gewählter Ausgangspunkt (und nicht als erster Schnittpunkt) zu verstehen. Eine Kurve windet sich, ohne sich selbst zu schneiden, um die andere Kurve und diese Oszillationen werden bei Annäherung an den Sattelpunkt immer rascher. Man nennt dieses Phänomen *chaotischer Wirrwarr* (engl. *tangle*)

In der Nähe eines Sattels a gilt die Linearisierung

$$\begin{pmatrix} x_{n+1} \\ y_{n+1} \end{pmatrix} = D \begin{pmatrix} x_n \\ y_n \end{pmatrix} \quad \text{mit } D = \begin{pmatrix} \sigma_1 & 0 \\ 0 & \sigma_2 \end{pmatrix} ; \quad D^{-1} = \begin{pmatrix} \sigma_1^{-1} & 0 \\ 0 & \sigma_2^{-1} \end{pmatrix} \quad \text{und } |\sigma_1| > 1 \ , \ |\sigma_2| < 1 \ .$$

Dies bedeutet, daß sich in einer kleinen Umgebung des Sattels a die Annäherung an a entlang der stabilen Mannigfaltigkeit M_a^s exponentiell beschleunigt, da $\sigma_2^n \rightarrow 0$ für $n \rightarrow \infty$ erfüllt ist. Eine analoge Aussage gilt für die Annäherung entlang der instabilen Mannigfaltigkeit vermittelt durch die Abbildung S^{-n} (hier gilt $\sigma_1^{-n} \rightarrow 0$ für $n \rightarrow \infty$). Diese Erhöhung der Geschwindigkeit der Annäherung an den Sattel entspricht einer Verringerung der Abstände zwischen zwei Schnittpunkten der Mannigfaltigkeiten. Wie Bild 6.6 dargestellt, muß dann als Folge der Erhaltung der Fläche die 'Amplitude' der Oszillation (die Abweichung der Kurven voneinander) wachsen.

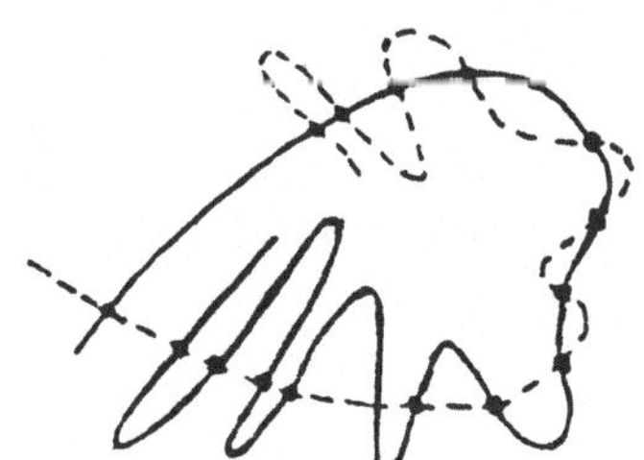

Bild 6.6 Der chaotische Wirrwarr

6.3 Elliptische Fixpunkte flächenerhaltender Abbildungen und KAM-Kurven

Arnold (1961) und Moser (1962) zeigten, daß die Standardabbildung (6.1) für $0 < k \ll 1$ unter bestimmten Bedingungen die Kurve $r_0 = $ const. des Falles $k = 0$ in geschlossene Kurven überführt, die heute (nach Kolmogorov, Arnold und Moser) KAM-Kurven genannt werden. Von Moser (1962) wurde ein Kriterium hergeleitet, das angibt, unter welchen Bedingungen diese Kurven bei Erhöhung des Parameters k (als geschlossene Kurven) erhalten bleiben. Diese KAM-Kurven liegen zwischen Gebieten, in denen elliptische und hyperbolische Fixpunkte aufeinander folgen. Dabei führt die Iteration S^N zu Fixpunkten höherer Iterationen S^{N+M}. Außerdem werden diese Fixpunkte durch die stabilen und instabilen Mannigfaltigkeiten der Sattelpunkte und durch die chaotischen Tangles ihrer Schnitte umschlungen. Auf diese Weise entsteht eine Art von Mikrokosmos von großer Komplexität. Die entsprechende schematische Darstellung in Bild 6.7 ist dabei nur als eine grobe Vereinfachung der Verhältnisse zu verstehen.

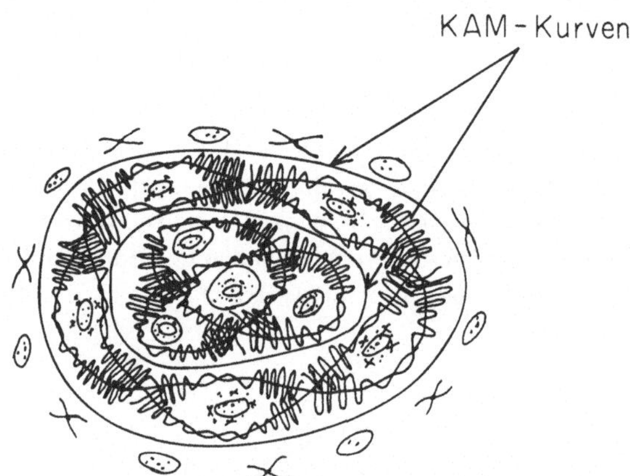

Bild 6.7 KAM-Kurven und Fixpunkt der Standardabbildung

Wir beenden damit diese heuristische Diskussion der Vorgänge bei der Standardabbildung. Weitere Phänomenologie findet der interessierte Leser z. B. bei Jenkins (1991). In Abschnitt 6.4 werden wir den flächenerhaltenden Abbildungen in Form von Poincaré-Karten eines schwach gestörten Hamilton-Systems wiederbegegnen. Wir werden dort ein analytisches Kriterium für das Auftreten des Schnitts zweier Mannigfaltigkeiten im Rahmen einer homoklinen Bifurkation herleiten. Nach seinem Entdecker trägt es den Namen *Melnikov-Bedingung*.

6.4 Winkel- und Wirkungsvariable

Als Vorarbeit zur Herleitung des Melnikov-Kriteriums sollen hier Variablentransformationen zur Vereinfachung der Hamilton-Gleichungen besprochen werden. Ausgangspunkt ist das schon in Abschnitt 3.4 besprochene 2-dimensionale autonome Hamilton-System mit der Hamilton-Funktion $H(x,y)$

$$\dot{x} = \frac{\partial H}{\partial y} \quad \text{und} \quad \dot{y} = -\frac{\partial H}{\partial x} \; . \tag{6.14}$$

In Abschnitt 3.4 wurde gezeigt, daß die Kurven $H = $ const. periodischen Lösungen mit geschlossenen Bahnen entsprechen. Abweichend von den Überlegungen in Kapitel 3 führen wir jetzt neue Koordinaten ein:

$$x = x(I, \theta) \; ; \; y = y(I, \theta) \; , \; \text{bzw.} \, \theta = \theta(x, y) \; \text{und} \; I = I(x, y) \, . \tag{6.15}$$

Wir wollen I und θ so wählen, daß sich die Hamilton-Gleichungen (6.14) in diesen neuen Variablen so weit wie möglich vereinfachen. Wir definieren die Wirkungsvariable I durch

$$I = I(H) = \frac{1}{2\pi} \oint_H y \, dx \, . \tag{6.16}$$

Dabei ist I (bis auf den Faktor $1/2\pi$) die Fläche, die von der geschlossenen Kurve H = const. eingeschlossen wird. Als zweite Variable führen wir eine Winkelvariable ein (T(H) ist die Periode der Bahn H = const.)

$$\theta(x, y) = \frac{2\pi}{T(H)} t \, . \tag{6.17}$$

Jetzt differenzieren wir (6.16) nach H und es entsteht

$$\frac{dI}{dH} = \frac{1}{2\pi} \int_H \frac{\partial y}{\partial H} dx = \frac{1}{2\pi} \int_H \frac{dx}{\dot{x}} = \frac{1}{2\pi} \int_H dt = \frac{T(H)}{2\pi} \, .$$

Daher können wir

$$\frac{dH}{dI} = \frac{2\pi}{T(H)} = \Omega(H) \tag{6.18}$$

bilden und $\Omega(H)$ als Frequenz der Bahn H = const. interpretieren. Wegen (6.16) gilt aber

$$I = I(H) \; \text{oder} \; H = H(I) \tag{6.19}$$

und mit (6.18) und (6.19) folgt auch

$$\Omega = \Omega(I) \, . \tag{6.20}$$

Da I wegen (6.16) (oder auch wegen (6.18)) nicht zeitabhängig ist, so gilt

$$\dot{I} = 0 \, . \tag{6.21}$$

Differenzieren wir jetzt (6.17) nach t, so entsteht

$$\dot{\theta} = \frac{2\pi}{T(H)} = \Omega(H) = \Omega(I) \, . \tag{6.22}$$

Damit erhalten wir an Stelle von (6.14) das vereinfachte System

$$\dot{I} = 0 \, ; \; \dot{\theta} = \Omega(I) \, . \tag{6.23}$$

Jetzt sollen noch einige später benötigte Relationen hergeleitet werden. Wir beginnen mit

$$\dot{I} = 0 = \frac{\partial I}{\partial x} \frac{\partial H}{\partial y} - \frac{\partial I}{\partial y} \frac{\partial H}{\partial x} \tag{6.24.1}$$

und bilden analog

$$\dot{\theta} = \frac{\partial \theta}{\partial x} \frac{\partial H}{\partial y} - \frac{\partial \theta}{\partial y} \frac{\partial H}{\partial x} = \Omega(I) = H'(I) \tag{6.24.2}$$

wobei wir im letzten Schritt auf der linken Seite (6.18) benutzt haben. Wegen (6.19) gilt aber

$$\frac{\partial H}{\partial x} = H'(I) \frac{\partial I}{\partial x} \quad \text{bzw.} \quad \frac{\partial H}{\partial y} = H'(I) \frac{\partial I}{\partial y} \tag{6.25}$$

und nach Eintragen in (6.24.2) erhalten wir

$$\frac{\partial \theta}{\partial x} \frac{\partial I}{\partial y} - \frac{\partial \theta}{\partial y} \frac{\partial I}{\partial x} = \det \left[J(I,\theta) \right] = 1 \; . \tag{6.26}$$

J ist wieder die Jacobi-Matrix. (6.26) bedeutet, daß die Koordinatentransformation (6.15) flächenerhaltend ist. Vor Besprechung eines Beispiels soll noch erwähnt werden, daß mit (6.19) und wegen

$$H(x(I, \theta), y(I, \theta)) = K(I) \tag{6.27}$$

die Struktur der Hamilton-Funktion ebenfalls eine Invariante der Transformation ist (K(I) ist die 'neue' Hamilton-Funktion). Hinweise zum Beweis von (6.27) werden in Aufgabe 6.4 gegeben.

BEISPIEL:
Vorgelegt sei der harmonische Oszillator (realisiert z.B. durch eine linearisierte Pendelschwingung) mit der Hamilton-Funktion

$$H = \frac{1}{2m} \left(y^2 + m^2 \, \omega^2 \, x^2 \right) = E = \text{const} \; . \tag{6.28}$$

(m: Masse, ω: Frequenz, E: Energie). Wir können (6.28) nach y auflösen und erhalten nach Eintragen in (6.16)

$$I = \frac{1}{2\pi} \int \sqrt{2 \, m \, E - (m \, \omega \, x)^2} \; dx \; . \tag{6.29}$$

Mit der Substitution

$$x = \sqrt{\frac{2E}{m \, \omega^2}} \, \sin \theta \tag{6.30}$$

läßt sich (6.29) integrieren und es entsteht

$$I = \frac{E}{\pi\omega} \int_0^{2\pi} \cos^2\theta \, d\theta = \frac{E}{\omega} \ . \tag{6.31}$$

Damit folgt aber bei Verwendung von (6.28) $H = E = \omega \, I$ und die durch (6.18) definierte Frequenz ist

$$\frac{dH}{dI} = \Omega(I) = \omega \ . \tag{6.32}$$

Sie stimmt daher mit der Frequenz des harmonischen Oszillators überein. Eine Verallgemeinerung von (6.28) wird im Rahmen der Aufgabe 6.3 besprochen.   ❏

6.5 Schwach gestörte Hamilton-Systeme

An Stelle von (6.14) betrachten wir das durch periodische Anregungen (mit der Periode τ) schwach gestörte Hamilton-System

$$\dot{x} = \frac{\partial H}{\partial y} + \varepsilon \, g_1(x, y, t, \varepsilon) \ ; \ \dot{y} = -\frac{\partial H}{\partial y} + \varepsilon \, g_2(x, y, t, \varepsilon) \ ;$$
$$\varepsilon \to 0_+ \ ; \ g_j(x, y, t+\tau, \varepsilon) = g_j(x, y, t, \varepsilon) \ \text{für } j = 1, 2 \ . \tag{6.33}$$

ε ist ein kleiner Störparameter, $H(x,y)$ ist die Hamilton-Funktion des ungestörten Systems und wir verwenden die zu H gehörigen Winkel- und Wirkungsvariablen I und θ. Dann gilt

$$\dot{I} = I_x \, \dot{x} + I_y \, \dot{y} = (I_x \, H_y - I_y \, H_x) + \varepsilon \, (I_x \, g_1 + I_y \, g_2) \ . \tag{6.34}$$

Wegen (6.24.1) verschwindet der erste Term auf der rechten Seite, d.h.

$$\dot{I} = \varepsilon \, (I_x \, g_1 + I_y \, g_2) \ . \tag{6.35}$$

Jetzt bilden wir die Ableitung der Winkelvariablen und erhalten

$$\dot{\theta} = \theta_x \, \dot{x} + \theta_y \, \dot{y} = (\theta_x \, H_y - \theta_y \, H_x) + \varepsilon \, (\theta_x \, g_1 + \theta_y \, g_2) \ . \tag{6.36}$$

Verwenden wir jetzt noch (6.24.2), so entsteht

$$\dot{\theta} = \Omega(I) + \varepsilon \, (\theta_x \, g_1 + \theta_y \, g_2) \ . \tag{6.37}$$

Etwas kompakter dargestellt haben nun (6.35) und (6.37) die Form

$$\dot{I} = \varepsilon \, F(I, \theta, t, \varepsilon) \ \text{und} \ \dot{\theta} = \Omega(I) + \varepsilon \, G(I, \theta, t, \varepsilon) \ . \tag{6.38.1}$$

Der ungestörte Spezialfall ($\varepsilon = 0$) von (6.38) ist wieder der von (6.23). Die Störgrößen in (6.38) sind gegeben durch

$$F(I, \theta, t, \varepsilon) = I_x(x, y)\, g_1(x, y, t, \varepsilon) + I_y(x, y)\, g_2(x, y, t, \varepsilon) \qquad (6.38.2)$$

bzw.

$$G(I, \theta, t, \varepsilon) = \theta_x(x, y)\, g_1(x, y, t, \varepsilon) + \theta_y(x, y)\, g_2(x, y, t, \varepsilon). \qquad (6.38.3)$$

Dabei sind in (6.38.2,3) $x = x(I, \theta)$ und $y = y(I, \theta)$ einzusetzen. Man sieht leicht, daß die Störungen F und G bi-periodisch sind, nämlich 2π-periodisch in Bezug auf θ und τ-periodisch in Bezug auf die Zeitvariable t. Zur Lösung von (6.38) setzen wir jetzt die Entwicklung

$$I(t, \varepsilon) \equiv I_\varepsilon(t) = I_0 + \varepsilon\, I_1(t) + O(\varepsilon^2) \;\; ; \;\; I_0 = \text{const.}$$
$$\theta(t, \varepsilon) \equiv \theta_\varepsilon(t) = \theta_0 + \Omega(I_0)\, t + \varepsilon\, \theta_1(t) + O(\varepsilon^2) \;\; ; \;\; \theta_0 = \text{const.} \qquad (6.39)$$

an. Einsetzen von (6.39) in (6.38) ergibt nach einer Taylor-Entwicklung

$$\begin{pmatrix} \dot{\theta}_1 \\ \dot{\theta}_1 \end{pmatrix} = \begin{pmatrix} 0 & 0 \\ \Omega'(I_0) & 0 \end{pmatrix} \begin{pmatrix} I_1 \\ \theta_1 \end{pmatrix} + \begin{pmatrix} F(\xi_0) \\ G(\xi_0) \end{pmatrix} \;\; ; \;\; \xi_0 = (I_0, \theta_0 + \Omega(I_0)\, t, t, 0) \; . \qquad (6.40)$$

Jetzt können wir den großen Vorteil der Wirkungs- und Winkelvariablen erkennen, denn (6.40) ist eine lineares System mit einer konstanten Matrix und einer t-abhängigen Inhomogenität, ein System also, das sich elementar integrieren läßt.

Nun bilden wir mit Hilfe von τ, der Periode der Störungen, eine globale Poincaré-Karte. Dazu schreiben wir (6.38) als erweitertes System mit der zusätzlichen Variablen $\Phi = t$ und $d\Phi/dt = 1$. Die entsprechende Poincaré-Karte P_ε erhalten wir als Schnitt der Bahnkurven mit der Ebene

$$\Sigma^\tau = \left\{ (I, \theta, \phi) \in R \times S^1 \times S^1 \mid \phi = \tau \right\} \; . \qquad (6.41)$$

Damit gilt

$$P_\varepsilon : \; (I_\varepsilon(0), \theta_\varepsilon(0)) \to (I_\varepsilon(\tau), \theta_\varepsilon(\tau)) \qquad (6.42.1)$$

und für die m-fach iterierte Karte erhalten wir

$$P_\varepsilon^m : \; (I_\varepsilon(0), \theta_\varepsilon(0)) \to (I_\varepsilon(m\,\tau), \theta_\varepsilon(m\,\tau)) \; . \qquad (6.42.2)$$

Da die Anfangsbedingungen in (6.39) schon eingearbeitet sind, erhalten wir als Lösung von (6.40)

$$I_1(t) = \int_0^t F(\xi_0(u))\, du \;\; ; \;\; \xi_0(u) = (I_0, \theta_0 + \Omega(I_0)\, u, u, 0) \; ;$$

$$\theta_1(t) = \Omega'(I_0) \int_0^t I_1(u)\, du + \int_0^t G(\xi_0(u))\, du \; . \qquad (6.43)$$

Mit (6.39) und (6.43) lautet nun die m-fach iterierte Karte

$$P_\varepsilon^m : (I_0, \theta_0) \to (I_0 + \varepsilon\, I_1(m\,\tau),\ \theta_0 + m\Omega(I_0)\,\tau + \varepsilon\,\theta_1(m\,\tau)) + O(\varepsilon^2) =$$
$$= (I_0,\ \theta_0 + m\,\Omega(I_0)\,\tau) + \varepsilon\, M^{(m,\,n)} + O(\varepsilon^2) \ . \tag{6.44}$$

Man sieht leicht, daß der ungestörte Anteil von (6.44) die Twist-Iteration (siehe Aufgabe 6.2) darstellt. Des weiteren ist der Melnikov-Vektor durch

$$I = I(H) = \frac{1}{2\,\pi} \int_H y\ dx \cdot M^{(m,\,n)} = (M_1(I_0,\ \theta_0,\ \tau),\ M_2(I_0,\ \theta_0,\ \tau))^\Gamma \in \mathbf{R}^2 \tag{6.45}$$

definiert und er hat wegen (6.43) die Komponenten

$$M_1(I_0,\ \theta_0,\ \tau) = \int_0^{m\tau} F(\xi_0(u))\ du\ ;\ M_2(I_0,\ \theta_0,\ \tau) = \Omega'(I_0)\int_0^{m\tau} I_1(u)\ du + \int_0^{m\tau} G(\xi_0(u))\ du\ . \tag{6.46}$$

Im Folgenden untersuchen wir Resonanzen des Typs

$$n\,T(I) = m\,\tau\ ;\ m,\ n \in \mathbf{N}\ . \tag{6.47}$$

(6.47) bedeutet, daß die Periode des ungestörten Systems T kommensurabel mit der Periode der Störung ist. Wir schreiben jetzt die Poincaré-Karte (6.44) in der Form

$$P_\varepsilon^m : \begin{pmatrix} I + \varepsilon\, M_1(I,\ \theta,\ \tau) \\ \theta + m\,\tau\,\Omega(I) + \varepsilon\, M_2(I,\ \theta,\ \tau) \end{pmatrix} \tag{6.44'}$$

Dabei gilt folgendes Theorem:

SATZ 6.3 (Fixpunkte der Poincaré Karte):

Der Punkt $(\tilde{I}, \tilde{\theta})$ sei durch (6.47) definiert, d.h.

$$n\,T(\tilde{I}) = m\,\tau\ . \tag{6.47'}$$

Gilt entweder

i) $M_1(\tilde{I},\ \tilde{\theta},\ \tau) - 0$ und $\left.\left(\dfrac{\partial\Omega}{\partial I}\ \dfrac{\partial M_1}{\partial\theta}\right)\right|_{\tilde{I},\tilde{\theta}} \neq 0$, $\qquad\qquad$ (6.48)

oder alternativ

ii) $M_j(\tilde{I},\ \tilde{\theta},\ \tau) = 0$ für $j = 1, 2$; $\Omega'(\tilde{I}) = 0$ und $\det\left[J(M(\tilde{I},\tilde{\theta}))\right] \neq 0$, $\qquad$ (6.49)

dann hat die Poincaré-Karte (6.44') den Fixpunkt $(\tilde{I}, \tilde{\theta})$ mit der Periode m.

BEWEIS:

i) Wir gehen von einer Störung des Fixpunkts aus und setzen

$$I: = \hat{I} = \tilde{I} + \Delta I ; \Delta I = O(\varepsilon) .$$ (6.50)

Jetzt tragen wir (6.50) in (6.44') und verwenden die Entwicklung

$$m \tau \Omega(\hat{I}) = n T(\tilde{I}) \Omega(\hat{I}) = n T(\tilde{I}) \left[\Omega(\tilde{I}) + \Delta I \Omega'(\tilde{I}) \right] + O(\varepsilon^2) =$$
$$= 2 \pi n + n \Delta I T(\tilde{I}) \Omega'(\tilde{I}) (\mathrm{mod}\ 2\pi) = n \Delta I \Omega(\tilde{I}) \Omega'(I) .$$

Damit gilt aber

$$P_\varepsilon^m(\tilde{I}, \tilde{\theta}) - \begin{pmatrix} \tilde{I} \\ \tilde{\theta} \end{pmatrix} = \begin{pmatrix} 0 \\ n T(\tilde{I})\Omega'(\tilde{I}) \Delta I \end{pmatrix} + \varepsilon \begin{pmatrix} 0 \\ M_2(\tilde{I}, \tilde{\theta}, \tau) \end{pmatrix} + O(\varepsilon^2) .$$ (6.50')

Jetzt setzen wir

$$\Delta I = - \frac{\varepsilon M_2(\tilde{I}, \tilde{\theta}, \tau)}{n T(\tilde{I}) \Omega'(\tilde{I})} .$$

Einsetzen in (6.450') ergibt jetzt aber $P_\varepsilon^m(\tilde{I}, \tilde{\theta}) - (\tilde{I}, \tilde{\theta})^T = O(\varepsilon^2)$: dies bedeutet, daß bis zur Ordnung ε^2 $(\tilde{I}, \tilde{\theta})$ Fixpunkt ist. Damit ist die Existenz des Fixpunkts (6.47') für Teil i) von Satz 6.3 bewiesen. Als nächstes untersuchen wir die Eindeutigkeit.

Die Anwendung des Satzes (3.6) über implizite Funktionen auf die Fixpunkt-Gleichung $P_\varepsilon^m(\tilde{I}, \tilde{\theta}) - (\tilde{I}, \tilde{\theta})^T = 0$ verlangt für die Eindeutigkeit der Lösungen die Erfüllung von $\det |J(P_\varepsilon^m) - \mathrm{Id}| \neq 0$. (J ist wieder die Jacobi-Matrix, Id ist hier die Einheitsmatrix, nicht zu verwechseln mit der Wirkungsvariablen I). Bilden wir diese Determinante, so entsteht

$$\det \left[P_\varepsilon^m(\tilde{I}, \tilde{\theta}) - (\tilde{I}, \tilde{\theta})^T \right] = \varepsilon n T(\tilde{I}) \Omega'(\tilde{I}) \frac{\partial M_1(\hat{I}, \hat{\theta})}{\partial \theta} + O(\varepsilon^2) .$$ (6.51)

und wegen (6.48) ist das erste Glied auf rechten Seite von (6.51) nicht Null. Damit ist aber auch die Eindeutigkeit des Fixpunkts für den Fall i) nachgewiesen.

ii) Wegen des ersten Teils von (6.49) existiert der Fixpunkt in der Form (6.47') bis auf Glieder der Ordnung $O(\varepsilon^2)$. Zur Untersuchung der Eindeutigkeit bilden wir wieder die Determinante der Jacobi-Matrix und wegen (6.44') erhalten wir

$$\det \left[J(P_\varepsilon^m) - \mathrm{Id} \right] = \varepsilon m \tau \Omega'(\tilde{I}) \frac{\partial M_2}{\partial \theta} + \varepsilon^2 \det|J(M)| = \varepsilon^2 \det |J(M)| \neq 0 .$$ (6.51')

Damit ist aber auch die Eindeutigkeit des Fixpunkts für den Fall ii) bewiesen.   ✳

6.6 Das Melnikov-Kriterium

Wir untersuchen hier das Aufbrechen von homoklinen Bahnen eines ungestörten Hamilton-Systems unter Einwirkung kleiner periodischer Störungen. Die homokline Bahn ist die Vereinigung der stabilen und instabilen Mannigfaltigkeiten des Sattels des ungestörten Systems. Beim gestörten System 'finden diese Mannigfaltigkeiten nicht mehr zusammen'. Die im Folgenden eingeführte Melnikov-Funktion ist ein integrales Maß für den Abstand dieser Mannigfaltigkeiten der Poincaré-Karte des entsprechenden dynamischen Systems. Ein Schnitt dieser Kurven entspricht einer einfachen Nullstelle dieser Funktion. In den Anwendungen führt eine Variation eines Parameters dazu, daß sich diese Mannigfaltigkeiten berühren, eine weitere Änderung dieses Parameters führt dann zum Schnitt dieser Kurven und damit - wie in Abschnitt 6.2 gezeigt wurde - zu unendlich vielen Schnittpunkten und dies bedeutet das Auftreten des chaotischen Tangles. Die Existenz einer Nullstelle der Melnikov-Funktion stellt dabei ein notwendiges Kriterium für das Eintreten von Chaos auf dem Weg über homokline Bifurkationen dar.

Wie in Abschnitt 6.5 untersuchen wir ein Hamilton-System mit kleinen periodischen Störungen und wir schreiben das System (6.33) in der vektoriellen Form

$$\dot{x} = S \text{ grad } H(x) + \varepsilon \ g(x, t, \varepsilon) \ ; \ x, g \in R^2 \ ; \ \varepsilon \to 0_+ \ ,$$

$$g(x, t+\tau, \varepsilon) = g(x, t, \varepsilon) \ ; \ S = \begin{pmatrix} 0 & 1 \\ -1 & 0 \end{pmatrix} \ . \tag{6.52}$$

Bezüglich homokliner Orbits treffen wir jetzt folgende

ANNAHME:
Das ungestörte System ($\varepsilon = 0$) besitzt einen Sattelpunkt p_0, der durch eine homokline Bahn q_0 $= \{x_0(t), y_0(t)\}$ mit sich selbst verbunden wird. Der homokline Orbit und der Sattel p_0 sind die Vereinigungsmenge der stabilen (instabilen) Mannigfaltigkeit $M^s(p_0)$ ($M^i(p_0)$)

$$\Gamma = M^s(p_0) \cup M^i(p_0) \cup p_0 \ . \tag{6.53}$$

Wir haben in Abschnitt 6.5 besprochen, wie periodische Bahnen durch Störungen beeinflußt werden. Die Störung verschiebt zunächst den Sattelpunkt von p_0 zu p_ε. Hier wollen wir untersuchen, wie die homoklinen Bahnen Γ gestört werden.

Die folgenden Untersuchungen sind aufwendig und wir wollen sie in den folgenden drei Schritten vornehmen:

a) Parametrisierung der homoklinen Bahn Γ des Hamilton-Systems;

b) Bestimmung eines Abstandsmaßes für den Abstand der Mannigfaltigkeiten des gestörten Systems;

c) Herleitung der Melnikov-Funktion und Bestimmung ihres Zusammenhangs mit dem Abstand zwischen den gestörten Mannigfaltigkeiten.

6.6.1 Homokline Koordinaten

Hier soll im Rahmen des Schrittes a) eine Strategie zur Parametrisierung der homoklinen Bahn Γ (6.53) erarbeitet werden. Ausgangspunkt ist das System (6.52) in seiner erweiterten Form

$$\dot{x} = S \text{ grad } H(x) + \varepsilon \ g(x, \phi, \varepsilon) \ ; \dot{\phi} = \omega = 2\pi/\tau \ ; \phi : = \phi \text{ mod } 2 \pi \qquad (6.52')$$

und wir können uns auf den Phasenraum $\mathbf{R}^2 \times S^1$ beschränken. Dabei geht der Sattelpunkt p_0 des ungestörten Systems in die periodische Bahn

$$p_0 : \gamma(t) = (p_0, \phi(t) = \omega \ t + \phi_0 \text{ mod } 2\pi) \qquad (6.54)$$

über. Die entsprechenden stabilen (instabilen) Mannigfaltigkeiten sind $M^s(\gamma(t))$ $(M^i(\gamma(t))$. Sie fallen entsprechend der obigen Annahme zu einer homoklinen Bahn zusammen: wir nennen sie homokline Mannigfaltigkeit Γ. Das Ziel der Melnikov-Theorie ist die Untersuchung ihres Aufbrechens unter dem Einfluß kleiner Störungen. Es sollte klar sein, daß das Zusammenfallen stabiler und instabiler Mannigfaltigkeiten einen Ausnahmefall darstellt, der generische Fall ist der des Schnittes der Mannigfaltigkeiten. Im Abschnitt 6.6.2 wollen wir ein Abstandsmaß für die Mannigfaltigkeiten einführen. Dieses variiert längs Γ und es wird durch eine geeignete Parametrisierung von Γ berechnet. Wir führen dazu homokline Koordinaten ein. Jeder Punkt von Γ kann beschrieben werden durch

$$(q_0(-t_0), \phi_0) \in \Gamma \ ; \ t_0 \in R; \phi_0 \in S^1 \ . \qquad (6.55)$$

Dabei ist t_0 die 'Flugzeit' vom Punkt $q_0(-t_0)$ zum Punkt $q_0(0)$; die Wahl des Vorzeichens '-' ist nur eine Konvention. An jedem Punkt von Γ können wir einen Normalenvektor n_γ bilden und mit (6.14) erhalten wir

$$n_\gamma = (-\dot{y}, \dot{x}) = \text{grad } H(q_0(-t_0)) \ . \qquad (6.56)$$

Man beachte, daß in (6.56) ϕ, die Zeitkomponente, Null gesetzt wurde.

6.6.2 Abstand zwischen stabilen und instabilen Mannigfaltigkeiten gestörter Systeme

Unter dem Einfluß von Störungen bleibt die 'periodische Bahn' (6.54) erhalten. Es geht lediglich $\gamma(t)$ in $\gamma_\varepsilon(t)$ über und es gilt

$$\gamma_\varepsilon(t) = \gamma(t) + O(\varepsilon) \ . \qquad (6.57)$$

Dabei hat die Bahn (6.57) dieselbe Stabilität wie (6.54) (Beweis analog zum Beweis von Teil iii) des Mittelwertsatzes, siehe Kapitel 5).

Wie in Bild 6.8 dargestellt, können wir jetzt ein Maß für den Abstand der gestörten Mannigfaltigkeiten einführen. Es sei S^s (S^i) der Schnittpunkt der stabilen (instabilen) Mannigfaltigkeit mit dem Normalenvektor (6.56). Dann wäre eine Möglichkeit, ein derartiges Abstandsmaß einzuführen,

$$d_1(p, \varepsilon) = |\, S^i - S^s \,| \, . \tag{6.58}$$

Dabei hat es sich als Konvention eingebürgert, die stabilen von den instabilen Größen zu subtrahieren. Die im Folgende benutzte Alternative zu (6.58) geht vom Normalenvektor (6.56) aus und sie hat die Form

$$d(t_0, \phi_0, \varepsilon) = (q_\varepsilon^i - q_\varepsilon^s) \cdot \frac{\mathrm{grad}\, H(q_0(-t_0))}{|\mathrm{grad}\, H(q_0(-t_0))|} \, . \tag{6.59}$$

Der Punkt symbolisiert das Skalarprodukt. In (6.59) sind q_ε^s, $q_\varepsilon^i \in R^2$ als Orbits der stabilen bzw. instabilen Mannigfaltigkeiten Lösungen des gestörten Systems (6.52) (grad H besitzt keine Zeitkomponente, daher werden nicht die Lösungen des erweiterten Systems (6.52') herangezogen). Dabei gilt die Taylor-Entwicklung für diese Orbits

$$q_\varepsilon^s(t, t_0) = q_0(t - t_0) + \varepsilon\, q_1^s(t, t_0) + O(\varepsilon^2) \quad \text{für} \ \ t \geq t_0 \, ;$$
$$q_\varepsilon^i(t, t_0) = q_0(t - t_0) + \varepsilon\, q_1^i(t, t_0) + O(\varepsilon^2) \quad \text{für} \ \ t \leq t_0 \tag{6.60}$$

und mit $x := q_\varepsilon^j$ ($j = i$ oder s) müssen diese Orbits (6.52) genügen.

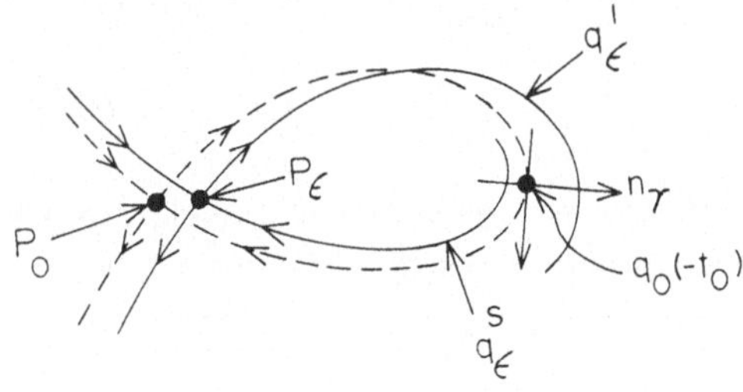

Bild 6.8 Maß des Abstandes zwischen stabilen und instabilen Mannigfaltigkeiten (die ungestörte homokline Bahn ist strichliert gezeichnet)

6.6.3 Definition der Melnikov-Funktion

Eine Taylor-Entwicklung von (6.59) hinsichtlich ε ergibt, da H von diesem Parameter unabhängig ist,

$$d(t_0, \phi_0, \varepsilon) = d(t_0, \phi_0, 0) + \frac{\mathrm{grad}\, H(q_0(-t_0))}{|\mathrm{grad}\, H(q_0(-t_0))|} \cdot \left(\frac{\partial(q_\varepsilon^i - q_\varepsilon^s)}{\partial \varepsilon}\right)_{\varepsilon = 0} + O(\varepsilon^2) \, . \tag{6.61}$$

Da die Mannigfaltigkeiten aber für $\varepsilon = 0$ zusammenfallen, gilt

$$d(t_0, \phi_0, 0) = 0 \, . \tag{6.62}$$

Jetzt definieren wir die Melnikov-Funktion durch

$$M(t_0, \phi_0) = \mathrm{grad}\, H(q_0(-t_0)) \cdot \frac{\partial(q_\varepsilon^i - q_\varepsilon^s)}{\partial \varepsilon} \tag{6.63}$$

und es gilt

$$d(t_0, \phi_0, \varepsilon) = \varepsilon \, \frac{M(t_0, \phi_0)}{|\,\text{grad } H(q_0(-t_0))\,|} + O(\varepsilon^2). \tag{6.64}$$

Wegen $|\text{grad } H(q_0(-t_0))| \neq 0$ (grad $H = 0$ gilt ja nur im Sattelpunkt; dieser ist Ausgangspunkt und nicht Schnittpunkt der Mannigfaltigkeiten) folgt aber, daß M eine Nullstelle haben muß, wenn das Maß d verschwindet. Eine Nullstelle der Melnikov-Funktion bedeutet daher eine Berührung der Mannigfaltigkeiten und damit den Anfang des Übergangs zum chaotischen Wirrwarr.

Das praktische Problem besteht jedoch in der Berechnung der Melnikov-Funktion, die die explizite Lösung des gestörten Systems erfordert. Um diese analytisch nur in Einzelfällen durchführbare Arbeit zu umgehen, benutzte Melnikov einen genialen Trick. Er führte mit der Definition

$$\widetilde{M}(t; t_0, \phi_0) = \text{grad } H(q_0(t - t_0)) \cdot \left(\frac{\partial(q_\varepsilon^i - q_\varepsilon^s)}{\partial \varepsilon} \right)_{\varepsilon = 0} \tag{6.65}$$

eine 'neue' zeitabhängige Melnikov-Funktion ein und stellte für letztere ein leicht lösbare Differentialgleichung auf. Man beachte, daß die zeitabhängige Melnikov-Funktion insofern ungewöhnlich ist, als der Faktor *grad H* mit dem ungestörten Orbit zu bilden ist, während der zweite Faktor in (6.65) durch die Dynamik des gestörten Systems bestimmt ist.

Wir kommen nun zur Herleitung der Differentialgleichung für die zeitabhängige Melnikov-Funktion. Zunächst gilt

$$\widetilde{M}(0; t_0, \phi_0) = M(t_0, \phi_0) \, . \tag{6.66}$$

Jetzt soll eine gewöhnliche Differentialgleichung, der $\widetilde{M}(t; t_0, \phi_0)$ genügen muß, hergeleitet werden. Zur Vereinfachung der Schreibweise benutzen wir die Abkürzungen

$$\left(\frac{\partial q_\varepsilon^s}{\partial \varepsilon} \right)_{\varepsilon=0} = a^s(t) \quad \text{und} \quad \left(\frac{\partial q_\varepsilon^i}{\partial \varepsilon} \right)_{\varepsilon=0} = a^i(t) \, ; \quad a^j(t) \in R^2 \quad \text{für } j = i, s \, . \tag{6.67}$$

Damit läßt sich (6.65) umformen und wir erhalten

$$\widetilde{M}(t; t_0, \phi_0) = \delta^i(t) - \delta^s(t) \quad \text{mit } \delta^j(t) = \text{grad} H(q_0(t - t_0)) \cdot a^j(t) \quad \text{für } j = s, i \, . \tag{6.68}$$

Jetzt differenzieren wir den zweiten Teil von (6.68) und erhalten

$$\frac{d\delta^j(t)}{dt} = \frac{d}{dt}[\text{grad} H(q_0(t - t_0)] \cdot a^j(t) + \text{grad} H(q_0(t - t_0)) \cdot \frac{da^j(t)}{dt} \, . \tag{6.69}$$

Wegen (6.67) findet sich in (6.69) der Ausdruck

$$\dot{a}^j = \left(\frac{\partial \dot{q}_\varepsilon^j}{\partial \varepsilon} \right)_{\varepsilon=0} \, . \tag{6.70}$$

q_ε^j ist aber Lösung des gestörten Problems (6.52'). Daher gilt

$$\left(\frac{\partial \dot{q}_\varepsilon^j}{\partial \varepsilon}\right)_{\varepsilon=0} = S \left(\frac{\partial \ \mathrm{grad}\ H(q_\varepsilon^j)}{\partial \varepsilon}\right)_{\varepsilon=0} + \left(g(q_\varepsilon^j, t, 0)\right)_{\varepsilon=0} \tag{6.71}$$

mit

$$S \left(\frac{\partial \ \mathrm{grad}\ H(q_\varepsilon^j)}{\partial \varepsilon}\right)_{\varepsilon=0} = \left(\frac{\partial H_y(q_\varepsilon^j)}{\partial \varepsilon}, - \frac{\partial H_x(q_\varepsilon^j)}{\partial \varepsilon}\right)_{\varepsilon=0}^T .$$

Dieses Glied läßt sich jedoch umformen und mit (6.52) entsteht

$$S \left(\frac{\partial \ \mathrm{grad}\ H(q_\varepsilon^j)}{\partial \varepsilon}\right)_{\varepsilon=0} = S\, J^2(H) \left(\frac{\partial q_\varepsilon^j}{\partial \varepsilon}\right)_{\varepsilon=0} = S\, J^2(H)\, a^j \ \mathrm{mit}\ J^2(H) = \begin{pmatrix} H_{xx} & H_{xy} \\ H_{xy} & H_{yy} \end{pmatrix} .$$

Damit geht (6.71) in

$$\dot{a}^j = S\, J^2\, [H(z)]\, a^j + g(z, t, 0) \ ; \ \mathrm{mit}\ z = q_\varepsilon^j\big|_{\varepsilon=0} = q_0(t - t_0) \in \mathbf{R}^2 \tag{6.72}$$

über, wobei z die ungestörte Bahn beschreibt. Das Argument z von H und g in (6.72) wird klar, wenn man (6.60) berücksichtigt. Man hätte aber auch (6.72) direkt durch Einsetzen von (6.60) in (6.52) und anschließende Taylor-Entwicklung herleiten können (siehe Aufgabe 6.5).

Wir setzen nun (6.72) in (6.69) ein, verwendenden die Abkürzung z, und es entsteht

$$\frac{d\delta^j(t)}{dt} = \frac{d\ \mathrm{grad}H(z)}{dt} \cdot a^j(t) + \mathrm{grad}H(z) \cdot \left\{ S\, J^2[H(z)]\, a^j + g(z, t, 0) \right\} . \tag{6.73}$$

(6.73) läßt sich aber wesentlich vereinfachen, da die Beziehung

$$\frac{d\ \mathrm{grad}H(z)}{dt} \cdot a^j(t) + \mathrm{grad}H(z)\, S\, J^2[H(z)] \cdot a^j = 0 \tag{6.74}$$

erfüllt ist. Zum Beweis von (6.74) bilden wir zunächst

$$\frac{d\ \mathrm{grad}H(z)}{dt} = J^2[H(z)]\, \dot{z} = J^2[H(z)]\, S\, \mathrm{grad}\ H(z) . \tag{6.75}$$

Dabei ist z wegen der Definition in (6.72) die ungestörte Bahn und sie erfüllt $\dot{z} = S\ \mathrm{grad}\ H(z)$ (siehe (6.52) für $\varepsilon = 0$). Verwenden wir noch die Abkürzung

$$a^j = (\alpha, \beta)^T , \tag{6.76}$$

dann ergibt der erste Teil von (6.74)

$$a^j \frac{d\ \mathrm{grad}\ H(z)}{dt} = \left[\begin{pmatrix} H_{xx} & H_{xy} \\ H_{xy} & H_{yy} \end{pmatrix} \begin{pmatrix} H_y \\ -H_x \end{pmatrix}\right]\begin{pmatrix} \alpha \\ \beta \end{pmatrix} = \alpha\, (H_{xx}\, H_y - H_{xy}\, H_x) + \beta\, (H_{xy}\, H_y - H_{yy}\, H_x) . \tag{6.77}$$

Die Berechnung des zweiten Terms in (6.74) führt zu

$$\text{grad } H(z) \, S \, J^2(H) \, a^j = \begin{pmatrix} H_x \\ H_y \end{pmatrix} \begin{pmatrix} H_{xy} & H_{yy} \\ -H_{xx} & -H_{xy} \end{pmatrix} \begin{pmatrix} \alpha \\ \beta \end{pmatrix} =$$

$$= \alpha \, (\, H_{xy} \, H_x - H_{xx} \, H_y) + \beta \, (\, H_{yy} \, H_x - H_{xy} \, H_y) \; . \tag{6.78}$$

(6.77) und (6.78) sind mit dem in (6.72) definierten Argument z zu bilden. Da aber die Summe von (6.77) und (6.78) Null ist, ist (6.74) bewiesen. Von (6.73) verbleibt nur mehr

$$\frac{d\delta^j(t)}{dt} = \text{grad} H(z) \cdot g(z, t, 0) \; . \tag{6.79}$$

Dies ist aber eine lineare inhomogene Differentialgleichung und wir erhalten nach einer Integration

$$\delta^s(t) - \delta^s(0) = \int_0^t \text{grad } H(u) \cdot g(u, v, 0) \, dv \; ; \; u = q_0(v - t_0) \; ; \; t \geq 0 \; . \tag{6.80.1}$$

Dabei muß beachtet werden, daß (6.80) als stabile Mannigfaltigkeit für $t \geq 0$ gilt. Andererseits gilt die instabile Mannigfaltigkeit nur für $t \leq 0$ und wir erhalten als Lösung von (6.79)

$$\delta^i(0) - \delta^i(-t) = \int_{-t}^0 \text{grad } H(u) \cdot g(u, v, 0) \, dv \; . \tag{6.80.2}$$

Tragen wir jetzt (6.80) in die zeitabhängige Melnikov-Funktion (6.68) ein und bilden (6.66), so entsteht

$$M(t_0) = \delta^i(0) - \delta^s(0) = \int_{-t}^t \text{grad } H(q_0(v - t_0)) \cdot g(u, v, 0) \, d\,v + \delta^i(-t) - \delta^s(t) \; . \tag{6.81}$$

Ab jetzt lassen wir die Variable Φ_0, die ja nur zur Festlegung der Poincaré-Abbildung dient, in der Variablenliste der Melnikov-Funktion weg.

Da die Melnikov-Funktion zeitunabhängig ist, muß (6.81) unabhängig von t sein. Wir bilden daher den Grenzwert $t \to \infty$. Da die ungestörte Bahn den Sattelpunkt für $t \to \pm\infty$ anläuft, muß grad H für diese Grenzwerte exponentiell verschwinden. Die Beschränktheit

$$| \, a^i(t) \, | < \infty \; \text{für} \; t \in [-\infty, 0] \; \text{und} \; | \, a^s(t) \, | < \infty \; \text{für} \; t \in [0, \infty]$$

wurde von Wiggins (1990) bewiesen. Damit muß aber wegen des zweiten Teils von (6.68)

$$\lim_{t \to \infty} \delta^i(-t) = \lim_{t \to \infty} \delta^s(t) = 0$$

erfüllt sein. Ebenso garantiert das exponentielle Verschwinden von grad H die Existenz des Grenzwerts des uneigentlichen Integrals in (6.81). Damit lautet Melnikov-Funktion

$$M(t_0) = \int_{-\infty}^{\infty} \operatorname{grad}\left[H(q_0(t-t_0))\right] \cdot g(q_0(t-t_0), t, 0)\, dt \tag{6.82}$$

und nach einer Substitution erhalten wir die endgültige Form der Melnikov-Funktion

$$M(t_0) = \int_{-\infty}^{\infty} \operatorname{grad}\left[H(q_0(t))\right] \cdot g(q_0(t), t+t_0, 0)\, dt\ . \tag{6.82'}$$

Dabei gilt folgendes Theorem:

SATZ 6.4 (Einfache Nullstellen der Melnikov-Funktion):
Im Fall einfacher Nullstellen der Melnikov-Funktion

$$M(p) = 0 \text{ und } \frac{dM(p)}{dt_0} \neq 0 \tag{6.83}$$

schneiden sich die Mannigfaltigkeiten M_j^s (M_j^i) im Punkt

$$q_0(-p) + O(\varepsilon) \tag{6.84}$$

transversal.

Der Beweis dieses Satzes ergibt sich durch den mit (6.64) gegebenen Zusammenhang zwischen der Melnikov-Funktion und dem Abstand der Mannigfaltigkeiten. ✻

Einige Bemerkungen sollen noch die Bildung der Melnikov-Funktion illustrieren:
Wir haben ab (6.81) die Variable Φ_0 festgehalten und uns damit auf eine Wahl der Poincaré-Abbildung beschränkt. Eine Variation von t_0 in (6.82) bzw. (6.82') bedeutet eine Bewegung auf dem homoklinen Orbit q_0 zur Suche von Nullstellen. Alternativ dazu hätten wir t_0 festhalten und Φ_0 variieren können. Dies würde bedeuten, daß wir uns auf einen festen Punkt q_0 beziehen und den Zeitpunkt der Momentaufnahme zur Bildung der Poincaré-Karte variieren. Die Melnikov-Funktion wäre in diesem Falle das Maß des Abstandes zwischen Mannigfaltigkeiten auf verschiedenen Poincaré-Karten. Da abgesehen von dem Sattel keine weiteren Fixpunkte existieren, ist aber eine Variation der Poincaré-Karte äquivalent zur Bewegung auf der homoklinen Bahn. Mit t_0 = const. und Variation von Φ_0 findet man also auch die Schnittpunkte der Mannigfaltigkeiten; dennoch ist diese Vorgangsweise weniger anschaulich als die in (6.82') gewählte Variation von t_0 mit Φ_0 = const. und man gibt üblicherweise dieser Prozedur den Vorzug.

Abschließend sollen noch *doppelte Nullstellen der Melnikov-Funktion* besprochen werden. Wir wollen zeigen, daß in diesem Falle eine tangentiale Berührung der Mannigfaltigkeiten im Punkt $q_0(-t_0) + \varepsilon$ auftritt. Mit den Bezeichnungen von (6.61) bis (6.64) gilt im Falle einer (quadratisch) tangentialen Berührung der Mannigfaltigkeiten an der Stelle $t_0 = a$

$$d(a, \varepsilon) = 0\ ; \quad \frac{\partial d(a, \varepsilon)}{\partial t_0} = 0 \text{ und } \frac{\partial^2 d(a, \varepsilon)}{\partial t_0^2} \neq 0\ .$$

Wir wollen jetzt zeigen, daß dies einer doppelten Nullstelle der Melnikov-Funktion (mit M(a) = M'(a) = 0 und M"(a) $\neq$ 0) entspricht. Der Beweis ergibt sich durch Anwendung von (6.64) (für Φ_0 =const.)

$$d(a, \varepsilon) = 0 \to M(a) = 0$$

und nach einer Differentiation erhalten wir

$$\frac{\partial d(a, \varepsilon)}{\partial t_0} = 0 \to \frac{\partial M(a)}{\partial t_0} = 0 \; .$$

Spezialfälle der Melnikov-Funktion:
i) Ist die Störung autonom, d.h. ist ε g(x, y, ε) explizit t-unabhängig, dann ist die Melnikov-Funktion eine von t_0 unabhängige Zahl:

$$M = \int_{-\infty}^{\infty} \text{grad} \left[H(q_0(t)) \right] \cdot g(q_0(t), 0) \, dt \; . \tag{6.85}$$

(6.83) ist sinnvoll, da wegen M $\neq$ 0 sich die stabilen und instabilen Mannigfaltigkeiten nicht schneiden können, wie es ja bei autonomen Systemen tatsächlich der Fall ist.

ii) Sind die Störungen hamiltonsch, d.h. (mit den Bezeichnungen von (6.52))

$$g_1 = \frac{\partial H_1(x, y, t, \varepsilon)}{\partial y} \; ; \; g_2 = - \frac{\partial H_1(x, y, t, \varepsilon)}{\partial x} \; , \tag{6.86.1}$$

mit H_1 als Hamilton-Funktion der Störungen, dann ist der Integrand in (6.82) durch die Poisson-Klammer

$$\{H, H_1\} = \frac{\partial H}{\partial x} \frac{\partial H_1}{\partial y} - \frac{\partial H}{\partial y} \frac{\partial H_1}{\partial x} \tag{6.86.2}$$

gegeben.

BEISPIEL 1:
Zuerst untersuchen wir periodisch angefachte Pendelschwingungen, beschrieben durch die Differentialgleichung

$$\dot{x} = y \; ; \; \dot{y} = - \sin x + \varepsilon \, [A \cos(\omega t) + B] \; ; A, B = \text{const} \; . \tag{6.87}$$

Man überzeugt sich leicht davon, daß die Hamilton-Funktion des ungestörten Falles ($\varepsilon = 0$) durch

$$H(x,y) = \frac{y^2}{2} - \cos x \tag{6.88}$$

gegeben ist. Das ungestörte System hat bei $(0, 0)$ ein Zentrum und bei $(\pm\pi, 0)$ Sattelpunkte. Wegen $x := x \bmod 2\pi$ fallen diese beiden Sattelpunkte zu einem Sattel zusammen und es gilt außerdem $H(\pm\pi, 0) = 1$. Daher existiert eine homokline Verbindung von zwei zusammenfallenden Sattelpunkten, deren Bifurkationspunkt wir jetzt mit Hilfe des Melnikov-Kriteriums berechnen wollen. Die homokline Bahn ist die geschlossene Kurve

$$\frac{y^2}{2} - \cos x = 1 \ . \tag{6.89}$$

Ihre Parametrisierung ist

$$q_0(t) = 2 \ (\arctan(\sinh t), \pm \ \mathrm{sech}\ t)^T \ . \tag{6.90}$$

Begründung: wir formen zunächst (6.89) um zu

$$y = \sqrt{2 \ (\cos x + 1)} = \pm \ 2 \cos \frac{x}{2} \ . \tag{6.91}$$

Setzen wir jetzt die x-Komponente von (6.90) in die rechte Seite von (6.91) ein, so erhalten wir bei Verwendung der Relationen zwischen Area- und Hyperbel-Funktionen

$$\cos \frac{x}{2} = \cos \ \{\arctan [\sinh t]\} = \cos \left\{ \arccos \frac{1}{\sqrt{1 + \sinh^2 t}} \right\} = \frac{1}{\cosh t} \ .$$

Für $t \to \pm\infty$ folgt mit (6.90) $q_0 \to (\pm\pi, 0)$ und dies bedeutet, daß der homokline Orbit den Sattel anläuft. Um zu zeigen, daß diese Annäherung hinsichtlich grad H exponentiell erfolgt, bilden wir

$$\dot{x} = \pm \ 2 \ \mathrm{sech}(t) \ ; \ \dot{y} = - \sin x = - \sin\{2 \arctan [\sinh t]\} \ . \tag{6.92}$$

In Aufgabe 6.6 werden die weiteren Rechenschritte der Asymptotik von (6.92) vorgenommen. Jetzt berechnen wir gemäß (6.82') die Melnikov-Funktion und beachten, daß wegen (6.87) die Störglieder in (6.52) bzw. in (6.82) die Form $g(x, y, t, \varepsilon) = (0, A \cos(\omega t) + B)$ haben und damit nur eine von der homoklinen Bahn (6.90) unabhängige y - Komponente besitzen. Daher ist die Melnikov-Funktion durch

$$M(t_0) = \int_{-\infty}^{\infty} y(t) \ \{A \cos [\omega \ (\ t + t_0)] + B\} \ dt = 2 \int_{-\infty}^{\infty} \mathrm{sech}\ t \ \{A \cos[\omega(t + t_0)] + B\} \ dt \tag{6.93}$$

gegeben, wobei wir im zweiten Teil von (6.93) (6.90) mit $y > 0$ verwendet haben und uns auf die obere Bahn beziehen. Wir untersuchen daher das Aufbrechen der homoklinen Bahn in der Nähe des Punktes $(0, 2)$. Jetzt entwickeln wir die cos-Funktion in (6.93) und beachten, daß ein dabei entstehendes Glied proportional zu $\sin(\omega t)$ ungerade ist und daß daher das entsprechende Integral verschwindet. Damit folgt aber

$$M(t_0) = 2 \{ B I_1 + A I_2 \cos \omega t_0 \} \quad \text{mit } I_1 = \int_{-\infty}^{\infty} \text{sech } t \, dt \; ; \; I_2 = \int_{-\infty}^{\infty} \text{sech } t \cos \omega t \, dt \qquad (6.94)$$

Die Berechnung der beiden Integrale in (6.94) führt zu

$$I_1 = \pi \quad \text{und} \quad I_2 = \pi \, \text{sech} \frac{\omega \pi}{2} \qquad (6.95)$$

(Hinweise zur Berechnung dieser Integrale werden in Aufgabe 6.7 gegeben). Die Melnikov-Funktion kann daher eine Nullstelle aufweisen, wenn die Beziehung

$$\cos(\omega t_0) = - \frac{B}{A \, \text{sech}(\omega \pi / 2)} \; . \qquad (6.96)$$

erfüllt ist. Damit tritt Chaos auf, wenn für die drei Konstanten A, B und ω gilt, daß

$$| A | > | B | \cosh \frac{\omega \pi}{2} \; . \qquad (6.96') \; \square$$

BEISPIEL 2:
Als zweites physikalisches Beispiel wollen wir *blinkende Wirbel* untersuchen. Wir betrachten dabei die Differentialgleichung

$$\dot{x} = \dot{x}_0 + \varepsilon \, g_1(x, y, t) \; , \; \dot{y} = \dot{y}_0 + \varepsilon \, g_2(x, y, t) \quad \text{mit}$$
$$g_1(x, y, t) = S_1(t) \, y \; , \; g_2(x, y, t) = S_2(t) \, x \; \; ; \; \; S_j(t) = S_j(t + \tau) \; . \qquad (6.97)$$

Dabei wird die Störung, die linear in x ist, mit zwei zunächst beliebigen, aber integrierbaren und periodischen Funktionen $S_{1,2}(t)$ gebildet. Zur Untersuchung des ungestörten Systems bilden wir die Stromfunktion

$$\psi(x, y) = H(x, y) = - \frac{1}{4} \left\{ \ln \left[(x-1)^2 + y^2 \right] + \ln \left[(x+1)^2 + y^2 \right] \right\} \; . \qquad (6.98)$$

(6.98) beschreibt zwei ebene Potentialwirbel, die bei $(\pm 1, 0)$ liegen und mit gleicher Stärke in dieselbe Richtung drehen. Die beiden Geschwindigkeitskomponenten der entsprechenden ebenen und inkompressiblen Strömung sind $\dot{x}_0 = \partial \psi / \partial y$, $\dot{y}_0 = - \partial \psi / \partial x$. Wir können daher (6.98) als Hamilton-Funktion eines ungestörten Systems, oder, im Sinne der Elektrodynamik, als skalare Komponente eines Vektorpotentials auffassen. Wegen

$$\dot{x}_0 = - \frac{y}{2} \left(\frac{1}{A} + \frac{1}{B} \right) , \; \dot{y}_0 = \frac{1}{2} \left(\frac{x-1}{A} + \frac{x+1}{B} \right) ; \; A = (x-1)^2 + y^2 \; , \; B = (x+1)^2 + y^2 \qquad (6.99)$$

läßt sich leicht bestätigen, daß (0, 0) der einzige Fixpunkt (Staupunkt im Sinne der Hydrodynamik) ist. Er ist ein Sattel und es gilt $\psi(0, 0) = 0$. Der entsprechende homokline Orbit hat die Parametrisierung

$$q_0(t) = \left(\frac{\sqrt{2} \cosh t}{\cosh 2t}, \frac{\sqrt{2} \sinh t}{\cosh 2t} \right) \; . \qquad (6.100)$$

(6.100) zeigt, daß der Sattel (0, 0) für $t \to \pm\infty$ angelaufen wird. Bilden wir jetzt (6.99) mit Hilfe der homoklinen Bahn (6.100), so erhalten wir bei Verwendung der Additionstheoreme

$$\dot{x}_0 = -\sqrt{2} \sinh t \left(1 + 2 \cosh^2 t\right) \operatorname{sech}^2 2t \; ; \; \dot{y}_0 = \sqrt{2} \cosh t \left(1 - 2 \sinh^2 t\right) \operatorname{sech}^2 2t \; . \qquad (6.101)$$

Zur Bildung der Melnikov-Funktion benötigen wir außerdem

$$\operatorname{grad}\left[H(q_0(t))\right] \cdot g(q_0(t), t+t_0, 0) = \frac{\partial \Psi}{\partial x} g_1 + \frac{\partial \Psi}{\partial y} g_2 = -S_1(t+t_0)\, y_0\, \dot{y}_0 + S_2(t+t_0)\, x_0\, \dot{x}_0$$

und nach Einsetzen der homoklinen Bahn (6.100) und von (6.101) entsteht

$$M(t_0) = -2 \int_{-\infty}^{\infty} \sinh t \cosh t \operatorname{sech}^3 2t \left[S_1(t+t_0)\left(1 - 2\sinh^2 t\right) + S_2(t+t_0)\left(1 + 2\cosh^2 t\right)\right] dt \; .$$

$$(6.102)$$

Ein spezielle Wahl der periodischen Funktionen in (6.97) bzw. (6.102) gestattet nun die Behandlung physikalischer Beispiele: siehe z. B. Franjione und Ottino (1987).

Weitere Anwendungen der Melnikov-Theorie findet man z. B. bei Malik und Singh (1993).

6.7 Verallgemeinerungen des Melnikov-Kriteriums

6.7.1 Heterokline Bifurkationen

Wir gehen wieder vom System (6.52) aus und setzen (im Gegensatz zu den Überlegungen im Abschnitt 6.6) voraus, daß das ungestörte hamiltonsche Problem zwei Sattelpunkte p_1 und p_2 besitzt, die durch eine heterokline Bahn $q_0(t)$ mit

$$\lim_{t \to \infty} q_0(t) = p_1 \quad \text{und} \quad \lim_{t \to -\infty} q_0(t) = p_2 \qquad (6.103)$$

miteinander verbunden sind (Fall i) in Abschnitt 6.2). Dann gilt das folgende Theorem:

SATZ 6.5 (Heterokline Bifurkationen):
Die Melnikov-Funktion in der Form (6.82') gilt weiterhin und ihre Nullstellen bedeuten Schnitt der stabilen bzw. instabilen Mannigfaltigkeiten der Sättel $p_{1,2}$ und damit das Auftreten chaotischer Tangles.

Der Beweis ergibt sich dadurch, daß sämtliche Schritte, die zur Aufstellung der Melnikov-Funktion in Abschnitt 6.6 führen, für den Fall *heterokliner* Bifurkationen wiederholt werden.   ✤

Im Rahmen des Beispiel (6.87) angeregter Pendelschwingungen haben wir den obigen Satz bereits implizit verwendet. Dort wurde allerdings physikalisch argumentiert, daß die beiden Sättel bei $(\pm\pi, 0)$ wegen $x := x + \bmod 2\pi$ zusammenfallen, da ja die Winkelvariable x in $|-\pi, \pi|$ variiert.
Ein Gegenbeispiel, bei dem (6.103) nicht erfüllt ist, wird in Aufgabe 6.11 behandelt.

6.7.2 Melnikov-Kriterium für eine Klasse von Hamilton-Systemen mit zwei Freiheitsgraden

Wir folgen hier im wesentlichen der Arbeit von Holmes und Marsden (1982). Dabei betrachten wir als Verallgemeinerung von (6.52) ein schwach gestörtes Hamilton-System mit zwei Freiheitsgraden

$$\dot{x} = \frac{\partial \widetilde{H}}{\partial y} = F_y + \varepsilon \, H_y^{(1)} \; ; \; \dot{y} = -\frac{\partial \widetilde{H}}{\partial x} = -F_x - \varepsilon \, H_x^{(1)}$$

$$\dot{\theta} = \frac{\partial \widetilde{H}}{\partial I} = G'(I) + \varepsilon \, H_I^{(1)} \; ; \; \dot{I} = -\frac{\partial \widetilde{H}}{\partial \theta} = -\varepsilon \, H_\theta^{(1)}$$

$$(6.104)$$

mit der Hamilton-Funktion

$$\widetilde{H}(x, y, I, \theta; \varepsilon) = F(x, y) + G(I) + \varepsilon \, H^{(1)}(x, y, I, \theta) \; ; \; (x, y, I, \theta) \in \mathbf{R} \times \mathbf{R} \times \mathbf{R} \times S^1 \; ; \; \varepsilon \to 0_+ \; .$$

$$(6.105)$$

Dabei wird angenommen, daß die Koordinaten eines Freiheitsgrades, z. B. (ξ, η), bereits in die Wirkungs- und Winkelvariablen (I, θ) übergeführt wurden (bzgl. der Ableitungen von I und θ siehe (6.38.1)). Man sieht auch leicht, daß für $\varepsilon = 0$ (ungestörter Fall) die Variablen (x, y) bzw. (I, θ) entkoppelt sind.

Jetzt wollen wir zeigen, daß die 3-dimensionale Hyperfläche $\widetilde{H}(x,y,I,\theta;\varepsilon) = $ const für festgehaltenes ε eine Invariante des Flusses von (6.104) und damit ein erstes Integral ist. Dazu bilden wir

$$\frac{d\widetilde{H}}{dt} = \widetilde{H}_x \, \dot{x} + \widetilde{H}_y \, \dot{y} + \widetilde{H}_I \, \dot{I} + \widetilde{H}_\theta \, \dot{\theta}$$

und nach Einsetzen der Ableitungen aus (6.104) entsteht $d\widetilde{H}/dt = 0$ oder

$$\widetilde{H}(x, y, I, \theta; \varepsilon) = F(x, y) + G(I) + \varepsilon \, H^{(1)}(x, y, I, \theta) = h_0 = \text{const} \; .$$

$$(6.105')$$

Jetzt lösen wir (6.105') nach I auf und führen dazu eine Taylor-Entwicklung ein:

$$I = I(x, y, \theta; h_0, \varepsilon) = I_0(x, y, \theta; h_0) + \varepsilon I_1(x, y, \theta; h_0) + O(\varepsilon^2) \; .$$

$$(6.106)$$

Setzen wir (6.106) in (6.105') ein, so erhalten wir nach einer neuerlichen Taylor-Entwicklung in niedrigster Ordnung

$$\varepsilon^0 : G(I_0) = h_0 - F(x, y) \; \text{ oder } \; I_0(x, y; h_0) = G^{-1}(h_0 - F(x, y)) \; .$$

$$(6.107)$$

Um die Existenz der Umkehrfunktion von G garantieren zu können, verlangen wir

$$G'(I) \neq 0 \; \forall \, I \in \mathbf{R}^+ \; .$$

$$(6.108)$$

In der nächsten Ordnung entsteht

$$\varepsilon : I_1(x, y, \theta; h_0) = -H^{(1)}(x, y, I_0, \theta) / G'(I) \; .$$

$$(6.109)$$

wobei I_0 gemäß (6.107) einzusetzen ist. Jetzt soll ein 'reduziertes' System von zwei Differential-gleichungen für die Größen $dx/d\theta$ und $dy/d\theta$ aufgestellt werden. Zunächst gilt mit (6.104)

$$\frac{dx}{d\theta} = \frac{\dot{x}}{\dot{\theta}} = \frac{\widetilde{H}_y}{\widetilde{H}_I} \; ; \; \frac{dy}{d\theta} = \frac{\dot{y}}{\dot{\theta}} = -\frac{\widetilde{H}_x}{\widetilde{H}_I} \; . \tag{6.110}$$

Setzen wir andererseits (6.106) in (6.105') ein, so erhalten wir

$$\widetilde{H} = \widetilde{H}(x, y, I(x, y, \theta; \varepsilon), \theta) = h_0 = \text{const:}$$

und die Ableitungen nach x bzw. y führen zu

$$\widetilde{H}_x + \widetilde{H}_I I_x = 0 \; \text{ oder } \; \frac{\widetilde{H}_x}{\widetilde{H}_I} = -I_x \; ,$$
$$\widetilde{H}_y + \widetilde{H}_I I_y = 0 \; \text{ oder } \; \frac{\widetilde{H}_y}{\widetilde{H}_I} = -I_y \; . \tag{6.111}$$

Nach Einsetzen von (6.111) in (6.110) erhalten wir dann die reduzierten Differentialgleichungen in der Form

$$\frac{dx}{d\theta} = -I_y = -I_{0\,y} - \varepsilon\, I_{1\,y} + O(\varepsilon^2) \; ,$$
$$\frac{dy}{d\theta} = I_x = I_{0\,x} + \varepsilon\, I_{1\,x} + O(\varepsilon^2) \; . \tag{6.112}$$

Man nennt dieses Verfahren, das das System mit zwei Freiheitsgraden (6.104) in das reduzierte System (6.112) mit einem Freiheitsgrad überführt, *Reduktionsverfahren*. Dabei spielt $-I$ die Rolle der Hamilton-Funktion und θ die Rolle der Zeitvariablen t.

Wir führen jetzt auch für die Koordinaten x und y Taylor-Entwicklungen ein:

$$x(\theta; \varepsilon) = x_0(\theta) + \varepsilon\, x_1(\theta) + O(\varepsilon^2) \; ; \; y(\theta; \varepsilon) = y_0(\theta) + \varepsilon\, y_1(\theta) + O(\varepsilon^2) \; . \tag{6.113}$$

Dann erhalten mit (6.112) und (6.113) das ungestörte Hamilton-System mit der Hamilton-Funktion $H = -I_0$ in der Form

$$\frac{dx_0}{d\theta} = -I_{0y} \; ; \; \frac{dy_0}{d\theta} = I_{0x} \; . \tag{6.114}$$

Dabei gilt:

SATZ 6.6 (Sattelpunkte von (6.114)):
Ein Sattelpunkt des ungestörten (x,y)-Anteils von (6.104), d.h.

$$\frac{dx}{dt} = -F_y(x, y) \; ; \; \frac{dy}{dt} = -F_x(x, y) \; , \tag{6.115}$$

korrespondiert zu einem Sattelpunkt des Systems (6.114).

BEWEIS:
(6.115) hat bei (u, v) einen Sattel, wenn die Bedingungen

$$F_x(u, v) = F_y(u, v) = 0 \quad \text{und} \quad \sigma_0^2 = F_{xy}^2(u, v) - F_{xx}(u, v)F_{yy}(u, v) > 0 \tag{6.116}$$

erfüllt sind (vgl. (3.44)). Dagegen hat (6.114) einen Fixpunkt, wenn bei Berücksichtigung von (6.107)

$$I_{0x}(u, v) = - K' F_x(u, v) = 0 \; ; \; I_{0y}(u, v) = - K' F_y(u, v) = 0 \tag{6.117}$$

gilt, wobei wir zur Vereinfachung der Schreibweise $K(z) = G^{-1}(z)$ gesetzt haben. Die beiden Systeme haben also dieselbe Fixpunktbedingung. Zur Untersuchung, ob der Fixpunkt von (6.114) ein Sattel ist, bilden wir jetzt den Eigenwert der Jacobi-Matrix

$$\mu_0^2 = I_{0xy}^2(u, v) - I_{0xx}(u, v)I_{0yy}(u, v) = K'' K' A + K'^2 \sigma_0^2 \; \text{mit}$$
$$A = F_{xx} F_y^2 + F_{yy} F_x^2 - 2 F_x F_y F_{xy} . \tag{6.118}$$

An der Stelle des Fixpunkts gilt aber der erste Teil von (6.116) und daher $A = 0$. Damit vereinfacht sich (6.118) zu $\mu_0^2 = K'^2 \sigma_0^2 > 0$ mit $K' = 1/G' \neq 0$ und der Satz 6.6 ist bewiesen.   ✽

Es kann noch zusätzlich gezeigt werden, daß eine heterokline Sattelverbindung (d.h. eine Bahn, die zwei verschiedene Sättel miteinander verbindet, also ein heterokliner Orbit) von (6.115) einer heteroklinen Bahn von (6.114) entspricht. Die Melnikov-Methode kann daher zur Untersuchung des Aufbrechens der heteroklinen Bahnen von (6.114) herangezogen werden. Bei der Bildung der Melnikov-Funktion ist zu beachten, daß das Skalarprodukt in (6.82') wegen (6.114) die Form

$$\left(- \frac{dy_0}{d\theta}, \frac{dx_0}{d\theta}\right) \cdot g = (-I_{0x}, -I_{0y})(-I_{1y}, I_{1x}) = I_{0x} I_{1y} - I_{0y} I_{1x} = \{I_0, I_1\} \tag{6.119}$$

annimmt. Hier spielt die Variable θ die Rolle der 'Zeit' t, $\{a, b\}$ ist die Poisson-Klammer. Mit (6.82') lautet dann die Melnikov-Funktion des reduzierten Problems (6.112)

$$M(t_0) = \int_{-\infty}^{\infty} \{I_0(q_0(\theta)), I_1 (q_0(\theta), \theta+t_0)\} \, d\theta \; . \tag{6.120}$$

BEISPIEL:
Wir betrachten das System mit zwei Freiheitsgraden

$$\tilde{H}(x, y, \xi, \eta ; \varepsilon) = \frac{y^2}{2} - \cos x + \frac{\eta^2 + \omega^2 \xi^2}{2} + \varepsilon (x - \xi)^2 . \tag{6.121}$$

Wir können (6.121) als Koppelung einer Pendelschwingung mit den Koordinaten (x, y) (siehe (6.88)) und einem harmonischen Oszillator in (ξ, η) (siehe (6.28)) interpretieren. Der letzte Term in (6.121) ist dann ein Koppelungsglied.

Zur Anwendung der Reduktionsmethode müssen wir zunächst den ungestörten (ξ, η)-Anteil auf Winkel- und Wirkungsvariable transformieren. Dabei gilt (vgl. die Behandlung des Oszillators (6.28) bis (6.32))

$$I = \frac{1}{2\pi} \oint \eta \, d\xi = \frac{E}{\omega} = \frac{1}{2\omega}\left[\eta^2 + \omega^2 \xi^2\right] \quad \text{mit} \quad \dot{I} = 0 \quad \text{und} \quad \dot{\theta} = \frac{\partial E}{\partial I} = \omega \ .$$

Lösen wir dies nach (ξ, η) auf, so entsteht

$$(\xi, \eta) = \left(\sqrt{\frac{2I}{\omega}} \cos \theta, \ \sqrt{2\omega I} \sin \theta\right) \ .$$

Damit erhalten wir nach Eintragen in (6.121)

$$\tilde{H}(x, y, I, \theta; \varepsilon) = \frac{y^2}{2} - \cos x + I \omega + \varepsilon \, (x - \sqrt{\frac{2I}{\omega}} \cos \theta)^2 \tag{6.121'}$$

und ein Vergleich mit (6.105) führt zu

$$F(x, y) = \frac{y^2}{2} - \cos x \ ; \quad G(I) = I \omega \ ; \quad H^{(1)} = (x - \sqrt{\frac{2I}{\omega}} \cos \theta)^2 \ . \tag{6.122}$$

Damit gilt mit (6.107)

$$I_0 = \frac{1}{\omega}\left(h_0 + \cos x - \frac{y^2}{2}\right) \tag{6.123}$$

und die reduzierte Differentialgleichung (6.114) hat in niedrigster Ordnung die Form

$$\frac{dx_0}{d\theta} = \frac{y_0}{\omega} \ , \ \frac{dy_0}{d\theta} = - \frac{\sin x_0}{\omega} \ , \tag{6.124}$$

die - abgesehen von der Konstanten $1/\omega$ - mit dem ungestörten x,y-System (6.115) übereinstimmt. Mit (6.109) erhalten wir dann

$$I_1 = - \frac{1}{\omega}\left(x - \sqrt{\frac{2 I_0}{\omega}} \cos \theta\right)^2 = - \frac{1}{\omega}\left(x - \frac{1}{\omega} \sqrt{2h_0 + 2 \cos x - y^2} \cos \theta\right)^2 \tag{6.125}$$

(6.124) ist die Pendelgleichung mit der Frequenz $1/\omega$ mit Fixpunkten bei $(0, 0)$ (Zentrum) und $(\pm\pi, 0)$ (Sättel). In (geringfügiger) Abweichung von (6.88) arbeiten wir hier mit der Funktion I_0, die die Hamilton-Funktion ersetzt. Die heterokline Bahn ist mit (6.123) durch

$$I_0 = \frac{1}{\omega}\left(h_0 + \cos x - \frac{y^2}{2}\right) = I_0(x=\pm\pi, \ y=0, \ h_0) = \frac{h_0 - 1}{\omega} \tag{6.126}$$

festgelegt. Wegen $I_0 > 0$ muß $h_0 > 1$ gelten. (6.126) führt zu $\cos x - y^2 / 2 = -1$ und dies ist wieder die heterokline, vom Parameter h_0 unabhängige Bahn (6.89) mit der Parametrisierung (6.90). Bei der Bildung der Melnikov-Funktion beachten wir, daß wegen (6.125) und (6.126) die Ableitungen von I_1 (mit dem Winkelargument $\theta + \theta_0$) die Form

$$I_{1x} = -\frac{2}{\omega} \psi \left[1 + \frac{\sin x \cos (\theta + \theta_0)}{A \, \omega^2} \right] ; \quad A = \frac{\sqrt{2(h_0 - 1)}}{\omega} ; \quad \psi = x - A \cos (\theta + \theta_0) \qquad (6.127.1)$$

und

$$I_{1y} = -\frac{2}{\omega^3} \psi \, \frac{y \cos (\theta + \theta_0)}{A} \qquad (6.127.2)$$

haben. Damit lautet die Poisson-Klammer in (6.120)

$$\{ I_0(q_0(\theta)), \, I_1(q_0(\theta), \, \theta + \theta_0) \} = -\frac{2}{\omega^2} \left[x - A \cos (\theta + \theta_0) \right] y \ , \qquad (6.128)$$

wobei ein zu y sin x proportionaler Term entfällt. Bei Beachtung der Symmetrie der Parametrisierung (6.90) erhalten wir mit (6.128) die Melnikov-Funktion in der Form

$$M(\theta_0) = \frac{2A}{\omega^2} \cos \theta_0 \int_{-\infty}^{\infty} \cos \theta \ \text{sech} \ \theta \ d\theta = \frac{2\pi A}{\omega^2} \, \text{sech} \, \frac{\pi}{2} \cos \theta_0 \ , \qquad (6.129)$$

wobei wir die Integration mit Hilfe von (6.94) und (6.95) durchgeführt haben. (6.129) bedeutet, daß für $h_0 > 1$ und $\theta_0 = \pm \pi/2$ die heteroklinen Bahnen aufbrechen und Chaos entsteht. $\quad\square$

6.8 Das Shilnikov-Phänomen

Abschließend soll noch der Fall eines 3-dimensionalen Systems mit einem Fixpunkt x_0 mit den Eigenwerten $\sigma_1 = \lambda > 0$ und $\sigma_{2,3} = \alpha \pm i\beta$ ($\alpha < 0$, $|\alpha| < \lambda$ besprochen werden. Einen derartigen Fixpunkt, für den eine 2-dimensionale stabile und eine 1-dimensionale instabile Mannigfaltigkeit existiert, nennt man manchmal Sattel-Fokus. Es wird noch zusätzlich angenommen, daß eine homokline Bahn existiert, die für $t \rightarrow \pm\infty$ den Sattel-Fokus anläuft. Dann existiert in der Nähe dieses homoklinen Orbits eine unendliche abzählbare Menge von instabilen periodischen Bahnen und es kommt zur Bildung einer chaotischen Bewegung. Diesen Vorgang nennt man Shilnikov-Phänomen, der Beweis und weitere Details finden sich bei Arneodo et al. (1982).

Wir beschränken uns auf die Untersuchung eines Beispiels:

BEISPIEL:

$$\dot{x} = y \ , \quad \dot{y} = z \ , \quad \dot{z} = -y - a z + b x (1 - d x^2) \ . \qquad (6.130)$$

Als Parameterwerte benutzen wir

$$a = 0.4 \ , \ b = 0.65 \ , \ d = 1$$

und empfehlen dem Leser diese Parameter zu modifizieren. Das Problem (6.130) besitzt die drei Fixpunkte $(0, 0, 0)$ und $(\pm 1, 0, 0)$. Dabei ist der Ursprung Sattel-Fokus mit den Eigenwerten σ_1 = 0,46992, $\sigma_{2,3}$ = - 0,431996 ± 1,10194. während die beiden anderen Fixpunkte nicht den ersten Teil der Bedingungen des Shilnikov-Phänomens erfüllen. Die numerische Berechnung der

Lösung von (6.130) führt zu den in Bild 6.9 darstellten Phasenkurven im $\mathbf{R}^3$ (Teil a)) und zur Ergänzung ist in Teil b) dieses Bildes der zeitliche Verlauf der Variablen x(t) dargestellt.

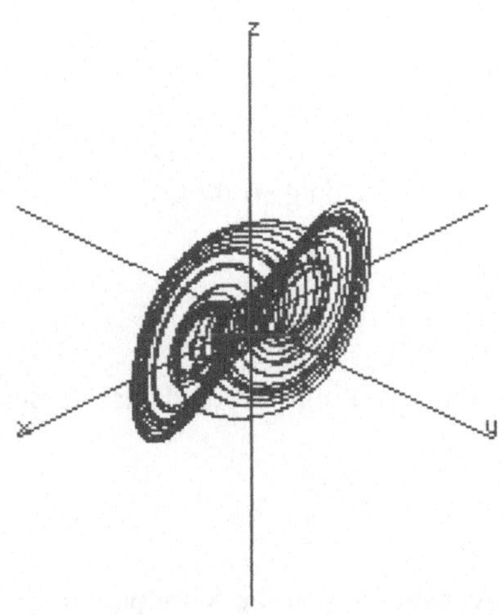

Bild 6.9 Das Shilnikov-Phänomen bei der numerischen Lösung der Differentialgleichumg (6.130) mit den Startwerten x(0) = 0,1234, y(0) = 0,2, z(0) = 0,1   ❏

Aufgaben

6.1 Mit Hilfe eines Grafik-Software-Pakets untersuche man das Auftreten von Bifurkationen bei der Standardabbildung (6.1).
Hinweis: Man variiert den Parameter k und untersucht Abweichungen von Iterationen, die sich, ähnlich wie (6.4), auf eine kleine Umgebung der Kreisperipherie beschränken.

6.2 Man zeige, daß die Twist-Iteration ('Verdrehungs'-Abbildung)

$$r_{n+1} = r_n \quad , \quad \theta_{n+1} = \theta_n + \gamma(r_n)$$

flächenerhaltend ist und diskutiere den Verlauf der Iteration. γ ist eine stetige Funktion.

6.3
a) Als Verallgemeinerung von (6.28) betrachten wir das System

$$\ddot{x} + V'(x) = 0 \; ; \; x, V \in \mathbf{R}$$

mit dem Potential V(x). Man berechne seine Hamilton-Funktion und mit (6.18) seine Frequenz $\Omega(I)$.

b) Ein Oszillator, bestehend aus einer Punktmasse m, die zwischen zwei an Wänden befestigten Federn (Wandabstand a, Federkonstante $k_{1,2}$) in der x-Richtung schwingt, hat die Hamilton-Funktion

$$H(x, p) = \frac{p^2}{2m} + \frac{k_1\, x^2 + k_2\, (x - a)^2}{2} = \text{const.}$$

Man berechne die Wirkungsvariable I und die Frequenz $\Omega(I)$.

6.4 Man beweise (6.27).

Hinweis: Es muß gezeigt werden, daß die folgende Beziehung erfüllt ist:

$$\frac{\partial K}{\partial I} = \frac{\partial H}{\partial I} = \dot{\theta} \quad \text{und} \quad -\frac{\partial K}{\partial \theta} = \dot{I} = 0 .$$

6.5 Man reproduziere (6.72) durch Einsetzen von (6.61) in (6.52) und anschließende Entwicklung für $0 < \varepsilon \ll 1$.

Hinweis: Man verwende die Definitionen (6.67).

6.6

i) Ausgehend von (6.92) zeige man, daß bei Annäherung an die Sattelpunkte grad $H(q_0(t\text{-}t_0))$ exponentiell verschwindet.

ii) Man verifiziere dieselbe Aussage für die Annäherung an den Sattel (0, 0) der blinkenden Wirbel.

6.7 Man berechne die Integrale in (6.94).

Hinweis: Man verwendet eine geschlossene Kurve in der oberen Hälfte der komplexen t-Ebene, die den Punkt $t = i\pi/2$ einschließt.

6.8 Vorgelegt sei die Double-Sine-Gordon-Gleichung

$$\dot{x} = y \ ; \ \dot{y} = \sin x - \frac{1}{2}\mu \, \sin \frac{x}{2} + \varepsilon\, [A \cos \omega t - y] \ .$$

Man zeige, daß die Hamilton-Funktion des ungestörten Falles ($\varepsilon = 0$) die Form $H(x, y) = y^2/2 + \cos x - 1 + \mu\,[1 - \cos(x/2)]$ hat und untersuche das Aufbrechen der homoklinen Bahnen durch den Ursprung $(x, y) = (0, 0)$.

Hinweis: In der Arbeit von Bartuccelli et al. (1986) werden physikalische Anwendungen dieses Bifurkationsproblems angegeben. Die dort angeführte Parametrisierung der ungestörten homoklinen Bahn ist jedoch fehlerhaft.

6.9 Vorgelegt sei der schwach gedämpfte und schwach angeregte Duffing-Oszillator

$$\ddot{x} = x - x^3 + \varepsilon\,[\,A \cos \omega t + B \dot{x}\,]$$

Man verwende das Melnikov-Kriterium zur Untersuchung von homoklinen Bifurkationen des Sattels im Ursprung. Hinweis: Die ungestörten homoklinen Orbits haben die Parametrisierung $q_0(t) = \pm \sqrt{2}\ (\text{sech } t, \text{ sech } t \text{ tanh } t)$.

6.10 Vorgelegt sei das System

$$\dot{x} = y \ , \quad \dot{y} = \mu(e^{-2x} + e^{-x}) + \varepsilon \, \gamma \, \cos \omega t$$

i) Man zeige, daß für $\varepsilon = 0$ die Punkte $(0, 0)$ und $(\infty, 0)$ Fixpunkte sind.

ii) Man verifiziere, daß mit Hilfe der Transformation $x = -2 \ln u$, $y = v$ dieses System in ein System mit algebraischen Nichtlinearitäten übergeführt werden kann. Für $\varepsilon = 0$ entsteht ein Hamilton-System mit einem Sattel bei $(u, v)=(0, 0)$. Man berechne die Hamilton-Funktion.

iii) Man berechne die Melnikov-Funktion des transformierten Systems für die Mannigfaltigkeiten, die den Sattel $(0, 0)$ mit sich selbst verbinden. Hinweis: Bezüglich der Parametrisierung der ungestörten homoklinen Bahn lassen sich im wesentlichen die entsprechenden Bahnen des Duffing-Oszillators (Aufgabe 6.9) übernehmen.

Eine Literaturübersicht zu verwandten Problemen findet sich bei Devaney (1982).

6.11 Vorgelegt sei das Hamilton-System

$$\dot{x} = y \ , \quad \dot{y} = x^3 - x \ .$$

Man berechne die Hamilton-Funktion und zeige, daß bei $(\pm 1, 0)$ Sättel vorliegen. Mit Hilfe einer geeigneten Parametrisierung der heteroklinen Bahn zeige man, daß (6.103) nicht erfüllt ist.

6.12 Welche Form hat die reduzierte Differentialgleichung des ungestörten Hamilton-Systems mit zwei Freiheitsgraden

$$\widetilde{H}(x, y, \xi, \eta) = F(x, y) + \frac{\eta^2 + \xi^2}{2} \ ?$$

Man zeige, daß die entsprechende Differentialgleichung für $F(x, y) = (x^2 + y^2)^{1/3}/3$ in die Differentialgleichung der Aufgabe 2.14 übergeht.

7 Bifurkationen mit höherer Ko-Dimension

Die in Kapitel 4 untersuchten vier Grundtypen von Bifurkationen beinhalteten nur *einen* Parameter, der in der entsprechenden Differentialgleichung jeweils linear auftritt. Diese Systeme sind aber in zweifacher Hinsicht Spezialfälle von allgemeineren Differentialgleichungen mit

- mehreren linear auftretenden Parametern,

- mehreren Parametern, die zu allgemeinen, also auch nichtlinearen Koeffizientenfunktionen kombiniert sein können.

Bei der Behandlung dieser beiden Punkte werden wir feststellen, daß eine Erhöhung der Zahl der Parameter, wie auch die Berücksichtigung nichtlinearer Parameterabhängigkeit, zu einer wesentlichen Erweiterung des Spektrums dynamischer Prozesse führt. Wir beginnen jetzt mit der Besprechung von 1-dimensionalen Systemen.

7.1 Verallgemeinerung der Grundtypen von Bifurkationen eindimensionaler Systeme

In Kapitel 4 haben wir bereits den Begriff Ko-Dimension definiert und haben am Beispiel der Pitchfork-Bifurkation bei der Stabknickung (Differentialgleichungen (4.9) und (4.9')) erläutert, daß kleine Störungen einer gegebenen Differentialgleichung zu qualitativen Änderungen der Dynamik des Systems führen können.

Die drei in Abschnitt 4.2 besprochenen Grundtypen von 1-dimensionalen Bifurkationen umfassen jedoch nicht all möglichen Klassen von Verzweigungen. Um dies zu sehen, betrachten wir das Beispiel

$$\dot{x} = x^2 - \mu^2 (\mu + 1) \; ; \; x, \mu \in \mathbf{R} \; . \tag{7.1}$$

Fixpunkte treten für $x_{1,2} = \pm \mu \sqrt{\mu + 1}$ ($\mu > -1$) auf; dabei ist stets der obere (untere) Ast instabil (stabil). Bei $\mu = -1$ findet eine Sattel-Knoten- und bei $\mu = 0$ eine transkritische Bifurkation statt (siehe Bild 7.1).

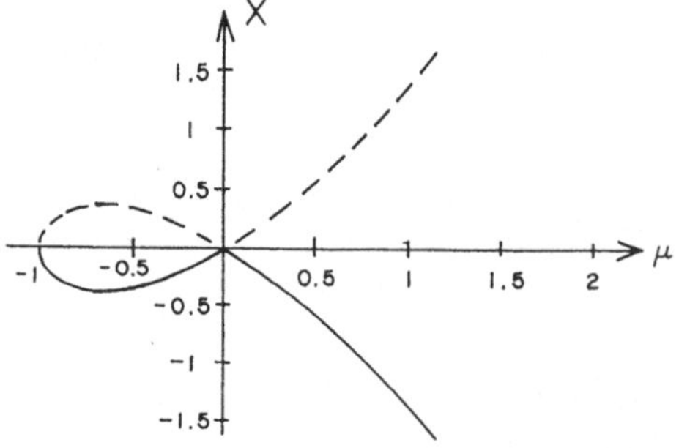

Bild 7.1 Fixpunkte des Systems (7.1)

Das System (7.1) umfaßt daher die beiden Grundtypen (4.11.1) und (4.11.2) mit quadratischen Nichtlinearitäten. Zur Untersuchung der strukturellen Stabilität des Systems (7.1) führen wir eine kleine Störung ein:

$$\dot{x} = x^2 - \left[\mu^2 (\mu + 1) + \varepsilon\right]; \ \varepsilon \to 0_+ . \tag{7.1'}$$

Wir wollen jetzt zeigen, daß die Kurven in Bild 7.1 für $\varepsilon < 0$ in zwei getrennte Kurven zerfallen. Setzen wir willkürlich $\varepsilon = -4/27$, so wird aus dem Klammerausdruck in (7.1')

$$-\mu^2 (\mu + 1) + \frac{4}{27} = \left(\mu + \frac{2}{3}\right)^2 \left(\frac{1}{3} - \mu\right) \ \text{mit} \ \varepsilon = \varepsilon_0 = -\frac{4}{27} .$$

Damit führt (7.1') für $\varepsilon = -4/27$ zu der Fixpunktgleichung

$$x^2 + \left(\mu + \frac{2}{3}\right)^2 \left(\frac{1}{3} - \mu\right) = 0 .$$

Sie hat für $\mu < 1/3$ als Lösung nur den isolierten Fixpunkt $S_0 = (x, \mu) = (0, -2/3)$. Für $\mu \geq 1/3$ entstehen dagegen die Parabeln

$$x = \pm \left(\mu + \frac{2}{3}\right) \sqrt{\mu - \frac{1}{3}} .$$

Eine kleine Abweichung des Parameters ε vom Wert -4/27 führt zu einer geschlossenen Kurve um den Punkt S_0, die neben den entsprechenden Parabeln auftritt (siehe Bild 7.2). Man nennt diese isolierte Kurve *Isola* und spricht von einer *Isola-Bifurkation* am Punkt $\varepsilon_0 = -4/27$. Da die Variation von ε in (7.1') zu qualitativen Änderungen des Systemzustands führt, benötigt man zur vollständigen Entfaltung der Dynamik von (7.1) bzw. (7.1') mindestens zwei Parameter ε und μ und dieses System hat die Ko-Dimension 2.

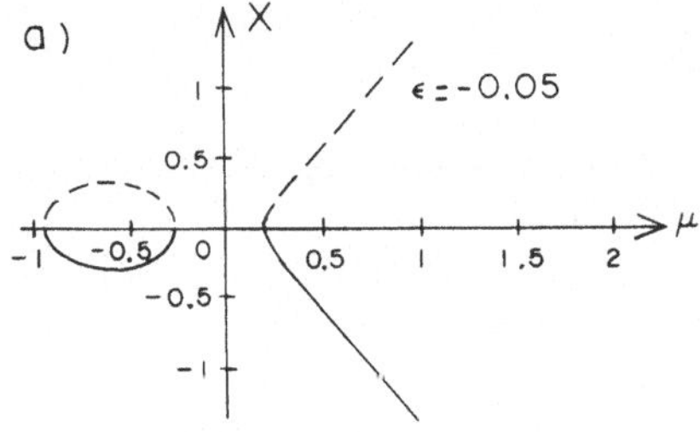

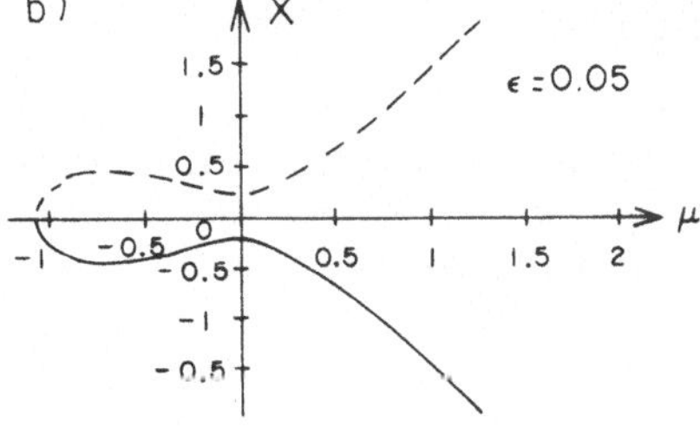

Bild 7.2. Isola und Parabeln des Systems (7.1') für $\varepsilon = \pm 0{,}05$

Das Beispiel (7.1) zeigt, daß eine nichtlineare Parametervariation zu einer Vielfalt von Bifurkationen führen kann. Eine ausführliche Untersuchung der Fixpunkte eines 1-dimensionalen Systems $\dot{x} = F(x, \mu)$ mit den Bifurkationsbedingungen

$$F(x, \mu) = 0 ; \ \frac{\partial F(x, \mu)}{\partial x} = 0; \tag{7.2}$$

findet sich in den Monographien von Golubitsky und Schaeffer (1985) und von Golubitsky, Stewart und Schaeffer (1988). Die erste Gleichung bestimmt die Fixpunkte, die zweite ist die Bifurkationsgleichung: sie ist das 1-dimensionale Äquivalent zum Verschwinden eines Eigenwerts der Jacobi-Matrix. Hier soll nur auf die Problematik 1-dimensionaler Systeme mit kubischen bzw. quartären Nichtlinearitäten eingegangen werden.

7.1.1 Eindimensionale Systeme mit kubischen Nichtlinearitäten

Vorgelegt sei das System

$$\frac{dy}{d\tau} = A + B\,y + C\,y^2 + D\,y^3 \ . \tag{7.3}$$

A bis D seien unabhängig von y und τ. Mit Hilfe einer Eichtransformation

$$y(\tau) = \alpha\,x(t)\ ;\ t = \beta\,\tau \tag{7.4}$$

kann der Koeffizient des kubischen Glieds minus Eins gesetzt werden. Nach Übergang zur Normalform des kubischen Polynoms (siehe Aufgabe 7.1) entsteht

$$\frac{dx}{dt} = F(a, b, x) = a + b\,x - x^3 \ . \tag{7.3'}$$

Die Anwendung von (7.2) führt zu den Bedingungen

$$a + b\,x - x^3 = 0 \quad \text{und} \quad b - 3\,x^2 = 0 \ . \tag{7.5}$$

Zur Bestimmung der Bifurkationskurve in der Parameterebene (a, b) interpretieren wir (7.5) als Parametrisierung dieser Kurve in Form von $b(x) = 3\,x^2$, $a(x) = x^3 - b(x)x = -2\,x^3$, bzw. nach Elimination von x

$$\frac{a^2}{4} = \frac{b^3}{27} \ . \tag{7.6}$$

(7.6) wird *Scheitelkurve* (engl. *cusp*) genannt. In Aufgabe 7.2 wird gezeigt, daß bei Überschreitung dieser Scheitelkurve zwei Fixpunkte zusammenfallen müssen.

Bis jetzt haben wir lineare Parameterabhängigkeit untersucht. Als Verallgemeinerung von (7.3) betrachten wir jetzt das zwei-parametrige kubische System (wobei wir antizipieren, daß die Ko-Dimension dieses Systems Zwei ist)

$$\dot{x} = \lambda_1 + \lambda_2\,x + C(\lambda)\,\frac{x^2}{2} + D(\lambda)\,\frac{x^3}{6} + O(x^4)\ ;\ \lambda = (\lambda_1, \lambda_2) \tag{7.7.1}$$

mit

$$C(\lambda) = C_1\lambda_1 + C_2\lambda_2 + O\!\left(|\lambda|^2\right)\ ;\ D(\lambda) = D(0) + O\!\left(|\lambda|\right)\ \forall\ \lambda \to 0_+ \ . \tag{7.7.2}$$

Im Mittelpunkt der folgenden Überlegungen steht die Herleitung der Bifurkationskurve in der (λ_1, λ_2)-Ebene und in diesem Zusammenhang die Frage, ob dies weiterhin eine Scheitelkurve des Typs (7.6) (eventuell in verallgemeinerter Form) sein könnte. Man beachte, daß wir in (7.7) den Koeffizienten von x^3 nicht normiert und die Potenz x^2 nicht eliminiert haben. (7.2) führt nun mit (7.7) zu

$$M(\lambda_1, \lambda_2, x) = \lambda_1 + \lambda_2 x + C(\lambda) \frac{x^2}{2} + D(\lambda) \frac{x^3}{6} = 0,$$

$$(7.8)$$

$$N(\lambda_1, \lambda_2, x) = \lambda_2 + C(\lambda) x + D(\lambda) \frac{x^2}{2} = 0 .$$

Wir lösen zunächst die zweite Gleichung von (7.8) nach λ_2 auf und erhalten $\lambda_2 = f_2(\lambda_1, x)$. Einsetzen in (7.8) und Differenzieren ergibt

$$\frac{\partial N(\lambda_1, f_2(\lambda_1, x), x)}{\partial x} = \frac{\partial N}{\partial \lambda_2} \frac{\partial f_2}{\partial x} + \frac{\partial N}{\partial x} = 0 . \qquad (7.9)$$

Andererseits führt die zweite Gleichung von (7.8) zu

$$\frac{\partial N}{\partial \lambda_2} = 1 + \frac{\partial C}{\partial \lambda_2} x + \frac{\partial D}{\partial \lambda_2} \frac{x^2}{2} \text{ mit } \frac{\partial N}{\partial \lambda_2} (0, 0, 0) = 1. \qquad (7.10)$$

Nach dem Satz über implizite Funktionen existiert wegen (7.10) die Funktion f_2 und diese ist eindeutig. Mit (7.8) gilt außerdem

$$- f_2(\lambda_1, x) = C(\lambda) x + D(\lambda) \frac{x^2}{2} \text{ mit } f_2(\lambda_1, 0) = 0 . \qquad (7.11)$$

Differentiation von (7.11) nach x ergibt

$$- \frac{\partial f_2}{\partial x} = C(\lambda_1, f_2) + \frac{\partial C}{\partial \lambda_2} \frac{\partial f_2}{\partial x} + D(\lambda_1, f_2) x + \frac{\partial D}{\partial \lambda_2} \frac{\partial f_2}{\partial x} \frac{x^2}{2}$$

und damit wegen der Regularität von C und D für $\lambda \to 0$

$$\frac{\partial f_2}{\partial x} (0, 0) = 0 . \qquad (7.12)$$

Eine weitere Differentiation führt zu

$$\frac{\partial^2 f_2}{\partial x^2} (0, 0) = - D(0) . \qquad (7.13)$$

(7.11) bis (7.13) zeigen, daß eine Tayor-Entwicklung von f_2 die Form

$$\lambda_2 = f_2(\lambda_1, x) = a(\lambda_1) x + b(\lambda_1) x^2 + O(x^3) \text{ mit } a(0) = 0, b(0) = - \frac{D(0)}{2} \qquad (7.14)$$

mit analytischen Koeffizienten a und b haben muß.

Zur Berechnung der Parametrisierung $\lambda_1(x)$ setzen wir (7.14) in die erste Gleichung von (7.8) ein und erhalten zunächst

$$\lambda_1 + f_2(\lambda_1, x)\, x + C(\lambda_1, f_2(\lambda_1, x))\, \frac{x^2}{2} + D(\lambda_1, f_2(\lambda_1, x))\, \frac{x^3}{6} = 0 \ . \tag{7.15}$$

Damit gilt

$$\lambda_1 = f_1(x) \ \text{mit} \ f_1(0) = 0. \tag{7.16}$$

Differentiation von (7.15) nach x führt zu

$$\frac{df_1(x)}{dx} + f_2(\lambda_1, x) + O(x) = 0 \ \ \text{mit} \ \frac{df_1}{dx}(0) = 0 \ . \tag{7.17}$$

Die weiteren Rechenschritte zur Bestimmung höherer Ableitungen überlassen wir dem Leser als Übung (Aufgabe 7.3). Wir erhalten schließlich

$$\frac{d^2 f_1}{dx^2}(0) = 0 \ ; \ \frac{d^3 f_1}{dx^3}(0) = 2\,D(0) \ . \tag{7.18}$$

(7.17) und (7.18) führen zu der Taylor-Entwicklung

$$\lambda_1 = f_1(x) = D(0)\,\frac{x^3}{3} + O(x^4) \ . \tag{7.19}$$

Damit erhalten wir nach Eintragen in (7.14)

$$\lambda_2 = a\,D(0)\,\frac{x^3}{3}\,x - D(0)\,\frac{x^2}{2} + O(x^3) \ = - D(0)\,\frac{x^2}{2} + O(x^3) \tag{7.20}$$

und (7.20) ist neben (7.19) die Parametrisierung des Bifurkationsdiagramms für $x \to 0$. Eliminieren wir noch x aus (7.19) und (7.20), so entsteht

$$9\,D(0)\,\lambda_1^2 + 8\,\lambda_2^3 = 0 \ . \tag{7.21}$$

Für $D(0) < 0$ ist das Bifurkationsdiagramm (7.21), von Konstanten abgesehen, wieder die Scheitelkurve (7.6).

     Das System (7.7) ist jedoch nicht allgemein genug; eine weitere Verallgemeinerung ist durch

$$\dot{x} = \alpha(\mu) + \beta(\mu)\,x + \gamma(\mu)\,\frac{x^2}{2} + \delta(\mu)\,\frac{x^3}{6} + O(x^4) \ ; \ \mu = (\mu_1 , \ \mu_2) \tag{7.22.1}$$

mit

$$\alpha(0) = \beta(0) = \gamma(0) = 0 \ ; \ \delta(0) \neq 0 \tag{7.22.2}$$

gegeben. Wir wollen jetzt zeigen, daß (7.22) bei Erfüllung einer Bedingung auf (7.7) zurückgeführt werden kann. Ein Vergleich mit (7.7) legt die Wahl 'neuer' Parameter nahe:

$$\lambda_1 = \alpha(\mu) \ ; \ \lambda_2 = \beta(\mu) \ \text{mit} \ \lambda_1(0) = \lambda_2(0) = 0 \ . \tag{7.23}$$

Die Transformation (7.23) ist ein C^1-Diffeomorphismus, wenn die Determinante der Jacobi-Matrix nicht verschwindet, d.h.

$$\det\left[J(0)\right] = \det\left[\frac{\partial(\alpha,\,\beta)}{\partial(\mu_1,\,\mu_2)}\right] \neq 0 \;\text{ für } |\mu| \to 0 \;. \tag{7.24}$$

Ist nun (7.24) erfüllt, dann läßt sich (7.23) eindeutig nach μ auflösen und Einsetzen in (7.22.1) führt nach einem Vergleich mit (7.7) zu

$$C(\lambda) = \gamma(\mu_1(\lambda_1,\,\lambda_2),\,\mu_2(\lambda_1,\,\lambda_2))\,;\; D(\lambda) = \delta(\mu_1(\lambda_1,\,\lambda_2),\,\mu_2(\lambda_1,\,\lambda_2))\;. \tag{7.25}$$

Gilt also (7.24), dann können wir (7.22) auf (7.7) zurückführen. Wegen (7.21) (für $D(0) < 0$) hat (7.22) wie auch (7.7) ein zu (7.6) analoges Bifurkationsdiagramm. Die zwei-parametrigen Systeme (7.3), (7.7) und (7.22) sind daher C^1-konjugiert. Wir werden im Abschnitt 7.4 diese Systeme als solche mit Ko-Dimension Zwei bezeichnen.

BEISPIEL:
Ein Beispiel soll abschließend diese Überlegungen illustrieren:

$$\dot{x} = \mu_1 - 2\,\mu_2 + (\mu_1 + \mu_2^2)\,x + \mu_2\,\frac{x^2}{2} - (1 + \mu_2)\,\frac{x^3}{6} \;. \tag{7.26}$$

Hier setzen wir für die 'neuen' Parameter

$$\lambda_1 = \mu_1 - 2\,\mu_2,\; \lambda_2 = \mu_1 + \mu_2^2 \;,$$

und es gilt $\det\left[J(0)\right] = 2 \neq 0$. Auflösen nach μ führt zu

$$\mu_2 = -1 + \sqrt{1 + \lambda_2 - \lambda_1} \;\text{ mit }\; \mu_2(\lambda_1 = \lambda_2 = 0) = 0 \;\text{ und }\; \mu_1 = 2\,\mu_2 + \lambda_1 \;.$$

Ein Vergleich von (7.26) mit (7.7) führt zu $D(0) = -1$ und damit hat das Bifurkationsdiagramm die Form $9\,\lambda_1^2 = 8\,\lambda_2^3$. Formuliert in den 'alten' Parametern bedeutet dies

$$9\,(\mu_1 - 2\,\mu_2)^2 = 8\,(\mu_1 + \mu_2^2)^3 \;. \tag{7.27} \;\square$$

7.1.2 Eindimensionale Systeme mit quartären Nichtlinearitäten

Wir können wieder mit Hilfe einer Eichtransformation den Koeffizienten von x^4 normieren und nach Übergang zu einer Normalform die Potenz x^3 eliminieren. Dabei entsteht

$$\dot{x} = F(u, v, w, x) = x^4 + u\,x^2 + v\,x + w \;;\; u, v, w, x \in \mathbf{R} \;. \tag{7.28}$$

Wegen algebraischer Komplikationen beschränken wir uns hier auf lineare Parameterabhängigkeit.

Wir werden im nächsten Abschnitt feststellen, daß (7.28) die Minimalzahl von Parametern - drei Parameter u, v, w - aufweist und wir werden (7.28) ein System mit der Ko-Dimension Drei nennen. Zur Bestimmung des Bifurkationsdiagramms setzen wir

$$x^4 + u\,x^2 + v\,x + w = 0 \;;\; 4\,x^3 + 2\,u\,x + v = 0 \;. \tag{7.29}$$

Nach Elimination von x ergibt sich im (u, v, w)-Parameterraum eine Fläche der Form G(u, v, w) = 0. Zur Bestimmung einer Projektion setzen wir (willkürlich) u = const. Die zweite Gleichung von (7.29) erfordert v(u, -x) = -v(u, x) und Einsetzen in die erste Gleichung führt zu w(u,-x) = w(u, x), d.h. v ist ungerade, w gerade Funktion von x. Jetzt differenzieren wir (7.29) nach x und erhalten

$$\frac{dv}{dx} = -(2\,u + 12\,x^2), \quad \frac{dw}{dx} = -\left(x\,\frac{dv}{dx} + v + 2\,u\,x + 4\,x^3\right) = -\,x\,\frac{dv}{dx} \text{ oder } \frac{dw}{dv} = -\,x \;. \tag{7.30}$$

(7.30) bedeutet, daß w bei x = 0 (und damit bei v = 0 bzw. w = 0) einen stationären Punkt hat. Damit erhält man die beiden in Bild 7.3 skizzierten Alternativen der Projektionen des Bifurkationsdiagramms. Teil a) dieses Bildes erklärt die Bezeichnung 'Schwalbenschwanz' (engl. swallow tail) für diesen Bifurkationstyp.

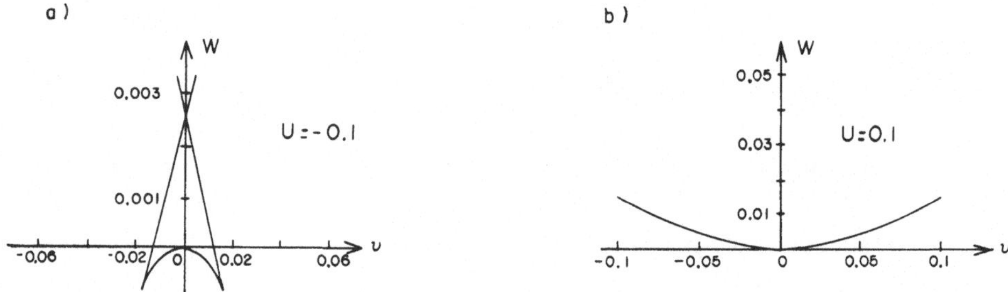

Bild 7.3 Projektionen des Schwalbenschwanz-Diagramms für u = const.

7.2 Die Ko-Dimension dynamischer Systeme

Wir wollen jetzt diese Problematik der Ko-Dimension dynamischer Systeme allgemeiner untersuchen und werden dabei vorgegebene Vektorfelder in mehrparametrigen Mannigfaltigkeiten einbetten. Gemäß Definition 4.1 ist dann die Ko-Dimension des Systems als Minimalzahl der Parameter dieser Einbettung gegeben.

Bevor wir jedoch zur Besprechung dynamischer System übergehen, wollen wir die Ko-Dimension eines geometrischen Objekts (Kurve, Fläche, etc.) untersuchen.

DEFINITION 7.1 (Ko-Dimension eines geometrischen Objekts):
Die *Ko-Dimension* n_c eines geometrischen Objekts ist die Differenz zwischen der Dimension n des Raumes $\mathbf{R}^n$, in dem dieses Objekt eingebettet ist, und der Dimension des Objekts n_0, d.h. $n_c = n - n_0$. ♠

BEISPIEL:
Als Beispiel betrachten wir eine Hyperebene $\mathcal{H} \subset \mathbf{R}^4$, also $a x_1 + b x_2 + c x_3 + d x_4 - e = 0$ (a bis e sind Konstante). Die Ko-Dimension dieses geometrischen Objekts ist Eins. Dies ist gleichbedeutend mit der Tatsache, daß man genau eine Gleichung braucht, um diese Hyperebene $\mathcal{H}$ zu beschreiben. ❑

Eine wichtige Eigenschaft der Ko-Dimension ist, daß diese Zahl invariant gegenüber der Dimension des Raumes der Einbettung ist. Projizieren wir z.B. den $\mathbf{R}^4$ (mit x_4 = const.) in den $\mathbf{R}^3$, so geht die oben besprochene Hyperfläche $\mathcal{H}$ in eine Fläche der Dimension $n_0 = 2$ über und es gilt $n_c = 3 - 2 = 1$.

7.2.1 Eindimensionale Systeme

Wir betrachten 1-dimensionale Systeme, deren Vektorfelder Polynome einer vorgegebenen Ordnung N sind:

$$\dot{x} = f(x, \mu) = P_N(x, \mu) \; ; \; P_N(x, \mu) = \sum_{k=0}^{N} a_k(\mu)\, x^k \; ; \; x, f \in \mathbf{R} \; ; \; \mu \in \mathbf{R}^p \; ; p \geq 1 \; . \qquad (7.31)$$

Wir können (7.31) als abgebrochene Taylor-Entwicklung eines allgemeineren Vektorfeldes auffassen. Dabei ist das Polynom P_N eine (N+1)-parametrige Kurvenschar mit den Scharparametern $a_0(\mu)$ bis $a_N(\mu)$, die von den p Parametern $\mu_1, \dots \mu_p$ abhängen. Wir stellen uns jetzt die Frage nach der strukturellen Stabilität (der Robustheit) des Systems (7.31) bzw. des Polynoms P_N. Mit anderen Worten: ergibt eine kleine Änderung der Parameter in (7.31) eine qualitative Änderung der Dynamik des Systems? Diese qualitative Änderung der Dynamik ist aber äquivalent zur Änderung der Eigenschaften des Polynoms (Nullstellen, stationäre Punkte). Dies führt uns zu einer weiteren Definition der strukturellen Stabilität:

DEFINITION 7.2 (Strukturelle Stabilität):
Ist $\mu_0 \in \mathbf{R}^p$ ein vorgegebener Parameter und gilt für alle Nachbarpunkte μ_1 mit $|\mu_0 - \mu_1| < \varepsilon$, daß $P_N(x, \mu_0)$ und $P_N(x, \mu_1)$ dieselben Eigenschaften haben, dann nennt man $P_N(x, \mu_0)$ ein *generisches Polynom N-ten Grades* (siehe Definition 4.6), oder ein *strukturell stabiles Polynom* der entsprechenden Kurvenschar. Man nennt die Menge aller strukturell stabilen Polynome (der Ordnung N) die *Untermenge der generischen Polynome* (der Ordnung N). Das Komplement dieser Menge nennt man die *Bifurkationsmenge*.   ♠

BEISPIEL:
Wir betrachten das Polynom

$$Q_2(x) = x^2 \; ; \; |x| < 1 \; . \qquad (7.32)$$

Q_2 hat an der Stelle $x = 0$ eine doppelte Nullstelle und dort liegt ein Minimum vor. Ein spezielle, kleine Störung von Q_2 hat die Form

$$\tilde{Q}_2(x) = x^2 + \varepsilon\, x^s \; ; \; s \in \mathbf{N} \; ; \; \varepsilon \to 0 \; . \qquad (7.33)$$

Hinsichtlich des Exponenten s der Störung muß jetzt eine Fallunterscheidung vorgenommen werden:

i) $s = 2 + k > 2$: Dann gilt

$$\tilde{Q}_2(x) = x^2 (1 + \varepsilon\, x^k)\, k \in \mathbf{N} \; .$$

$\tilde{Q}_2$ hat ebenfalls die Nullstellen $x_{1,2} = 0$. Eine weitere (für $\varepsilon < 0$) ist $x_3 = \sqrt[k]{-1/\varepsilon}$. Für $\varepsilon \to 0$ ist x_3 aber weit von $x_{1,2}$ entfernt. $\tilde{Q}_2$ hat ebenso wie Q_2 bei $x = 0$ ein Minimum. Dies bedeutet, daß die gestörte Form (7.33) von (7.32) für $s \geq 3$ die gleichen Eigenschaften wie Q_2 besitzt.

ii) $s = 2$: Hier haben (7.32) und (7.33) trivialerweise dieselben Eigenschaften.

iii) $s = 0$ oder $s = 1$: Wir fassen beide Fälle zusammen und setzen an Stelle von (7.4) das allgemeine Polynom 2-ten Grades an

$$\tilde{Q}_1 = u + v\, x + x^2 \; ; u, v \to 0. \tag{7.34}$$

Die Nullstellen von (7.34) fallen nicht zusammen, sondern sind Lösung der entsprechenden quadratischen Gleichung. Wir können jedoch mit Hilfe der Transformation $x(t) = -\xi(t) + a$ ($a =$ const.) den Ursprung verschieben und es entsteht nach Eintragen in (7.34)

$$\dot{\xi} = -\xi^2 + \lambda \; ; \lambda = \frac{v^2}{4} - u \quad \text{und} \quad a = -\frac{v}{2} \, . \tag{7.35}$$

Durch eine geeignete Verschiebung des Ursprungs kann man immer die (N-1)-te Potenz eines Polynoms N-ter Ordnung, hier das lineare Glied, eliminieren. Das Polynom in (7.35) hat Nullstellen bei $\xi = \pm \sqrt{\lambda}$ und besitzt bei $\xi = 0$ ein Extremum, es hat daher dieselben Eigenschaften wie das ursprüngliche Polynom x^2. Das ein-parametrige System (7.35) ist die Normalform der Sattel-Knoten-Bifurkation (4.11.1). (7.34) und (7.35) bedeuten, daß man alle 1-dimensionalen Systeme mit quadratischen Polynomen auf die Form (7.35) zurückführen kann. Zusammenfassend können wir feststellen, daß die 1-dimensionale Sattel-Knoten-Bifurkation generisch (oder strukturell stabil) ist, während Störungen der transkritischen Bifurkation (siehe (4.11.2)) deren Differentialgleichung in die der Sattel-Knoten-Bifurkation überführen. Wir werden die Differentialgleichung (7.35) *universale Entfaltung* einer 1-dimensionalen Differentialgleichung mit einem quadratischen Polynom nennen. Da in ihr nur ein Parameter λ auftritt, hat dieses System die Ko-Dimension Eins. ❏

BEISPIEL:
Wir untersuchen das kubische Polynom

$$P_3(x, \mu) = u + v\, x + w\, x^2 + x^3 \; ; \; \mu = (u, v, w) \, . \tag{7.36}$$

(7.7) ist bereits die allgemeinste Form eines Polynoms dritten Grades. Ähnlich wie beim quadratischen Polynom können wir mit Hilfe der Transformation $x(t) = \xi(t) + a$ ($a = $ const.) den Ursprung verschieben, um die Potenz ξ^2 zu eliminieren. Es entsteht

$$P_3(x, \mu) = \xi^3 + \mu_1 \xi + \mu_2 \; ; a = -\frac{w}{3} \, ;$$

$$\mu_1 = 3\, a^2 + 2\, a\, w + v = v - \frac{w^2}{3} \; ; \mu_2 = a^3 + a^2\, w + a\, v + w = 2\,\frac{w^3}{27} - u\,\frac{w}{23} + u \, . \tag{7.37}$$

Wir benötigen zur Bildung dieser Form zwei skalare Parameter μ_1 und μ_2, die Ko-Dimension des kubischen Polynoms (oder der Differentialgleichung mit diesem Polynom) ist also Zwei. ❏

Zusammenfassend können wir feststellen, daß die Störung eines Polynoms des Typs $P_N = x^N$ in Form einer Einbettung in einer Kurvenschar mit Koeffizienten niedrigerer Potenzen als Scharparameter zu einer Entfaltung ('unfolding') der Eigenschaften dieser Funktion führt. Dies läßt sich im Englischen besonders treffend mit der Öffnung einer Knospe, die die Blume zum Vorschein bringt, vergleichen. Dabei haben Entfaltungen mit minimaler Zahl von Parametern eine besondere Bedeutung:

DEFINITION 7.3 (Universelle Entfaltung):
Strukturell stabile Entfaltungen (oder Einbettungen) nennt man *versale Entfaltungen.* Versale Entfaltungen mit minimaler Zahl von Parametern nennt man *universale* (oder auch *miniversale*) *Entfaltungen.* ♠

Als Beispiel führt die universelle Entfaltung der Pitchfork-Bifurkation (4.11.3) auf die Form (7.3'), die wir schon im Rahmen der Differentialgleichung (4.9') aufgestellt haben. Die Pitchfork-Bifurkation ist also nicht strukturell stabil. Ihre universelle Entfaltung ist eine zwei-parametrige Kurvenschar. Eine graphische Darstellung der drei Nullstellen von (7.36) (dies sind die Fixpunkte der entsprechenden Differentialgleichung) wurde schon in Bild 4.4 gegeben. Man beachte insbesondere, daß man die beiden oberen Äste, die für $a < 0$ auftreten, als eine Sattel-Knoten-Bifurkation auffassen kann. Am Bifurkationspunkt tritt allerdings Hysterese auf.

Wir haben gesehen, daß quadratische (kubische) Polynome die Ko-Dimension Eins (Zwei) haben. Die universale Entfaltung dieser Polynome führt zu einer Einbettung in eine ein- (zwei-)parametrige Kurvenschar. Als Verallgemeinerung können wir feststellen, daß ein Polynom N-ten Grades die Ko-Dimension N-1 hat.

Zum Abschluß dieses Abschnitts wird in der folgenden Tabelle eine Aufstellung 1-dimensionaler Systeme der Form (7.31) geben. Diese Tabelle beinhaltet als erste Eintragung die Sattel-Knoten-Bifurkation. Wir haben bereits früher festgestellt, daß dies eine Bifurkation der Ko-Dimension Eins ist. Eine Diskussion der Schmetterling-Bifurkation findet man z. B. bei Saunders (1985).

Polynom-Ordnung N	*Ko-Dimension*	*Name der Bifurkation*
2	1	Sattel-Knoten
3	2	Scheitel
4	3	Schwalbenschwanz
5	4	Schmetterling

Tabelle 7.1 Ko-Dimension und Bifurkation in Abhängigkeit von der Polynom-Ordnung

7.2.2 Ebene Systeme

7.2.2.1 Zweidimensionale Potential-Systeme

Um an die Überlegungen des letzten Abschnitts anzuknüpfen, betrachten wir zunächst ein 2-dimensionales System mit einem Potential $V(x, y)$, also

$$\dot{x} = \frac{\partial V}{\partial x} \, , \, \dot{y} = \frac{\partial V}{\partial y} \; . \tag{7.38}$$

Wir beschränken uns auf die Untersuchung von drei speziellen Potentialen von Nabelpunkten (Nabelpunkt; engl.: *umbilic point*))

i) $\quad V = \dfrac{x^3 + y^3}{3}$ $\qquad$ (Hyperbolischer Nabelpunkt)

ii) $\quad V = \dfrac{x^3}{3} - x \, y^2$ $\qquad$ (Elliptischer Nabelpunkt) $\hfill$ (7.39)

iii) $\quad V = \dfrac{x^2 y + y^4}{4}$ $\qquad$ (Parabolischer Nabelpunkt)

Eine Begründung für die Bezeichnung *Nabelpunkt* wird am Ende dieses Abschnitts nachgetragen.

i) Hyperbolischer Nabelpunkt

Eine Einbettung des entsprechenden Potentials in (7.39) hat die Form

$$V = \frac{1}{3}(x^3 + y^3) + \frac{1}{2}(a \, x^2 + 2 \, b \, x \, y + c \, y^2) + d \, x + e \, y \; . \tag{7.40}$$

Dabei sind a bis e Konstante. Bei dieser Einbettung haben wir ein allgemeines Polynom niedrigerer Ordnung addiert und beachtet, daß Potentiale stets bis auf beliebige Konstante definiert sind. Einsetzen von (7.40) in (7.38) führt zu

$$\dot{x} = x^2 + a \, x + b \, y + cy^2 + d \, , \; \dot{y} = x + b \, x + c \, y + e \; . \tag{7.41}$$

Man beachte, daß die Koeffizienten der höchsten Potenzen (wie im 1-dimensionalen Fall mit Hilfe einer Eichtransformation) normiert sind. (7.41) ist daher die allgemeinste Einbettung der Differentialgleichung mit dem ersten Potential von (7.39). Ist dies auch die universale (bzw. miniversale) Einbettung mit der Minimalzahl von Parametern? Zur Untersuchung dieser Frage bilden wir mit der Transformation

$$x = \xi(t) + \alpha \, , \; y = \eta(t) + \beta \; ; \; (\alpha, \, \beta \; \text{const.}), \tag{7.42}$$

die Normalform, wobei wir in den Differentialgleichungen die jeweils 'zugehörige' lineare Potenz der Variablen eliminieren. Wir erhalten dabei

$$\dot{\xi} = \xi^2 + \mu_1 \eta + \mu_2 \, , \, \dot{\eta} = \eta^2 + \mu_1 \xi + \mu_3 \quad \text{mit}$$
$$\mu_1 = b \, , \, \mu_2 = d - \frac{a^2}{4} - \frac{b \, c}{2} \, , \; \mu_3 = e - \frac{c^2}{4} - \frac{a \, b}{2} \tag{7.43.1}$$

mit dem Potential

$$V(\xi, \eta) = \frac{\xi^3 + \eta^3}{3} + \mu_1 \xi \eta + \mu_2 \xi + \mu_3 \eta \; . \tag{7.43.2}$$

Damit hat das Potential (7.43.2) bzw. die Differentialgleichung (7.43.1) eines Systems vom Typ des hyperbolischen Nabelpunkts die Ko-Dimension Drei.

ii) Elliptischer Nabelpunkt
Eine Einbettung des zweiten Potentials von (7.39) ist in Analogie zu (7.41)

$$V = \frac{x^3}{3} - x\,y^2 + \frac{1}{2}(a\,x^2 + 2\,b\,x\,y + c\,y^2) + d\,x + e\,y \; . \tag{7.44}$$

Nach Eintragen in (7.38) und bei Verwendung der Transformation (7.42) entsteht

$$\begin{aligned}
\dot\xi &= \xi^2 - \eta^2 + (2\,\alpha + a)\,\xi - (2\,\beta - b)\,\eta + (\alpha^2 - \beta^2 + \alpha\,a + \beta\,b + d) \; , \\
\dot\eta &= -2\,\xi\,\eta - (2\,\beta - b)\,\xi + (c - 2\,\alpha)\,\eta + [e + c\,b + \alpha(b - 2\,\beta)] \; .
\end{aligned} \tag{7.45}$$

Es gibt daher zwei äquivalente Möglichkeiten in (7.45), Variable durch Wahl der Konstanten zu eliminieren:

$$M_1) : b - 2\beta = 0;\ 2\,\alpha + a = c - 2\,\alpha = \mu_1 \; ; \quad M_2) : 2\,\alpha + a = 0 ;\ b - 2\beta = 0 \; . \tag{7.46}$$

Die Variante M_1 ist der in der Literatur zu findende Standardfall (M_2 wird im Rahmen der Aufgabe 7.6 benutzt) und dabei gilt

$$\dot\xi = \xi^2 - \eta^2 + \mu_1\,\xi + \mu_2 \; , \quad \dot\eta = -2\,\xi\,\eta + \mu_1\,\eta + \mu_3 \; . \tag{7.47}$$

(die Konstanten werden ebenfalls in Aufgabe 7.6 bestimmt). Das entsprechende Potential hat die Form

$$V = \frac{\xi^3}{3} - \xi\,\eta^2 + \mu_1\,\frac{\xi^2 + \eta^2}{2} + \mu_2\,\xi + \mu_3\,\eta \; . \tag{7.48}$$

Die miniversalen Einbettungen sind also (7.47) bzw.(7.48). In ihnen treten drei Parameter auf, die Ko-Dimension dieses System ist also Drei.

iii) Parabolischer Nabelpunkt
Eine Einbettung des dritten Potentials von (7.39) ist

$$V = \frac{1}{4}(y^4 + x^2 y) + \frac{1}{2}(a\,x^2 + 2\,b\,x\,y + c\,y^2) + d\,x + e\,y \; .$$

Nach Eintragen in (7.38) und bei Verwendung von (7.42) erhalten wir

$$\begin{aligned}
\dot\xi &= \frac{\xi\,\eta}{2} + \left(a + \frac{\beta}{2}\right)\xi + \left(b + \frac{\alpha}{2}\right)\eta + \left(\frac{\alpha\,\beta}{2} + a\,\alpha + b\,\beta + d\right) , \\
\dot\eta &= \eta^3 + 3\,\beta\,\eta^2 + \frac{\xi^2}{4} + \left(b + \frac{\alpha}{2}\right)\xi + (3\,\beta^2 + c)\,\eta + \beta^3 + \frac{\alpha^2}{4} + c\,\beta + e \; .
\end{aligned} \tag{7.49.1}$$

Die Konvention zur Bestimmung der universalen Entfaltung besteht nun in der Wahl der Konstanten in der Form $\beta = 0$, $\alpha = -2b$. Damit entsteht das 4-parametrige System

$$\dot{\xi} = \frac{\xi\,\eta}{2} + \mu_1\,\xi + \mu_2 \; ; \; \mu_1 = a \; , \; \mu_2 = d - 2\,a\,b$$

$$\dot{\eta} = \eta^3 + \frac{\xi^2}{4} + \mu_3\,\eta + \mu_4; \; \mu_1 = c \; , \; \mu_4 = e - b^2, \tag{7.49.2}$$

mit dem Potential

$$V = \frac{1}{4}(\eta^4 + \xi^2\eta) + \frac{1}{2}(\mu_1\,\xi^2 + \mu_3\,\eta^2) + \mu_2\,\xi + \mu_4\,\eta \; . \tag{7.49.3}$$

Es fehlt noch die Erklärung für die Bezeichnung *Nabelpunkt*. Wir beschränken uns auf den elliptischen Fall und konstruieren das Bifurkationsdiagramm ausgehend von (7.47). Mit den Bezeichnungen $(x, y, u, v, w) := (\xi, \eta, \mu_1/2, \mu_2, \mu_3)$ erhalten wir die Fixpunktbedingung in der Form

$$0 = x^2 - y^2 + 2\,u\,x + v \; , \; 0 = -2\,x\,y + 2\,u\,y + w \; . \tag{7.50.1}$$

Die Bifurkationsbedingung ergibt sich durch Nullsetzen eines Eigenwerts der Jacobi-Determinante

$$\det [\,J\,] = 4\,(\,u^2 - x^2 - y^2\,) = 0 \; . \tag{7.50.2}$$

(In Aufgabe 7.7 wird gezeigt, daß Potentialsysteme keine Hopf-Bifurkationen aufweisen können, daher treten statische Bifurkationen auf, wenn ein Eigenwert verschwindet). (7.50) ist ein Satz von drei Gleichungen für die fünf Variablen x, y, u, v, w. Nach Elimination von x und y entsteht als Bifurkationsdiagramm eine Fläche der Form G(u, v, w) = 0: (7.50.2) legt die Wahl von Polarkoordinaten nahe. Wir verwenden also x = u cos θ und y = u sin θ. Dann entsteht nach Einsetzen in (7.50.1)

$$v = -u^2\,(\cos 2\,\theta + 2\cos \theta) \; , \; w = u^2\,(\sin 2\,\theta - 2\sin \theta) \; . \tag{7.51}$$

Mit (7.51) sieht man, daß $|v| \le 3\,u^2$ und $|w| \le 3\,u^2$ sein muß. Damit ergibt sich das in Bild 7.4 dargestellte Bifurkationsdiagramm der Parameterdarstellung (7.51): diese Kurven erinnert an eine grafische Darstellung eines Nabels.

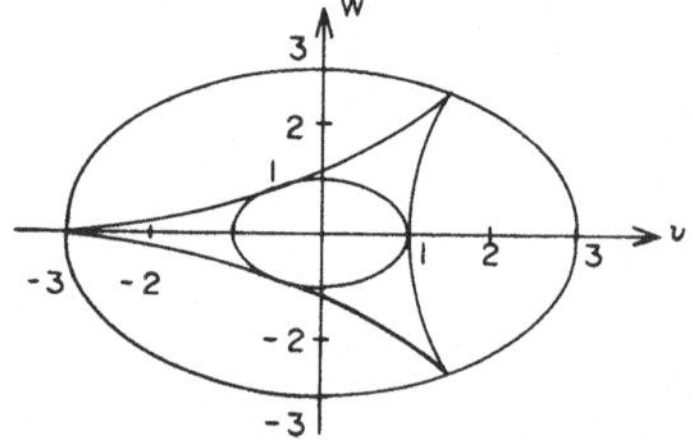

Bild 7.4 Bifurkationsdiagramm des elliptischen Nabelpunkts (u = 1)

Man nennt Bifurkationen mit Ko-Dimension $n_c \le 4$ *Elementarkatastrophen*. Die Liste in der Tabelle 7.1 ist also noch durch die hier besprochenen drei Nabelpunkt-Systeme zu ergänzen und damit ergibt sich eine Liste von insgesamt sieben Elementarkatastrophen. Wir werden aber im Abschnitt 7.4 sehen, daß die miniversale Einbettung einiger Normalformen von Systemen am Bifurkationspunkt ebenfalls zu Bifurkationen der Ko-Dimension Zwei führen. Die Liste der Elementarkatastrophen müßte also erweitert werden.

7.2.2.2 Allgemeine zweidimensionale Systeme

Wir untersuchen das 2-dimensionale System

$$\begin{pmatrix} \dot{x} \\ \dot{y} \end{pmatrix} = J \begin{pmatrix} x \\ y \end{pmatrix} + \begin{pmatrix} f_1(x, y, \mu) \\ f_2(x, y, \mu) \end{pmatrix} \; ; x, y, f_1, f_2 \in \mathbf{R} \; ; \mu \in \mathbf{R}^p \; . \tag{7.52}$$

$f_{1,2}$ sind die nichtlinearen Glieder und J ist die Jacobi-Matrix in ihrer Jordan-Normalform (siehe Anhang A von Kapitel 2). An einem Bifurkationspunkt hat J mindestens einen Eigenwert mit verschwindendem Realteil und es können (unter Ausschluß der 0-Matrix, des streng nichtlinearen Falles) die folgenden drei Fälle auftreten:

$$i) \; J = \begin{pmatrix} -1 & 0 \\ 0 & 0 \end{pmatrix} \; ; \quad ii) \; J = \begin{pmatrix} 0 & 1 \\ -1 & 0 \end{pmatrix} ; \quad iii) \; J = \begin{pmatrix} 0 & 1 \\ 0 & 0 \end{pmatrix} . \tag{7.53}$$

Sie sind durch

i) $\mathrm{Det}(J) = 0$ und $\mathrm{Sp}(J) \neq 0$; Eigenwerte $\sigma_1 = 1$ und $\sigma_2 = 0$

ii) $\mathrm{Det}(J) \neq 0$ und $\mathrm{Sp}(J) = 0$; Eigenwerte $\sigma_{1,2} = \pm\, i$ und

iii) $\mathrm{Det}(J) = \mathrm{Sp}(J) = 0$; Eigenwerte $\sigma_{1,2} = 0$.

charakterisiert ($\mathrm{Det}(J)$ und $\mathrm{Sp}(J)$ sind Determinante und Spur von J). Damit läßt sich das folgende Theorem begründen:

SATZ 7.1:
Ebene Systeme, deren Jacobi-Matrix mindestens einen Eigenwert mit verschwindendem Realteil besitzen, sind C^0-konjugiert (und damit auch topologisch äquivalent) zum System (7.10) mit einer der Jacobi-Matrizen in (7.11).

BEWEIS:
Wir können jedes System mit Hilfe einer Transformationsmatrix T, gebildet mit den (verallgemeinerten) Eigenvektoren, in die Form (7.52) mit (7.53) überführen. T ist eine konstante invertierbare Matrix, also ein C^0-Diffeomorphismus. ✱

Bei der Untersuchung des 2-dimensionalen Systems (3.31) sahen wir, daß sämtliche Informationen über die Eigenwerte einer Matrix in den Größen *Spur* und *Determinante* enthalten sind. Wir können die 2x2-Jacobi-Matrizen als Elemente eines 4-dimensionalen Vektorraumes $\mathbf{R}^4$ auffassen. Die drei Fälle i) bis iii) der Jacobi-Matrizen sind dabei typische Einzelfälle, deren Entfaltung jetzt besprochen werden soll:

$$i) \; J_1 = \begin{pmatrix} -1 & 0 \\ 0 & 0 \end{pmatrix} .$$

Hier gilt $\mathrm{Det}(J_1) = 0$ und $\mathrm{Sp}(J) = -1$. Die Bedingung $\mathrm{Det}(J) = 0$ charakterisiert eine Hyperfläche $\mathcal{F}$ im $\mathbf{R}^4$. Bezeichnet man die Elemente von J_1 mit J_{ik}, dann hat $\mathcal{F}$ die Form $J_{11}J_{22} - J_{12}J_{21} = 0$. Wir konstruieren eine versale Entfaltung von Matrizen, indem wir J_1 in eine Schar von Matrizen $J(\mu)$ ($\mu \in \mathbf{R}^s$, $s \geq 1$) einbetten, die die Bedingung $\mathrm{Sp}(J(\mu)) < 0$ erfüllen und für $\mu = 0$ in J_1 übergehen: $J(0) = J_1$.

Ähnliche Überlegungen können für die beiden anderen Matrizen der Fälle ii) und iii) angestellt werden. Wir verweisen hier auf den Anhang A dieses Kapitels, wo wir Einbettungen von Matrizen im $\mathbf{R}^n$ behandeln.

7.3 Dynamik von Bifurkationen mit Ko-Dimension Zwei

In diesem letzten Abschnitt wollen wir Systeme mit Ko-Dimension Zwei besprechen, deren Dynamik äußerst vielfältig ist und die durch Bifurkationen ins Chaos führen kann. Dabei sollen zwei spezielle Systeme untersucht werden, deren Normalformen wir schon in Kapitel 3 hergeleitet haben. Kategorisiert nach dem linearen Teil dieser Systeme sind dies (nach einer Vorschaltung von Transformationen wie Berechnung der zentralen Mannigfaltigkeit und anschließender Übergang zur Normalform):

i) Systeme mit einem doppelten Eigenwert;

ii) Systeme mit einem verschwindenden und zwei rein imaginären Eigenwerten.

Zur Untersuchung der Dynamik dieser Systeme werden wir die folgenden Schritte eines Arbeitsprogramms vornehmen:

s_1:   Eichtransformation der Normalform zur Minimierung bzw. Eichung der Parameter;

s_2:   Einbettung der Normalform in einer zwei-parametrigen Schar von Differentialgleichungen;

s_3:   Bestimmung der lokalen Dynamik (Fixpunkte und deren Bifurkationen);

s_4:   Untersuchung der globalen Dynamik;

s_5:   Einfluß nicht berücksichtigter Glieder höherer Ordnung.

7.3.1 Ein doppelter Eigenwert

In Abschnitt 3.6 haben wir die Normalform von Bogdanov in der Form

$$\dot{x} = y + O(3) \, , \, \dot{y} = a\,x^2 + b\,x\,y + O(3) \, ; \, a, b = \text{const} \tag{3.87.1}$$

hergeleitet. Im Rahmen des Schrittes s_1 verwenden wir jetzt die Eichtransformation (vgl. (7.4))

$$x = \alpha\,\xi(\tau) \, , \, y = \beta\,\eta(\tau) \, , \, t = \gamma\,\tau \, , \, \gamma > 0 \, ; \, \alpha, \beta, \gamma = \text{const} \, . \tag{7.54}$$

Mit (3.87.1) erhalten wir jetzt

$$\xi' = \frac{\beta\,\gamma}{\alpha}\,\eta \, ; \, \eta' = \frac{a\,\alpha^2\,\gamma}{\beta}\,\xi^2 + \alpha\,\gamma\,b\,\xi\,\eta \, ; \, ' = \frac{d}{d\tau} \, . \tag{7.55}$$

Nun setzen wir

$$\frac{\beta\,\gamma}{\alpha} = 1 \, ; \, \frac{a\,\alpha^2\,\gamma}{\beta} = 1 \, \text{ und } \, \alpha\,\gamma\,b = 1 \, . \tag{7.56}$$

(7.56) repräsentiert drei Bedingungen für die Konstanten α, β und γ. Mit dem ersten Teil von (7.56) folgt wegen $\gamma > 0$ sign(α) = sign(β) und eine Kombination der beiden ersten Bedingungen führt zu a α $(\alpha/\beta)^2 = 1$ und deswegen gilt sign(a) = sign(α). Eine Kombination des ersten und dritten Teils von (7.56) ergibt $\beta = b\alpha^2$. Damit gilt sign(a) = sign(α) = sign(b) = sign(β). Da jedoch die beiden Parameter a und b in (3.87.1) völlig beliebig sind, also auch sign(a) $\neq$ sign(b) zugelassen werden muß, führt die Anwendung von (7.56) zu einer Einschränkung der Allgemeinheit. Wir modifizieren die dritte Bedingung setzen

$$\frac{\beta\,\gamma}{\alpha} = 1 \; ; \frac{a\,\alpha^2\,\gamma}{\beta} = 1 \text{ und } \alpha\,\gamma\,b = \pm 1 \,.$$

(7.56')

Damit geht nach einer Vereinfachung der Bezeichnungen (7.55) über in

$$\dot{x} = y \; ; \dot{y} = x^2 \pm x\,y \; ; \text{ mit } (x,y,t) := (\xi,\,\eta,\,\tau) \,.$$

(7.55')

Im Rahmen des Schrittes s_2 setzen wir zunächst eine 4-parametrige Einbettung an:

$$\dot{x} = \lambda_1 + y \; ; \; \dot{y} = \lambda_2 + \lambda_3\,x + \lambda_4\,y + x^2 \pm x\,y \,.$$

(7.57)

Dabei haben wir uns - wie in Abschnitt 7.2.2.1 - auf eine Einbettung in Bezug auf Glieder niedriger Potenzen beschränkt. Mit Hilfe der Transformation (7.42) können wir aber anschließend wieder zwei Parameter in (7.57) eliminieren. Gehen wir wieder zu den Koordinaten x und y über, so erhalten wir die universale (miniversale) Entfaltung der Differentialgleichung (3.87.1) in der Form

$$\dot{x} = y \; ; \dot{y} = \mu_1 + \mu_2\,y + x^2 \pm x\,y \,.$$

(7.58)

Wir haben bei dem Übergang von der geeichten Gleichung (7.55') zur universal entfalteten Differentialgleichung (7.58) nur die linearen Anteile geändert. Es genügt also, die versale Entfaltung von Matrizen zu untersuchen. Wir kommen darauf im Anhang A zurück. Hier genügt es festzustellen, daß die Differentialgleichung (3.87.1) als miniversale Entfaltung die zwei-parametrige Differentialgleichung (7.58) aufweist und daß damit die Ko-Dimension des Systems Zwei ist.

Im Rahmen des Schrittes s_3 können wir (7.58) unmittelbar entnehmen, daß Fixpunkte bei $(\pm\sqrt{\mu}, 0)$ liegen. Zur Untersuchung ihrer Stabilität bilden wir die Eigenwerte der Jacobi-Matrix und erhalten

$$2\,\sigma_{1,2} - (\mu_2 + b\,x) \pm \sqrt{(\mu_2 + b\,x)^2 + 8\,x} \; ; b = \pm 1 \,.$$

(7.59)

Es können also drei Klassen von Fixpunkten auftreten:

i) $x = \sqrt{-\mu_1}$, $\mu_1 < 0$, $b > 0$: Sattel $(\sigma_1 > 0, \sigma_2 < 0)$,

(7.60a)

ii) $x = 0$, $\mu_1 = 0$: $\sigma_1 = 0$, $\sigma_2 = \mu_2$,

(7.60b)

iii) $x = -\sqrt{-\mu_1}$, $\mu_1 < 0$, $b > 0$.

(7.60c)

der letzte Fall iii) muß noch weiter aufgeschlüsselt werden und es gibt wegen

$$2\,\sigma_{1,2} = \mu_2 - |x| \pm \sqrt{(\mu_2 - |x|)^2 - 8\,|x|} \text{ mit } \sqrt{(\mu_2 - |x|)^2 - 8\,|x|} < \mu_2 - |x|$$

die folgenden Alternativen:

$$\text{iii}_1)\ \mu_2 > |x|\ \text{(Quelle)}\ ;\ \text{iii}_2)\ \mu_2 < |x|\ \text{(Senke)}\ ;\ \text{iii}_3)\ \mu_2 = |x|:\ \sigma_{1,2} = \pm\ i\ \sqrt{2\sqrt{-\mu_1}}\ . \qquad (7.61)$$

Der zweite Teil von iii$_3$) bedeutet, daß für $\mu_1 = 0$ eine Hopf-Bifurkation auftritt und der erste Teil lautet explizit $\mu_2^2 = -\mu_1$. Dies ist der geometrische Ort dieser Bifurkation in der (μ_1, μ_2)-Parameterebene.

Zur Untersuchung globaler Bifurkationen (Schritt s_4) führen wir eine Reskalierung

$$x = \varepsilon^2\ u\ ,\ \ y = \varepsilon^3\ v\ ,\ \ \mu_1 = -\varepsilon^4\ ,\ \ \mu_2 = m\ \varepsilon^2\ ,\ \tau = \varepsilon\ t\ ;\ m = \text{const.} \qquad (7.62)$$

ein (siehe auch den Kommentar am Ende dieses Abschnitts). Damit geht (7.58) in das gestörte Hamilton-System

$$u' = v\ ;\ \ v' = -1 + u^2 + \varepsilon\ (m\ v + u\ v)\ ;\left(\ ' = \frac{d}{d\tau}\right) \qquad (7.63)$$

mit der Hamilton-Funktion des ungestörten Teils

$$H(u, v) = u + \frac{v^2}{2} - \frac{u^3}{3} \qquad (7.64)$$

über. Dabei hat das Hamilton-System bei $(u, v) = (1, 0)$ einen Sattel und bei $(-1, 0)$ ein Zentrum. Die homokline Bahn hat die Parametrisierung

$$z_0(\tau) = (u_0(\tau)\ ,\ v_0(\tau)) = (1 - 3\ \text{sech}^2\ w,\ 3\ \sqrt{2}\ \text{sech}^2\ w\ \tanh w),\ w = \frac{\tau}{\sqrt{2}}\ . \qquad (7.65)$$

Die Verifikation von (7.65) geschieht im Rahmen der Aufgabe 7.8. Jetzt bilden wir gemäß (6.82)') die Melnikov-Funktion (das Störglied in (7.63) ist stationär, aber m-abhängig) und erhalten

$$M(m) = \int_{-\infty}^{\infty} v_0(\tau)\left[m\ v_0(\tau) + u_0(\tau)v_0(\tau)\right]d\tau = m\ I_1 + I_2 \qquad (7.66.1)$$

mit

$$I_1 = \int_{-\infty}^{-\infty} v_0^2(\tau)\ d\tau = 7\ ;\ I_2 = \int_{-\infty}^{\infty} u_0(\tau)\ v_0^2(\tau)\ d\tau = -5\ . \qquad (7.66.2)$$

Damit tritt bei $7m = 5$ eine homokline Bifurkation auf. Jetzt verwenden wir (7.62), um zu den ursprünglichen Parameter $\mu_{1,2}$ zurückzukehren und wir erhalten

$$\mu_1 = -\frac{49}{25}\mu_2^2 + o(\mu_2^2)\ . \qquad (7.67)$$

(7.67) ist also der geometrische Ort der homoklinen Bifurkation und damit auch Kandidat für eine Bifurkation der Ko-Dimension Zwei, während (mit $\mu_2 = |x| = \sqrt{-\mu_1}$)

$$- \mu_1 = \mu_2^2 \tag{7.68}$$

geometrischer Ort einer Hopf-Bifurkation der Ko-Dimension Zwei ist.

Eine Darstellung der Phasenbahnen in den einzelnen Gebieten der (μ_1, μ_2)-Parameterebene wird in Bild 7.5 gegeben. Bild 7.5a gibt die Lage der Phasenkurven (der Bilder 7.5b bis 7.5d) in der (μ_1, μ_2)-Parameterebene an. Man sieht dabei, daß im Falle 7.5b (bzw. 7.5c) die unterhalb (oberhalb) der Kurve (7.67) liegenden Punkte zu einer geringfügig gestörten homoklinen Bahn korrespondieren. Beim Überschreiten von (7.67) bricht dabei der homokline Orbit nach unten (oben) auf. Dieses Aufbrechen entspricht der durch die Melnikov-Theorie vorausgesagten homoklinen Bifurkation längs der Kurve (7.67). Das System besitzt dabei im Falle 7.5b wie 7.5c neben dem Sattel auf der negativen reellen Achse eine stabile Spirale. Die Lage dieser beiden Fixpunkte ist parameterunabhängig (vgl. (7.60)). Beim Überschreiten der Kurve (7.68) (geometrischer Ort der Hopf-Bifurkationen) ändert sich jedoch die Stabilität eines Fixpunkts und an Stelle der stabilen Spirale findet sich in Bild 7.5d ein instabiler Windungspunkt, während der Sattelpunkt erhalten bleibt.

Die Untersuchung des Einflusses Glieder höherer Ordnung (Schritt s_5) findet sich bei Wiggins (1990); es zeigt sich, daß diese Glieder höherer Ordnung keine qualitative Änderung der Dynamik des Systems (7.58) bewirken.

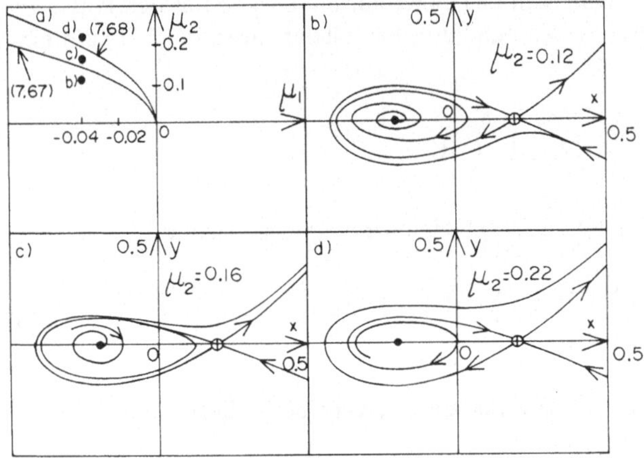

Bild 7.5 Phasenkurven der Lösungen von (7.58) in unterschiedlichen Bereichen der (μ_1,μ_2)-Parameterebene

Die Art der Aufspaltung in hamiltonsche bzw. Störungsanteile der Differentialgleichung (7.58) mit Hilfe der Reskalierung (7.62) gehört zur Klasse der 'genialen Tricks'. In der neueren Literatur finden sich jedoch Hinweise, wie diese Aufspaltung mit Hilfe analytischer Strategien vorgenommen werden kann (siehe z.B. Lewis und Marsden (1989) und Olver und Shakiban (1988)).

7.4.2 Zwei Paare rein imaginärer Eigenwerte

Wir übergehen den Fall eines 3-dimensionalen Systems mit einem verschwindenden und einem Paar von rein imaginären Eigenwerten, bei dem Glieder höherer Ordnung berücksichtigt werden müssen. Hier steht der Fall eines 4-dimensionalen Systems mit zwei Paaren von rein imaginären Eigenwerten zur Diskussion, dessen Normalform (3.132) wir schon in Abschnitt 3.6 hergeleitet haben. Bei Verwendung von Polarkoordinaten (mit geringfügiger Änderung der Bezeichnungsweise) sind die azimutalen Gleichungen entkoppelt und wir können sie hier ignorieren. Eine miniversale Entfaltung des Systems der Ko-Dimension Zwei (siehe Anhang A) führt dann zu

$$\dot{r}_1 = \mu_1 \, r_1 + r_1 \left(a \, r_1^2 + b \, r_2^2 \right)$$
$$\dot{r}_2 = \mu_2 \, r_2 + r_2 \left(c \, r_1^2 + d \, r_2^2 \right) \tag{3.132'}$$

Wir setzen im Folgenden $a > 0$ und $d > 0$ voraus: eine Eichtransformation der Form

$$(u, v) = (\sqrt{a} \, r_1, \sqrt{d} \, r_2) \quad (a, d > 0) \tag{7.69}$$

überführt (3.132') in

$$\dot{u} = u \left(\mu_1 + u^2 + B \, v^2 \right), \quad \dot{v} = v \left(\mu_2 + C \, u^2 + v^2 \right); \, B = \frac{b}{d}, \, C = \frac{c}{a} \, . \tag{7.70}$$

Daher gibt es die Fixpunkte

i: $(0, 0)$; ii: $(0, \pm \sqrt{-\mu_2})$; iii: $(\pm \sqrt{-\mu_1}, 0)$; iv: $(\mu_1 + u^2 + B \, v^2 = 0, \, \mu_2 + C \, u^2 + v^2 = 0)$. (7.71)

Abgesehen von Fall iv, der zu einer Hopf-Bifurkation führt, weisen alle anderen Fixpunkte eine relativ einfache Dynamik auf. Wir beschränken uns daher auf die Diskussion des Falles iv. Zunächst erhalten wir nach Lösung der beiden quadratischen Gleichungen in (7.71) die Fixpunkt-Koordinaten

$$u = \pm \sqrt{\frac{\mu_2 \, B - \mu_1}{\Delta}} \, , \, v = \pm \sqrt{\frac{\mu_1 \, C - \mu_2}{\Delta}} \, ; \, \Delta = 1 - C \, B \, . \tag{7.72}$$

Zur Untersuchung der Stabilität des Fixpunkts (7.72) bilden wir die Jacobi-Matrix

$$J_4 = J(u, v) = \begin{pmatrix} \mu_1 + 3 \, u^2 + B \, v^2 & 2 \, B \, u \, v \\ 2 \, C \, u \, v & \mu_2 + C \, u^2 + 3 \, v^2 \end{pmatrix} \, . \tag{7.73}$$

In einem dynamischen System tritt eine Hopf-Bifurkation auf, wenn $\det(J - i\omega I) = 0$ gilt. Im $\mathbf{R}^2$ hat diese charakteristische Gleichung die Form

$$\det (J) - i \, \omega \, \text{Sp} \, (J) - \omega^2 = 0 \quad (\omega, J \in \mathbf{R}) \, . \tag{7.74}$$

Daher gilt für den geometrischen Ort der Hopf-Bifurkation

$$\text{Sp} \, (J) = 0 \, . \tag{7.75}$$

(7.75) stellt nach Eintragen der Fixpunkt-Koordinaten eine Kurve in der $(\mu_1, \, \mu_2)$-Ebene des zwei-parametrigen Systems dar. Wegen (7.74) gilt für die Frequenz der abzweigenden periodischen Lösung

$$\omega = \pm \sqrt{\det (J)} \, . \tag{7.76}$$

Angewandt auf die Jacobi-Matrix (7.73) führt (7.75) zu dem geometrischen Ort der Hopf-Bifurkation für den Fixpunkt (7.72)

$$\mu_1 + \mu_2 + (3 + C)\, u^2 + (3 + B)\, v^2 = 0 \ . \tag{7.77}$$

Nach Eintragen der Fixpunkt-Koordinaten (7.72) erhalten wir für den geometrischen Ort der Hopf-Bifurkation

$$\mu_1 + \mu_2 + (3 + C)\,\frac{\mu_2\, B - \mu_1}{\Delta} + (B + 3)\,\frac{\mu_1\, C - \mu_2}{\Delta} = 0 \ . \tag{7.77'}$$

Für $CB \neq 1$ erhalten wir mit (7.77') nach einer Umformung

$$\mu_1 = - \mu_2\, \frac{B - 1}{C - 1} \ . \tag{7.77''}$$

Dies bedeutet, daß die Hopf-Bifurkation in der (μ_1, μ_2)-Parameterebene längs einer Geraden durch den Ursprung auftritt. Bei Überschreiten dieser Geraden verliert der Fixpunkt (7.72) seine Stabilität und es kommt zu Bildung einer periodischen Lösung mit der Frequenz (7.76). Wegen der Vielfalt der Parameterkombinationen und der damit verbundenen Möglichkeiten von Bifurkationen verzichten wir hier auf die grafische Darstellung von Phasenkurven und Bifurkationsdiagrammen und verweisen den interessierten Leser lediglich auf die entsprechenden Ausführungen in dem Buch von Guckenheimer und Holmes (1983), in dem auch Information über den (zu vernachlässigenden) Einfluß Glieder höherer Ordnung sowie über globale Bifurkationen zu finden sind.

Anhang A Versale Entfaltung von Matrizen

Eine versale Entfaltung der Matrix J_1 in (7.53) hat die Form

$$\tilde{J}_1(\mu) = \begin{pmatrix} -1 + \mu_1 & \mu_2 \\ \mu_3 & \mu_4 \end{pmatrix}; \mu = (\mu_1, \mu_2, \mu_3, \mu_4) \ \text{für}\ |\mu| \to 0 \,,\ \text{mit}$$
$$\det(\tilde{J}_1(\mu)) = - \mu_4 + O(2) \ \text{und}\ \mathrm{Sp}((\tilde{J}_1(\mu)) = - 1 + (\mu_1 + \mu_4) + O(2) \ . \tag{A.1}$$

Da aber Glieder in der Nebendiagonale zu Spur und Determinante nur O(2)-Beiträge liefern, ist es klar, daß man die gewünschten Eigenschaften der entfalteten Matrix $(\mathrm{Sp}(\tilde{J}_1) = -1,\ \det(\tilde{J}_1) = 0$ für $|\mu| \to 0)$ bereits mit zwei Parametern erhalten kann:

$$\tilde{J}_1 = \begin{pmatrix} -1 + \mu_1 & 0 \\ 0 & \mu_2 \end{pmatrix} = J_1 + B \ ; \ B = \begin{pmatrix} \mu_1 & 0 \\ 0 & \mu_2 \end{pmatrix} . \tag{A.1'}$$

(A.1') ist die miniversale Entfaltung von J_1 und die Ko-Dimension dieser Matrix ist Zwei. Wir wenden uns jetzt Matrizen im $\mathbf{R}^n$ zu und betrachten eine Schar von nxn Matrizen $A(\lambda)$ mit dem komplexen Parametervektor $\lambda \in C^p$, $p \geq 1$. Die kleinste Zahl d von Parametern einer miniversalen Einbettung (dies ist gerade die Ko-Dimension) ist durch die Beziehung

$$d = \sum_{j=1}^{s} \{\, n_1(\sigma_j) + 3\, n_2(\sigma_j) + 5\, n_3(\sigma_j) + \dots \,\} \tag{A.2}$$

gegeben und die Summation in (A.2) erstreckt sich über differente Eigenwerte. Der Beweis von (A.2) findet sich bei Arnold (1983). Dabei ist $n_k(\sigma_j)$ die Dimension des k-ten Jordan-Blocks, der zu dem Eigenwert σ_j korrespondiert und es gilt die Ordnungsrelation

$$n_1(\sigma_j) \geq n_2(\sigma_j) \geq n_2(\sigma_j) \geq \dots \ . \tag{A.3}$$

Mit anderen Worten: n_1 ist die Dimension des größten, n_2 die Dimension des zweitgrößten Jordan-Blocks des entsprechenden Eigenwerts, usw. Wir betrachten jetzt einige Beispiele:

BEISPIEL 1:

$$A = \begin{pmatrix} \sigma & 1 \\ 0 & \sigma \end{pmatrix} \ . \tag{A.4}$$

Dies ist die Jordan-Form einer Matrix mit einem doppelten, reellen Eigenwert mit geometrischer Vielfachheit Eins. Hier gibt es nur den doppelten Eigenwert σ. Daher vereinfacht sich (A.2) zu d $= n_1(\sigma) + 3 \ n_2(\sigma) + 5 \ n_3(\sigma) + \dots$. Da die Matrix (A.4) nur einen Block der Dimension Zwei hat, gilt $n_1(\sigma) = 2$, $n_k(\sigma) = 0 \ \forall \ k \geq 2$ und die Matrix (A.4) hat die Ko-Dimension d = 2.   ❑

BEISPIEL 2:

$$A = \begin{pmatrix} a & 0 \\ 0 & b \end{pmatrix} \ ; a \neq b \ . \tag{A.5}$$

Die Matrix (A.5) besitzt zwei Eigenwerte mit jeweils einem Block der Dimension Eins, d.h. $n_1(a) = n_1(b) = 1$, $n_k(a) = n_k(b) = 0 \ \forall \ k \geq 2$. Die Ko-Dimension der Matrix (A.5) ist daher ebenfalls d = 2.   ❑

BEISPIEL 3 (dreifacher Eigenwert $\sigma = a$):

$$A = \begin{pmatrix} a & 1 & 0 \\ 0 & a & 0 \\ 0 & 0 & a \end{pmatrix} \ . \tag{A.6}$$

Hier gibt es nur einen Eigenwert, dieser besitzt zwei Blöcke mit $n_1(a) = 2$, $n_2(a) = 1$, und daher gilt für die Ko-Dimension d $= 2 + 1 \cdot 3 = 5$.   ❑

BEISPIEL 4 (ein Paar von rein imaginären Eigenwerten $\sigma = \pm ia$ und ein reeller Eigenwert b):

$$A = \begin{pmatrix} 0 & a & 0 \\ -a & 0 & 0 \\ 0 & 0 & b \end{pmatrix} = \begin{pmatrix} \tilde{A} & 0 \\ 0 & b \end{pmatrix} \text{ mit } \tilde{A} = \begin{pmatrix} 0 & a \\ -a & 0 \end{pmatrix} \ . \tag{A.7}$$

Der Block $\tilde{A}$ kann als reelle Darstellung ('De-Komplexifizierung') einer komplexen 1x1-Matrix a=ia aufgefaßt werden (Einzelheiten dieser Überlegungen finden sich bei Gantmacher (1977), (1989)). Daher gilt $n_1(b) = 1$, $n_k(b) = 0 \ \forall \ k \geq 2$, $n_1(\pm ia) = 1$, $n_k(\pm ia) = 0 \ \forall \ k \geq 2$. Die Ko-Dimension der Matrix (A.7) ist daher d = 2.   ❑

Aufgaben

7.1 Durch Elimination des quadratischen Gliedes bestimme man die Normalform des kubischen Polynoms $G(a, b, c, x) = a + bx + cx^2 - x^3$.

7.2 Man zeige, daß bei Überschreitung der Scheitelkurve (7.6) zwei Fixpunkte, die Lösungen von (7.5) sein müssen, zusammenfallen.
Hinweis: Man verwende die Cardanischen Formeln zur Bestimmung der Nullstellen eines kubischen Polynoms.

7.3 Man verifiziere (7.18).
Hinweis: Man benutzt (7.15) bis (71.17) und die Beziehungen für die entsprechenden Ableitungen von λ_2.

7.4 Man bestimme die Bifurkationsdiagramme der Systeme $\dot{x} = F(a,b,x)$

$$\text{i) } F = x^2 + 2\,a\,b\,x + b^2; \quad \text{ii) } F = x^2 + 2\,a\,b\,x + b^4$$
$$\text{iii) } F = a^2 - b + a\,x - x^3\,;\ \text{iv) } F = a^2 + b^2 - a^{2/3}\,x - x^3\,;\ \text{v) } F = a\,b^2 + (a\,b)\,x\,2\,x^3$$

7.5 Man bestimme die Ko-Dimension einer Raumkurve im $\mathbf{R}^3$ (x,y,z), die die xy-Ebene in genau einem Punkt schneidet. Welches ist die Minimalzahl der Gleichungen zur Beschreibung dieses geometrischen Objekts? Wie ändert sich die Ko-Dimension bei Projektion in die Ebene z=0?

7.6
i) Man berechne die Parameter μ_j in (7.47).
ii) Mit Hilfe der Variante M2 in (7.46) bestimme man die universale Entfaltung des elliptischen Nabelpunkts.

7.7 Man zeige, daß für 2-dimensionale Potentialsysteme Hopf-Bifurkationen nicht auftreten können. Ebenso zeige man, daß diese Systeme nicht hamiltonisch sein können.

7.8 Man verifiziere (7.65) und zeige $z_0(\tau) \to (1, 0)$ für $\tau \to \infty$.
Hinweis: Man beachte die Ergebnisse der Aufgabe 6.9.

7.9 Mit der im Anhang A entwickelten Methode bestimme man die Ko-Dimension der Matrix (3.121) mit zwei Paaren von unterschiedlichen, rein imaginären Eigenwerten.

8 Quantitative Methoden der Beschreibung nichtlinearer und chaotischer Systeme

Bisher haben wir vornehmlich qualitative, geometrische Methoden zur Beschreibung dynamischer Systeme diskutiert. Im weiteren Verlauf sollen nun quantitative Größen zur Charakterisierung insbesondere chaotischer Systeme eingeführt werden. Bevor wir dazu die Begriffe *Chaos* und *chaotischer* oder *seltsamer Attraktor* definieren, müssen noch einige Vorbetrachtungen angestellt werden. Dazu erinnern wir noch einmal an einige Definitionen und Sätze aus Kapitel 3.

8.1 Der (Phasen-)Fluß autonomer Vektorfelder

Das n-dimensionale autonome, d.h. nicht explizit zeitabhängige, System gewöhnlicher Differentialgleichungen erster Ordnung

$$\dot{\mathbf{x}} = f(\mathbf{x}) \, , \, f(\mathbf{x}) \in C^r \, (r \geq 1) \, , \, \mathbf{x}(t_0) = \mathbf{x}_0 \, , \tag{8.1}$$

besitzt formal die von der Anfangsbedingung $\mathbf{x}_0$ abhängige Lösung

$$\mathbf{x}(t) = \Phi(t, \mathbf{x}_0) \, . \tag{8.2}$$

Man nennt diese Lösung den *Phasenfluß* oder einfach den *Fluß* des Systems (8.1). Sie kann als eine Abbildung verstanden werden, die die zeitliche Entwicklung des Systems (8.1) für alle Phasenpunkte in Abhängigkeit von der Anfangsbedingung $\mathbf{x}_0$ beschreibt (wobei für physikalisch sinnvolle Systeme der Phasenfluß beschränkt und zeitlich unbegrenzt ist).

BEMERKUNG:
Für den Phasenfluß des Vektorfeldes $f(\mathbf{x})$ findet man in der Literatur statt $\Phi(t, \mathbf{x}_0)$ auch häufig die Bezeichnung $\Phi_t(t, \mathbf{x}_0)$.

Betrachtet man eine benachbarte, infinitesimal kleine Störung des Systems (8.1), also $\mathbf{x}(t) = \Phi(t, \mathbf{x}_0) + \varepsilon \, \mathbf{y}(t)$ mit $\varepsilon \ll 1$, so gilt für die Störfunktion $\mathbf{y}(t)$ die Differentialgleichung

$$\dot{\mathbf{y}} = J(\Phi(t, \mathbf{x}_0)) \, \mathbf{y} \, . \tag{8.3}$$

Sie ist die Linearisierung von (8.1) bezüglich der Lösung (8.2) und wird als Gleichung der ersten Variation dieses Systems bezeichnet. $J(\Phi(t, \mathbf{x}_0))$ ist die Funktional- oder Jacobi-Matrix des Systems. (8.3) ist i.a. ein nicht-autonomes (d.h. explizit zeitabhängiges) System von n linearen Differentialgleichungen.

BEMERKUNG:
Ist das System (8.1) linear, so stimmen (8.3) und (8.1) überein, d.h. (8.3) ist dann ebenfalls autonom.

Die Lösung des linearen Systems lautet formal

$$\mathbf{y}(t) = \Psi(t, \mathbf{x}_0)\, \mathbf{y}_0 \ \text{ mit } \ \mathbf{y}_0 = \mathbf{y}(t_0)\ , \ \ \text{d.h.} \ \ \Psi(t_0, \mathbf{x}_0) = \mathrm{Id} \ . \tag{8.4.1}$$

Falls (8.1) periodische Lösungen besitzt, so ist $\Psi(t, \mathbf{x}_0)$, die Fundamentalmatrix von (8.3), die Monodromie-Matrix (siehe Kapitel 4).

Die Lösung (8.4.1) mag i.a. nicht einfacher zu ermitteln sein als die für das Ausgangssystem (8.1), da keine allgemeinen Verfahren für die Lösung linearer gewöhnlicher Differentialgleichungen mit beliebigen zeitabhängigen Koeffizienten existieren. Setzen wir jedoch in (8.3) an Stelle einer beliebigen Anfangsbedingung $\mathbf{x}_0$ die Gleichgewichtslösung $\mathbf{x}(t) = \widehat{\mathbf{x}}$ (die $f(\widehat{\mathbf{x}}) = 0$ erfüllt), so hat die Jacobi-Matrix $J(\widehat{\mathbf{x}})$ von (8.3) nur konstante Elemente und (8.3) kann sofort integriert werden:

$$\mathbf{y}(t) = \exp\left\{ J(\widehat{\mathbf{x}})\, t \right\} \mathbf{y}_0\ , \ \ \mathbf{y}_0 = \mathbf{y}(0) \ . \tag{8.4.2}$$

Ist eine analytische Lösung von (8.3) nicht möglich, so bestimmt man die Matrix $\Psi(t, \mathbf{x}_0)$ numerisch.

Das ungestörte System hat (8.2) als Lösung, das infinitesimal gestörte verhält sich wie (8.4). Damit beschreibt die Matrix $\Psi(t, \mathbf{x}_0)$ das asymptotische Verhalten zweier infinitesimal benachbarten Trajektorien (der ungestörten, $\mathbf{x}(t)$, und der gestörten, $\mathbf{x}(t) + \varepsilon\, \mathbf{y}(t)$) als Funktion des Flusses $\Phi(t, \mathbf{x}_0)$. Für autonome Felder galt nun der folgende Satz (siehe Kapitel 3):

SATZ 3.1:
Ist $\mathbf{x}(t)$ Lösung des autonomen Feldes (8.1), so ist auch $\mathbf{x}(t+\tau)$ für alle $\tau \in \mathbf{R}$ Lösung von (8.1).   ✳

FOLGERUNG:
Wegen Satz 3.1 kann man bei autonomen Systemen o.B.d.A. den Anfangspunkt t_0 Null setzen.

BEMERKUNG:
Satz 3.1 gilt nicht im *nicht-autonomen* Fall, wie das folgende Gegenbeispiel zeigt: man betrachte das Vektorfeld

$$\dot{x} = t\, x\ , \ x(0) = x_0\ , \ x \in \mathbf{R}.$$

Es besitzt die Lösung

$$x(t) = x_0 \exp\left(\frac{t^2}{2}\right)$$

und man sieht sofort, daß

$$x(t) = x_0 \exp\left(\frac{(t+\tau)^2}{2}\right)$$

für $t \neq \tau$ nicht Lösung der Ausgangsgleichung ist.

Weiter gilt

SATZ 3.3:

Für jeden Anfangswert $\mathbf{x}_0 \in \mathbf{R}^n$ existiert nur *eine* Lösung von (8.1), die durch diesen Punkt geht.   ✵

FOLGERUNG:

Trajektorien des Systems (8.1) schneiden sich nicht.

8.2 Nicht-autonome dynamische Systeme

Nicht-autonome Systeme sind Systeme mit explizit zeitabhängigem Vektorfeld $f(\mathbf{x}, t)$ der Form

$$\dot{\mathbf{x}} = f(\mathbf{x}, t) \ , \ \mathbf{x} \in \mathbf{R}^n, \ f(\mathbf{x}, t) \in C^r \ (r \geq 1) \ , \ \mathbf{x}(t_0) = \mathbf{x}_0 \ . \tag{8.5}$$

Die Lösung, die zum Zeitpunkt t_0 durch $\mathbf{x}_0$ geht, wird in Analogie zum autonomen Fall mit $\Phi(t, \mathbf{x}_0, t_0)$ bezeichnet (Fluß des Vektorfeldes $f(\mathbf{x}, t)$); allerdings kann man nicht mehr wie dort o.B.d.A. den Anfangspunkt t_0 Null setzen. Ist die explizite Zeitabhängigkeit des Vektorfeldes nicht beliebig, sondern liegt in Form einer periodischen Funktion (mit Periode T, also $f(\mathbf{x}, t) = f(\mathbf{x}, t+T)$) vor, so läßt sich dies periodische nicht-autonome System n-ter Ordnung in ein autonomes System (n+1)-ter Ordnung überführen. Transformiert man nämlich in einem nicht-autonomen System (8.5) mit Periode T die Variable t mit Hilfe von

$$t = \frac{T}{2\pi}\,\theta \ ,$$

so erhält man das autonome System (n+1)-ter Ordnung

$$\dot{\mathbf{x}} = f(\mathbf{x}, \frac{T}{2\pi}\,\theta) \ , \tag{8.6a}$$

$$\dot{\theta} = \frac{T}{2\pi} \ . \tag{8.6b}$$

Dies neue autonome System hat die Periode 2π. Der Phasenraum des alten Systems (8.5) war der $\mathbf{R}^n$, der des neuen Systems (8.6) ist der zylindrische Raum $\mathbf{R}^n \mathrm{x} S^1$ (wobei $S^1 = [0, 2\pi)$ den Kreis bezeichnet). Wegen der 2π-Periodizität läßt sich dieser n-dimensionale Zylinder zum Torus schließen.

8.3 Zur Begriffsbildung bei chaotischen Systemen

Wir benötigen nun noch einige weitere Definitionen, wobei wir, wie bei den weiteren Betrachtungen, kontinuierliche dynamische Systeme und diskrete Abbildungen gleichzeitig behandeln wollen. Die für die diskreten Abbildungen gültigen Bemerkungen folgen denen für kontinuierliche dynamische Systeme in eckigen Klammern:

DEFINITION 8.1 (Invarianz):

Eine Menge $M \subset \mathbf{R}^n$ heißt *invariant* bezüglich des Vektorfeldes (8.1) [bzw. einer Abbildung $x \rightarrow g(x)$], wenn für alle $x \in M$ gilt, daß $\Phi(t, x) \in M$ für alle $t \in \mathbf{R}$ [bzw. daß $g^n(x) \in M$ für alle n].   ♣

DEFINITION 8.2 (Anziehende Menge):
Eine abgeschlossene, invariante Menge $M \subset \mathbf{R}^n$ heißt anziehende Menge, wenn es eine Umgebung U von M gibt mit der Eigenschaft, daß für alle $x \in U$ und $\Phi(t, x) \in U$ gilt, daß der Grenzwert $\Phi(t, x) \underset{t \to \infty}{\to} M$ ist [bzw. für alle $x \in U$ und $g^n(x) \in U$ gilt, daß $g^n(x) \underset{n \to \infty}{\to} M$ ist]. ♠

(Die Definitionen 8.1 und 8.2 sind die in Kapitel 3 eingeführten Definitionen 3.3 und 3.6). Weiter läßt sich die topologische Transitivität definieren:

DEFINITION 8.3 (topologische Transitivität, Attraktor):
Eine abgeschlossene invariante Menge M heißt *topologisch transitiv*, wenn für zwei beliebige offene Mengen $U \subset M$ und $V \subset M$ gilt, daß für alle $t \in \mathbf{R}$ gilt, daß $\Phi(t, U) \cap V \neq \varnothing$ ist [bzw. für alle $n \in \mathbf{N}$ gilt, daß $g^n(U) \cap V \neq \varnothing$ ist]. Eine topologisch transitive, anziehende Menge heißt *Attraktor*. ♠

Dies bedeutet, daß eine anziehende Menge nicht bloß eine Ansammlung verschiedener Attraktoren ist, sondern daß alle Punkte der anziehenden Menge sich im Zeitverlauf (Fluß) einander beliebig nahe kommen (oder besser: die Trajektorie - der Fluß - sich mit wachsendem t jedem Punkt des Attraktors beliebig dicht annähert).

Für den Phasenfluß $\Phi(t, x)$ nehmen wir nun an, daß er für alle Zeiten $t > 0$ existiert und daß für $x \in G \subset \mathbf{R}^n$ gilt, daß $\Phi(t, x) \in G$. Dabei ist G eine bezüglich $\Phi(t, x)$ [bzw. g(x)] invariante, kompakte Menge. Für diskrete Abbildungen bedeutet dies, daß $g^n(x) \in G$ sein muß. Ist die Abbildung nicht umkehrbar, so muß $n \geq 0$ sein. Damit gilt folgende Definition:

DEFINITION 8.4 (Empfindliche Abhängigkeit von den Anfangsbedingungen):
Man sagt, der Phasenfluß $\Phi(t, x)$ [bzw. g(x)] besitze eine *empfindliche Abhängigkeit von den Anfangsbedingungen* in G, wenn es ein $\varepsilon > 0$ so gibt, daß für jedes $x \in G$ und eine beliebige Umgebung U von x ein $y \in U$ und ein $t > 0$ [bzw. $n > 0$] existiert mit $|\Phi(t, x) - \Phi(t, y)| > \varepsilon$ [bzw. $|g^n(x) - g^n(y)| > \varepsilon|$.

Mit anderen Worten: Für jeden Punkt $x \in G$ gibt es (mindestens) einen zu G beliebig nahen Punkt, der sich mit wachsendem t [bzw. wachsendem n] von x entfernt. ♠

Mit Hilfe dieser Definitionen läßt sich schließlich sagen, was man unter chaotischen Systemen versteht:

DEFINITION 8.5 (chaotisch, seltsamer Attraktor):
Ein System heißt *chaotisch* in G, wenn
i) der Fluß $\Phi(t, x)$ [bzw. g(x)] topologisch transitiv in G ist, und wenn
ii) der Fluß $\Phi(t, x)$ [bzw. g(x)] in G eine empfindliche Abhängigkeit von den Anfangsbedingungen besitzt.
Attraktoren chaotischer Systeme heißen *seltsame Attraktoren*. ♠

Mit Hilfe der Definition 8.5 ist es also theoretisch möglich, chaotische Systeme von nichtchaotischen zu unterscheiden. *Theoretisch* deshalb, weil es zwar einfach sein wird, zu entscheiden, ob ein System eine empfindliche Abhängigkeit von den Anfangsbedingungen besitzt oder nicht, es hingegen praktisch so gut wir unmöglich sein wird, die topologische Transitivität nachzuweisen. Grund für diese Schwierigkeit ist, daß der Beweis i.a. nur schwer zu führen sein wird, daß der Fluß des Vektorfeldes für *alle* möglichen Anfangswerte topologisch transitiv ist. Als Gegenbeispiel genügte bereits *ein* stabiler Orbit auf dem Attraktor; ein solcher Orbit ist nicht topologisch transitiv, und damit ist ein solches System nach Definition 8.5 auch nicht mehr chaotisch.

Rigorose Beweise für Chaos und seltsame Attraktoren existieren erst für wenige Systeme: bei kontinuierlichen ist Chaos überhaupt erst für *einen* Attraktor, den Lorenz-Attraktor (und mit ihm verwandte Systeme) nachgewiesen; bei iterierten Abbildungen ist chaotisches Verhalten bewiesen für eindimensionale, nichtinvertierbare Abbildungen wie die logistische Parabel, hyperbolische Attraktoren zweidimensionaler Abbildungen und die Hénon-Abbildung (siehe Kapitel 2 oder Wiggins (1990)).

Diese Schwierigkeit, die topologische Transitivität eindeutig festzustellen, versucht man häufig dadurch zu umgehen, daß man Größen wie die Lyapunov-Exponenten, die fraktalen Dimensionen usw. des Attraktors untersucht. Allerdings ist die lange gehegte Vermutung, daß positiver Lyapunov-Exponent oder nicht-ganzzahlige Attraktor-Dimension notwendig für chaotisches Verhalten ist, für spezielle Beispiele mittlerweile erschüttert worden (siehe Wiggins (1990)). Allerdings ist die Wahrscheinlichkeit groß, daß diese Eigenschaften typisch für die meisten chaotische Systeme sind, und deshalb sollen die Verfahren zu ihrer Bestimmung hier eingeführt werden. Ein weiterer Grund für die Einführung und Diskussion dieser Größen ist auch die Tatsache, daß es sich dabei um quantitative Methoden handelt, also den bisher betrachteten qualitativ beschreibenden nun einige quantitativ messende Verfahren hinzugefügt werden.

Der zeitliche Verlauf chaotischer Systeme erscheint - und dies betrifft sowohl konkrete Systeme im Experiment als auch theoretische, durch Differenzen-, Differential- oder Integralgleichungen erzeugte numerische Zeitreihen - als regellos, als *stochastisch*. Daher ist es zunächst sinnvoll, die aus der Behandlung stochastischer Systeme bekannten Methoden wie Fourier- und Korrelationsanalyse zu ihrer Beschreibung zu benutzen. Fourier-Spektren chaotischer Signale ähneln denen des weißen Rauschens mit zusätzlich einzelnen, herausgehobenen definierten Frequenzanteilen; die Autokorrelationsfunktion zeigt typisch ein steiles Abfallen. Darüber hinaus existieren noch weitere quantitative Größen zur Charakterisierung chaotischer Systeme wie z.B. der Lyapunov-Exponent, gewisse fraktale (d.h. nicht-ganzzahlige) Dimensionen und Entropiegrößen, die im Folgenden diskutiert werden sollen. Diesen Größen ist die Invarianz bezüglich bestimmter Koordinatentransformationen eigen, eine übliche Forderung bei der Beschreibung physikalischer Systeme.

8.4 Der Lyapunov-Exponent

Die Idee der Lyapunov-Exponenten (die nach den üblichen Transskriptionsregeln eigentlich Ljapunow-Exponenten heißen müßten, wir hängen uns aber an die international eingeführte englische Transskription an) entstammt der Verallgemeinerung der Untersuchung der Eigenwerte der Jacobi-Matrix eines Systems an den Gleichgewichtspunkten (stationären Punkten) und der Floquet-Multiplikatoren. Mit ihrer Hilfe ist es möglich, die Stabilität stationärer, periodischer, quasi-stationärer und chaotischer Systeme zu bestimmen. Die Lyapunov-Exponenten sind dabei ein Maß für das Auseinanderlaufen der Trajektorien durch ursprünglich benachbarte Punkte, d.h. sie sind ein Maß für die Abhängigkeit des Systems von den Anfangsbedingungen. Geometrisch veranschaulichen läßt sich der Lyapunov-Exponent folgendermaßen (siehe Bild 8.1): man betrachtet zu einem Anfangszeitpunkt t_0 zwei Punkte x_0, $x_0+\varepsilon$ auf benachbarten Trajektorien mit Anfangsabstand $d(t_0) = \varepsilon$ [bzw. zwei Iterations-Startwerte bei diskreten Abbildungen mit Anfangsabstand $d(n=0) = \varepsilon$]. Nach Ablauf einer Zeitspanne T [bzw. nach N Iterationen] beträgt der Abstand der beiden Punkte auf den beiden Trajektorien $d(T) = \varepsilon \exp\{T\,\lambda(x_0)\}$ [bzw. $d(N) = \varepsilon \exp\{N\,\lambda(x_0)\}$]. Die Größe λ, die offensichtlich vom gewählten Startwert x_0 abhängt, heißt *Lyapunov-Exponent*. Es ist offensichtlich, daß sich für $\lambda < 0$ die beiden Punkte zueinander bewegen (asymptotische Stabilität), für $\lambda = 0$ ihren Abstand behalten (Lyapunov-Stabilität), und für $\lambda > 0$ auseinanderlaufen.

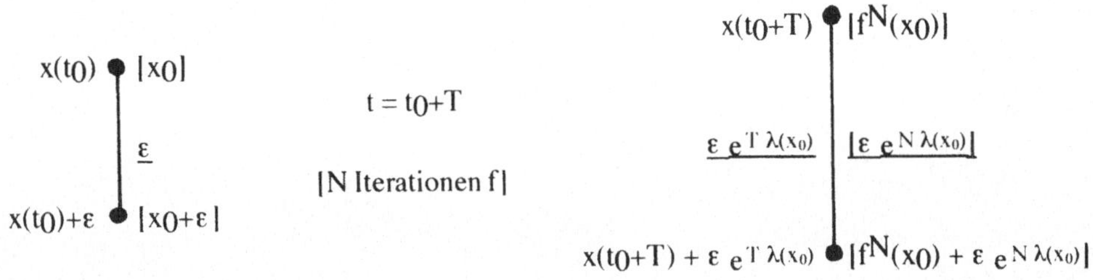

$$x(t_0) \;\bullet\; |x_0| \qquad\qquad t = t_0 + T \qquad\qquad x(t_0+T) \;\bullet\; |f^N(x_0)|$$

$$\varepsilon \qquad\qquad [N \text{ Iterationen } f] \qquad\qquad \varepsilon\, e^{T\,\lambda(x_0)} \quad | \varepsilon\, e^{N\,\lambda(x_0)} |$$

$$x(t_0)+\varepsilon \;\bullet\; |x_0+\varepsilon| \qquad\qquad x(t_0+T) + \varepsilon\, e^{T\,\lambda(x_0)} \;\bullet\; |f^N(x_0) + \varepsilon\, e^{N\,\lambda(x_0)}|$$

Bild 8.1 Zur Definition des Lyapunov-Exponenten für kontinuierliche [diskrete] Systeme

Für diskrete, eindimensionale Systeme existiert sogar eine besonders einfache Beziehung für den Lyapunov-Exponenten:

8.4.1 Lyapunov-Exponenten für diskrete, eindimensionale Systeme

Man betrachte zwei benachbarte Punkte x_0 und $x_0+\varepsilon$, die der Iteration $x_{n+1} = f(x_n)$ unterworfen werden. Nach N Iterationen ist der neue Abstand der beiden Punkte $d(x_0, \varepsilon)$; dieser ist abhängig vom Startwert x_0 und vom Anfangsabstand $\varepsilon > 0$. Setzt man den neuen Abstand formal an als

$$d(x_0, \varepsilon) = \varepsilon \exp\{N\,\lambda(x_0)\},$$

so ist der neue Abstand kleiner (größer) als der alte, wenn $\lambda(x_0)$ negativ (positiv) ist. Es ist also

$$|f^N(x_0+\varepsilon) - f^N(x_0)| = \varepsilon \exp\{N\,\lambda(x_0)\}$$

(f^N ist dabei die N-fache Ineinanderschachtelung der Abbildung f). Betrachtet man zwei infinitesimal benachbarte Startwerte ($\varepsilon \to 0$) und läßt die Anzahl der Iterationen ins Unendliche wachsen ($N \to \infty$), so strebt der Lyapunov-Exponent einem endlichen, konstanten Wert zu, der sich zu

$$\lambda(x_0) = \lim_{\substack{N \to \infty \\ \varepsilon \to 0}} \frac{1}{N} \ln \left| \frac{f^N(x_0+\varepsilon) - f^N(x_0)}{\varepsilon} \right| = \lim_{N \to \infty} \frac{1}{N} \ln \left| \frac{df^N(x_0)}{dx_0} \right| .$$

ergibt. Nun ist aber

$$\frac{df^N(x_0)}{dx_0} = \prod_{i=0}^{N-1} f'(x_i) ,$$

wie man durch vollständige Induktion sofort zeigen kann:

1. Für $N = 1$:
$$\frac{df(x_0)}{dx_0} = f'(x_0) .$$

2. Induktionsannahme:

$$\frac{df^{N-1}(x_0)}{dx_0} = \prod_{i=0}^{N-2} f'(x_i) \ .$$

3. Dann ist

$$\frac{df^{N}(x_0)}{dx_0} = \frac{df(f^{N-1}(x_0))}{dx_0} = f'(f^{N-1}(x_0)) \frac{df^{N-1}(x_0)}{dx_0} = f'(x_{N-1}) \prod_{i=0}^{N-2} f'(x_i) \ .$$

Damit folgt die Behauptung.

Für den Lyapunov-Exponenten eindimensionaler iterierter Abbildungen wird damit

$$\lambda(x_0) = \lim_{\substack{N \to \infty \\ \varepsilon \to 0}} \frac{1}{N} \ln \left| \prod_{i=0}^{N-1} f'(x_i) \right| = \lim_{N \to \infty} \frac{1}{N} \sum_{i=0}^{N-1} \ln | f'(x_i) | \ . \tag{8.7}$$

Graphische Darstellungen von parameterabhängigen Lyapunov-Exponenten für verschiedene 1-dimensionale Iterationen finden sich z.B. bei Plaschko und Brod (1989).

8.4.2 Lyapunov-Exponenten mehrdimensionaler Systeme

Zu Beginn dieses Abschnittes hatten wir gesehen, daß die Matrix $\Psi(t, x_0)$ (siehe (8.4)) das asymptotische Verhalten benachbarter Trajektorien kontinuierlicher Systeme beschreibt. Damit liegt es nahe, die (eindimensionalen) Lyapunov-Exponenten als Maß für dies Verhalten so zu definieren:

DEFINITION 8.6 (Lyapunov-Exponent kontinuierlicher Systeme):
Es sei x_0 eine beliebige, aber feste Anfangsbedingung des Systems (8.1) im $\mathbf{R}^n$. $\{e_i\}$ sei Basis im $\mathbf{R}^n$, und $\|\ldots\|$ sei die euklidische Norm. $\Psi(t, x_0)$ sei die Fundamentalmatrix von (8.3). Dann nennt man

$$\lambda_i(x_0) = \lim_{t \to \infty} \frac{1}{t} \ln \frac{\|\Psi(t, x_0) e_i\|}{\|e_i\|} , \ (i = 1, \cdots, n) , \tag{8.8a}$$

den *Lyapunov-Exponenten des Systems in i-Richtung*, falls dieser Grenzwert existiert. ♠

DEFINITION 8.7 (Lyapunov-Exponent kontinuierlicher Systeme):
Gleichwertig zu (8.8a) ist die Definition der Lyapunov-Exponenten kontinuierlicher Systeme durch

$$\lambda_i(x_0) = \lim_{t \to \infty} \frac{1}{t} \ln |m_i(t)| = \lim_{t \to \infty} \frac{1}{2t} \ln (m_i(t) \, m_i{}^*(t)) , \ (i = 1, \cdots, n) , \tag{8.8b}$$

wobei die $m_i(t)$ die Eigenwerte der Matrix $\Psi(t, x_0)$ sind. (Zur Äquivalenz dieser beiden Definitionen siehe Aufgabe 8.1). ♠

Addiert man sämtliche Lyapunov-Exponenten im $\mathbf{R}^n$, so erhält man

$$\sum_{i=1}^{n} \lambda_i(\mathbf{x}_0) = \lim_{t\to\infty} \frac{1}{t} \sum_{i=1}^{n} \ln |m_i(t)| = \lim_{t\to\infty} \frac{1}{t} \ln \prod_{i=1}^{n} |m_i(t)| = \lim_{t\to\infty} \frac{1}{t} \ln |\det \Psi(t, \mathbf{x}_0)| , \tag{8.9}$$

wobei noch benutzt wurde, daß det $\Psi(t, \mathbf{x}_0)$ dem Produkt der Eigenwerte von $\Psi(t, \mathbf{x}_0)$ gleich ist.

Für diskrete, mehrdimensionale iterierte Abbildungen der Form

$$\mathbf{x}_{n+1} = P(\mathbf{x}_n) \tag{8.10}$$

läßt sich der Lyapunov-Exponent analog zu (8.8a) definieren:

DEFINITION 8.8 (Lyapunov-Exponent diskreter Systeme):

Sei $\{\mathbf{x}_n\}_{n=0}^{\infty}$ eine Folge von Iterationspunkten des k-dimensionalen diskreten Systems (8.10) für einen beliebigen Startwert $\mathbf{x}_0$. $m_i(n)$ $(i = 1, \ldots, k)$ seien die Eigenwerte der Jacobi-Matrix des n-ten Iterationsschrittes, $J(P^k(\mathbf{x}_0))$. Dann nennt man

$$\lambda_i = \lim_{n\to\infty} \frac{1}{n} \ln |m_i(n)| \quad (i = 1, \cdots, k) , \tag{8.11}$$

falls dieser Grenzwert existiert, die *Lyapunov-Exponenten* der diskreten, k-dimensionalen Abbildung P. ♠

Die so ermittelten Lyapunov-Exponenten faßt man zusammen im Spektrum der Lyapunov-Exponenten $(\lambda_1, \lambda_2, \ldots, \lambda_n)$, nachdem die λ_i der Größe nach $(\lambda_i \geq \lambda_{i+1})$ geordnet wurden. Man erkennt aus ihrer Definition, daß die Lyapunov-Exponenten eine Verallgemeinerung des Begriffes des Eigenwertes der Jacobi-Matrix $J(\underline{x})$ an einem Fixpunkt $x(t) = \underline{x}$ sind.
Im allgemeinen wird die Bestimmung des Lyapunov-Exponenten nur numerisch möglich sein; für sehr einfache Systeme gelingt sie auch analytisch, wie das folgende Beispiel zeigt.

BEISPIEL (analytische Berechnung von Lyapunov-Exponenten):
Vorgelegt sei die allgemeine lineare Gleichung der erzwungenen Schwingung mit Dämpfung:

$$\frac{d^2x}{dt^2} + 2\,d\,\frac{dx}{dt} + \omega_0^2\,x = F_0 \cos \omega t \; ; \; x(0) = x_0 \; , \; \dot{x}(0) = x_0 . \tag{8.12}$$

Mit den Reskalierungsbeziehungen

$$x = \frac{F_0}{\omega_0^2}\,y \quad \text{und} \quad t = \frac{\tau}{\omega}$$

wird daraus

$$\frac{d^2y}{d\tau^2} + 2\,\delta\,\frac{dy}{d\tau} + \Omega^2\,y = \cos \tau \; ; \; y(0) = y_0 \; , \; \dot{y}(0) = \dot{y}_0 , \tag{8.13}$$

wobei noch $\delta = d/\omega$ und $\Omega = \omega_0/\omega$ gesetzt wurde. In kanonischer Darstellung lautet (8.13):

$$\begin{pmatrix} \dot{y}_1 \\ \dot{y}_2 \end{pmatrix} = \begin{pmatrix} 0 & 1 \\ -\Omega^2 & -2\delta \end{pmatrix} \begin{pmatrix} y_1 \\ y_2 \end{pmatrix} + \begin{pmatrix} 0 \\ \cos\tau \end{pmatrix} ; \quad \begin{pmatrix} y_1(0) \\ y_2(0) \end{pmatrix} = \begin{pmatrix} y_{10} \\ y_{20} \end{pmatrix} . \tag{8.14}$$

Dies zweidimensionale nicht-autonome System wird umgeschrieben als dreidimensionales autonomes:

$$\begin{pmatrix} \dot{y}_1 \\ \dot{y}_2 \end{pmatrix} = \begin{pmatrix} 0 & 1 \\ -\Omega^2 & -2\delta \end{pmatrix} \begin{pmatrix} y_1 \\ y_2 \end{pmatrix} + \begin{pmatrix} 0 \\ \cos y_3 \end{pmatrix} \tag{8.15}$$
$$\dot{y}_3 = 1$$

mit den Anfangsbedingungen

$$\begin{pmatrix} y_1(0) \\ y_2(0) \\ y_3(0) \end{pmatrix} = \begin{pmatrix} y_{10} \\ y_{20} \\ 0 \end{pmatrix} . \tag{8.16}$$

Die Matrix des zu (8.14) gehörenden homogenen Systems hat die Eigenwerte

$$k_{1,2} = -\delta \pm \sqrt{\delta^2 - \Omega^2} .$$

Die allgemeine Lösung des Systems (8.15) ist gegeben durch

$$\begin{pmatrix} y_1(\tau) \\ y_2(\tau) \end{pmatrix} = \begin{pmatrix} e^{k_1\tau} & e^{k_2\tau} \\ k_1 e^{k_1\tau} & k_2 e^{k_2\tau} \end{pmatrix} \begin{pmatrix} C_1 \\ C_2 \end{pmatrix} + \frac{1}{\gamma^2 + \rho^2} \begin{pmatrix} \gamma & \rho \\ \rho & -\gamma \end{pmatrix} \begin{pmatrix} \cos\tau \\ \sin\tau \end{pmatrix} ; \tag{8.17a,b}$$

$$y_3(\tau) = \tau + C_3 . \tag{8.17c}$$

mit den Abkürzungen $\gamma = \Omega^2 - 1$, $\rho = 2\delta$.

Berücksichtigt man noch die Anfangsbedingungen (8.16), so ergeben sich die drei Integrationskonstanten zu

$$C_1 = -\frac{1}{k_1 - k_2}\left[k_2\, y_{10} - y_{20} - \frac{k_2\,\gamma - \rho}{\gamma^2 + \rho^2} \right] , \tag{8.18a}$$

$$C_2 = \frac{1}{k_1 - k_2}\left[k_1\, y_{10} - y_{20} - \frac{k_1\,\gamma - \rho}{\gamma^2 + \rho^2} \right] , \tag{8.18b}$$

$$C_3 = 0 . \tag{8.18c}$$

Um die Abhängigkeit von den Anfangsbedingungen hervorzuheben, schreiben wir (8.15) in der Form

$$\begin{pmatrix} C_1 \\ C_2 \\ C_3 \end{pmatrix} = \frac{1}{k_1 - k_2} \begin{pmatrix} -k_2 & 1 & 0 \\ 1 & -k_1 & 0 \\ 0 & 0 & 1 \end{pmatrix} \begin{pmatrix} y_{01} \\ y_{02} \\ y_{03} \end{pmatrix} + \begin{pmatrix} c_{01} \\ c_{02} \\ 0 \end{pmatrix} . \tag{8.18'}$$

(8.17) und (8.18) beschreiben also den Phasenfluß des Systems (8.15) als Funktion der Zeit und der Anfangsbedingungen. Linearisiert man nun (8.15) entlang dieses Flusses, so ergibt sich analog zu den Überlegungen in Abschnitt 8.1 die Jacobi-Matrix

$$J = \begin{pmatrix} 0 & 1 & 0 \\ -\Omega^2 & -2\delta & -\sin y_3 \\ 0 & 0 & 0 \end{pmatrix} . \tag{8.19}$$

Einsetzen des Phasenflusses (8.17), (8.18) in (8.19) liefert mit (8.3) die Gleichung der ersten Variation

$$\begin{pmatrix} \dot{z}_1(\tau) \\ \dot{z}_2(\tau) \\ \dot{z}_3(\tau) \end{pmatrix} = J(\phi(\tau, y_0)) \begin{pmatrix} z_1(\tau) \\ z_2(\tau) \\ z_3(\tau) \end{pmatrix} = \begin{pmatrix} 0 & 1 & 0 \\ -\Omega^2 & -2\delta & -\sin\tau \\ 0 & 0 & 0 \end{pmatrix} \begin{pmatrix} z_1(\tau) \\ z_2(\tau) \\ z_3(\tau) \end{pmatrix} . \tag{8.20}$$

Man erhält als Lösung dieses linearen Systems

$$\begin{pmatrix} z_1(\tau) \\ z_2(\tau) \\ z_3(\tau) \end{pmatrix} = \Psi(\tau, y_0) \begin{pmatrix} z_{10} \\ z_{20} \\ z_{30} \end{pmatrix} , \tag{8.21a}$$

wobei die Matrix $\Psi(\tau, y_0)$ gegeben ist durch

$$\Psi(\tau, y_0) = \frac{1}{2\sqrt{\delta^2 - \Omega^2}} \begin{pmatrix} \Delta_1 & \Delta_2 & -\sigma_2\Delta_1 - \sigma_1\Delta_2 + 2\sqrt{\delta^2 - \Omega^2}\,(\sigma_1\sin\tau + \sigma_2\cos\tau) \\ -\Omega^2\Delta_2 & \Delta_3 & -\sigma_1\Delta_3 + \Omega^2\sigma_2\Delta_2 + 2\sqrt{\delta^2 - \Omega^2}\,(\sigma_1\cos\tau - \sigma_2\sin\tau) \\ 0 & 0 & 1 \end{pmatrix} .$$

(8.21b)

Die Abkurzungen Δ_i und σ_i sind definiert als

$$\sigma_1 = \frac{1 - \Omega^2}{\left(1 - \Omega^2\right)^2 + 4\delta^2} , \quad \sigma_2 = \frac{2\delta}{\left(1 - \Omega^2\right)^2 + 4\delta^2} , \tag{8.21c}$$

$$\Delta_1 = k_1 e^{k_2\tau} - k_2 e^{k_1\tau} , \quad \Delta_2 = e^{k_1\tau} - e^{k_2\tau} , \quad \Delta_3 = k_1 e^{k_1\tau} - k_2 e^{k_2\tau} . \tag{8.21d}$$

Keine Annahme wurde bisher über die Art des Schwingungssystems gemacht; der aperiodische Grenzfall ($|\Omega| = |\delta|$) muß allerdings getrennt betrachtet werden.

Als nächstes sind nun wir die drei eindimensionalen Lyapunov-Exponenten $\lambda_i(y_0)$ (wobei i = 1, 2, 3) des Systems (8.15) zu bestimmen, von denen einer explizit mit Hilfe von (8.8a) berechnet werden soll. Für i = 1 ist der Basisvektor $e_1 = (1, 0, 0)^T$. Damit wird

$$\Psi(\tau, \mathbf{y}_0)\,\mathbf{e}_1 = \frac{1}{2\sqrt{\delta^2 - \Omega^2}} \begin{pmatrix} \Delta_1 \\ -\Omega^2\,\Delta_2 \\ 0 \end{pmatrix} = \begin{pmatrix} \left(\dfrac{\delta}{\rho}\sin\rho\tau + \cos\rho\tau\right)e^{-\delta\tau} \\ -\dfrac{\delta^2 + \rho^2}{\rho}\sin\rho\tau\ e^{-\delta\tau} \\ 0 \end{pmatrix}$$

und

$$\frac{\|\Psi(\tau, \mathbf{y}_0)\,\mathbf{e}_1\|}{\|\mathbf{e}_1\|} = e^{-\delta\tau}\sqrt{\left[\frac{\delta}{\rho}\sin\rho\tau + \cos\rho\tau\right]^2 + \left[-\frac{\delta^2 + \rho^2}{\rho}\sin\rho\tau\right]^2}\ ,$$

d.h. man erhält für den ersten Lyapunov-Exponenten

$$\lambda_1(\mathbf{y}_0) = \lim_{\tau\to\infty} \frac{1}{\tau}\ln\frac{\|\Psi(\tau, \mathbf{y}_0)\,\mathbf{e}_1\|}{\|\mathbf{e}_1\|} = -\delta \quad . \tag{8.22}$$

Analog erhält man die beiden anderen Lyapunov-Exponenten

$$\lambda_2(\mathbf{y}_0) = -\delta \ , \quad \lambda_3(\mathbf{y}_0) = 0 \quad .$$

Dies Ergebnis läßt sich folgendermaßen interpretieren: δ ist der (dimensionslose) Dämpfungskoeffizient und damit üblicherweise positiv. Damit sind zwei Lyapunov-Exponenten negativ, einer ist Null, und der Attraktor kontrahiert in zwei Raumrichtungen und ist in der dritten neutral, d.h. der Attraktor ist ein 1-dimensionaler Grenzzyklus. Die Kontraktion des Systems (unabhängig von den Anfangsbedingungen, wie man den Lyapunov-Exponenten ansieht) ist um so stärker, je größer der Dämpfungsterm δ ist.   ❑

Eine analytische Berechnung der Lyapunov-Exponenten kontinuierlicher Systeme - wie gerade durchgeführt - ist allerdings nur für einfachste Systeme möglich. Im allgemeinen muß der Lyapunov-Exponent numerisch bestimmt werden.

8.4.3 Numerische Bestimmung der Lyapunov-Exponenten

Zur numerischen Bestimmung des Lyapunov-Exponenten betrachtet man (siehe Benettin et al. (1980)) das zeitliche Verhalten zweier nahe benachbarter Anfangspunkte x_0 und $\tilde{x}_0$, die nicht auf derselben Trajektorie liegen. Ihr ursprünglicher Abstand $d_0 = \|x_0 - \tilde{x}_0\|$ ändert sich nach Verstreichen eines kleinen Zeitintervalls t_ε zu $d_1 = \|x_1 - \tilde{x}_1\|$, wobei $x_1 = \Phi(t_\varepsilon, x_0)$ und $\tilde{x}_1 = \Phi(t_\varepsilon, \tilde{x}_0)$ gesetzt wurde. Zur Berechnung der Lyapunov-Exponenten wird diese Abbildung n-mal wiederholt, wobei die Werte x_{k+1} ($k = 1, ..., n$) exakt nach obigem Schema bestimmt werden, die $\tilde{x}_{k+1}$ aber jedesmal neu ermittelt werden, und zwar so, daß als Startwert nicht das $\tilde{x}_k$ genommen wird, sondern ein Startwert $\tilde{x}_k^0$, der auf der Verbindungslinie von x_k und $\tilde{x}_k$ liegt und von x_k den ursprünglichen Abstand d_0 hat (siehe Bild 8.2):

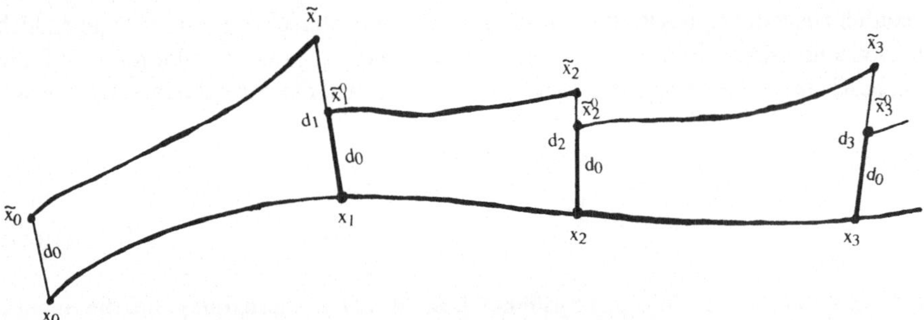

Bild 8.2 Zur numerischen Bestimmung des Lyapunov-Exponenten

Es gilt also für die nächsten Punkte:

$$x_2 = \Phi(t_\varepsilon, x_1) \ ; \ \tilde{x}_2 = \Phi(t_\varepsilon, \tilde{x}_1^0) \ ; \ d_2 = \|x_2 - \tilde{x}_2\| \ ;$$

$$x_3 = \Phi(t_\varepsilon, x_2) \ ; \ \tilde{x}_3 = \Phi(t_\varepsilon, \tilde{x}_2^0) \ ; \ d_3 = \|x_3 - \tilde{x}_3\| \ ;$$

Der zu ermittelnde Lyapunov-Exponent ergibt sich dann exakt als der Grenzwert

$$\lambda(x_0) = \lim_{t_\varepsilon \to 0} \lim_{d_0 \to 0} \lim_{N \to \infty} \sum_{k=1}^{N} \ln \frac{d_k}{d_0} \ ; \tag{8.23}$$

für die numerische Auswertung natürlich mit einer geeigneten Wahl des Zeitparameters t_ε und des Abstands d_0 und einem üblichen Abbruchkriterium für N. (8.23) ist im übrigen eine andere, alternative Darstellung des Lyapunov-Exponenten (8.8a), wie von Benettin et al. (1980) gezeigt.

8.4.4 Lyapunov-Exponenten und Attraktorvolumen

An Hand der nach der Größe geordneten Lyapunov-Exponenten ($\lambda_i \geq \lambda_{i+1}$; i = 1, ..., n) lassen sich jetzt die Attraktoren eines n-dimensionalen diskreten bzw. kontinuierlichen Systems, wie in Tabelle 8.1 gezeigt, folgendermaßen klassifizieren:

Asymptotisches Verhalten	*Lypunov-Exponenten*	*Attraktor (Dimension)*
Fixpunkt	$\lambda_i < 0$ (i = 1, ..., n)	Punkt (0)
periodisch subharmonisch	$\lambda_1 = 0, \lambda_i < 0$ (i = 2, ..., n)	geschlossene Kurve (1)
Quasiperiodisch (k-Torus, k ganzzahlig)	$\lambda_i = 0$ (i = 1, ..., k) $\lambda_i < 0$ (i = k+1, ..., n)	k-Torus (k)
chaotisch	$\lambda_i > 0$ (i = 1, ..., p) $\lambda_i = 0$ (i = p+1, ..., m) $\lambda_i < 0$ (i = m+1, ..., n) $\sum \lambda_i < 0$	seltsamer Attraktor (fraktal)

Tabelle 8.1 Vorzeichen der Lyapunov-Exponenten möglicher Attraktortypen

Für einen endlich ausgedehnten Attraktor eines dissipativen chaotischen Systems - und endlich
sind nichtchaotische und definitionsgemäß auch chaotische, seltsame Attraktoren - muß die
Kontraktion, beschrieben durch negative Lyapunov-Exponenten, die Ausdehnung überwiegen,
es muß also

$$\sum_{i=1}^{n} \lambda_i < 0$$

$$(8.24)$$

sein. Bei nicht-dissipativen (Hamilton-) Systemen besteht Volumenerhaltung und die Summe
aller Lyapunov-Exponenten ist Null. Zudem ist (mindestens) ein Lyapunov-Exponent Null, solange der Attraktor kein Fixpunkt ist. Daraus folgt sofort, daß ein kontinuierliches System mindestens die Dimension n = 3 haben muß, um deterministisch-chaotisches Verhalten zu besitzen.

Die relative Wachstumsrate eines infinitesimalen Vektors ist, wie wir gesehen haben, i.a.
bestimmt durch λ_1, den größten Lyapunov-Exponenten, die Wachstumsrate eines Flächenele-
ments analog durch $\lambda_1 + \lambda_2$, die Wachstumsrate eines Volumenelements durch $\lambda_1 + \lambda_2 + \lambda_3$ etc.
Die relative Wachstumsrate eines n-dimensionalen Volumenelements des Phasenraums ist daher
gleich der Summe aller Lyapunov-Exponenten, also

$$\frac{1}{V}\frac{dV}{dt} = \sum_{i=1}^{n} \lambda_i \ .$$

$$(8.25)$$

Ist nun die Jacobi-Matrix des Systems (8.1) konstant (bzw. asymptotisch konstant für $t \to \infty$),
so ist die Summe aller Lyapunov-Exponenten des autonomen Systems (8.1) der Flußgeschwin-
digkeit gleich, d.h. gleich der Lie-Ableitung von (8.1), und man kann das Volumen eines Attraktors mit Hilfe des Transporttheorems bestimmen (siehe Aufgabe 8.2): dort geht man aus von der
zeitlichen Änderung einer beliebigen Funktion F in einem mit dem Geschwindigkeitsfeld **v** be-
wegten Volumen V(t), also

$$\frac{d}{dt}\int_{V(t)} F\, dV = \int_{V(t)} \left(\frac{\partial F}{\partial t} + F\,\nabla\mathbf{v}\right) dV \ .$$

$$(8.26)$$

Nun interessiert nur die zeitliche Änderung des Attraktorvolumens, erzeugt von (8.1), also dem
Vektorfeld $f(\mathbf{x}, t)$: dazu setzen wir in (8.26) F = 1 und erhalten

$$\frac{dV(t)}{dt} = \int_{V(t)} \nabla\mathbf{v}\, dV \ .$$

Wegen $\mathbf{v} = \dot{\mathbf{x}}$ und (8.1) ergibt sich daraus

$$\frac{dV(t)}{dt} = \int_{V(t)} \sum_{i=1}^{n} \frac{\partial \dot{x}_i}{\partial x_i} dV \ .$$

$$(8.27)$$

Im Integranden von (8.27) steht also die Spur der Jacobi-Matrix von (8.1), die auch als die *Lie-
Ableitung* von (8.1) bezeichnet wird. Ist diese (asymptotisch) konstant, so gilt mit (8.25)

$$\sum_{i=1}^{n} \lambda_i = \sum_{i=1}^{n} \frac{\partial \dot{x}_i}{\partial x_i} \, , \tag{8.28}$$

d.h. bei Kenntnis der Lie-Ableitung eines n-dimensionalen autonomen Systems mit endlichem (chaotischen oder nichtchaotischen) Attraktor beschreiben n-2 Lyapunov-Exponenten das System vollständig (falls die Jacobi-Matrix noch von t abhängt, so gilt die letzte Beziehung erst asymptotisch, d.h. für $t \to \infty$).

BEISPIEL:
Der Lorenz-Attraktor ist gegeben durch

$$\dot{x} = Pr(y - x) \, ;$$
$$\dot{y} = rx - xz - y \, ;$$
$$\dot{z} = xy - bz \, . \tag{8.29}$$

Chaotisches Verhalten existiert z.B. für die Parameterwerte Pr = 10, r = 28, b = 8/3. Das System (8.29) besitzt die Lie-Ableitung

$$\frac{\partial \dot{x}}{\partial x} + \frac{\partial \dot{y}}{\partial y} + \frac{\partial \dot{z}}{\partial z} = - Pr - 1 - b \, ,$$

und damit wird aus (8.27)

$$\frac{dV(t)}{dt} = - (Pr + 1 + b) \, V(t) \, ,$$

also

$$V(t) = V_0 \, e^{- (Pr + 1 + b) \, t} \, .$$

Der Attraktor kontrahiert, und das unabhängig vom Chaos-Parameter r. Er hat also, trotz seiner nichtganzzahligen Dimension, die größer ist als die einer Fläche (siehe Abschnitt 8.7), das Volumen Null.

8.5 Die Autokorrelationsfunktion

Ein weiteres quantitatives Maß für die Beschreibung chaotischer Systeme ist die Autokorrelationsfunktion C. Sie ist ein Maß für die *Korrelation*, d.h. die 'Verbundenheit', den 'Zusammenhang' der Systemzustände als Funktion des zeitlichen Abstands τ dieser Zustände [bzw. der Anzahl m der zwischen diesen Systemzuständen liegenden Iterationen].

Damit ist folgendes gemeint: betrachtet man sämtliche Systemzustandspaare, die den zeitlichen Abstand τ haben [m Iterationen auseinander liegen], und bildet von jedem dieser Paare das Produkt (genauer: von deren jeweiliger Abweichung vom Mittelwert), so wird bei völlig regellosen, statistisch verteilten oder chaotischen Systemen dies Produkt jeden beliebigen Wert annehmen können, das Zeitintegral [die Summe] also Null sein, außer im Fall $\tau = 0$ [m = 0].

Mit sinkender Regellosigkeit, d.h. wachsender Ordnung des Systems, wächst der Betrag des Integrals und man definiert die Autokorrelationsfunktion C folgendermaßen:

8.5.1 Die Autokorrelationsfunktion diskreter Systeme

Der Mittelwert einer Abbildung $x_{n+1} = f(x_n)$ ist

$$\langle x \rangle = \lim_{N \to \infty} \frac{1}{N} \sum_{i=0}^{N-1} f^i(x_0) \ , \tag{8.30}$$

wobei wie üblich gilt, daß $f^0(x_0) = x_0$ und $f^k(x_0) = f(f^{k-1}(x_0))$. Die Abweichung der i-ten Iteration vom Mittelwert ist $f^i(x_0) - \langle x_0 \rangle$, und damit wird die Autokorrelationsfunktion $C(m)$ für diskrete Systeme definiert als

$$C(m) = \lim_{N \to \infty} \frac{1}{N} \sum_{i=0}^{N-1} \left(f^{i+m}(x_0) - \langle x \rangle \right) \left(f^i(x_0) - \langle x \rangle \right), \ \ m = 0, 1, 2, \dots . \tag{8.31}$$

$C(m)$ ist Null, wenn die Iterationen einer diskreten Funktion nicht korreliert sind (was bei chaotischen Systemen der Fall ist).

BEISPIEL:
Betrachten wir die Dreiecksabbildung

$$x_{n+1} = f(x_n) = \begin{cases} 2\,x_n & (0 \leq x_n \leq 1/2) \\ 2\,(1 - x_n) & (1/2 \leq x_n \leq 1) \end{cases} ,$$

so ergibt sich die Autokorrelationsfunktion zu

$$C(0) = \frac{1}{12}$$

bzw.

$$C(m) = 0 \ \text{für} \ m \neq 0. \qquad\qquad\qquad\qquad\qquad\qquad\qquad\qquad\qquad \square$$

8.5.2 Die Autokorrelationsfunktion kontinuierlicher Systeme

Der Mittelwert einer kontinuierlichen Funktion $f(t)$ wird - unter der Voraussetzung, daß $f(t)$ begrenzt ist - durch

$$\langle f(t) \rangle = \lim_{T \to \infty} \frac{1}{T} \int_0^T f(t)\, dt \tag{8.32}$$

ermittelt. Analog zum diskreten Fall definiert man die Autokorrelationsfunktion hier als

$$C(\tilde{t}) = \frac{\displaystyle\lim_{T\to\infty}\frac{1}{T}\int_0^T \Big(f(t+\tilde{t}) - \langle f(t)\rangle\Big)\Big(f(t) - \langle f(t)\rangle\Big)\,dt}{\displaystyle\lim_{T\to\infty}\frac{1}{T}\int_0^T \big[\,f(t) - \langle f(t)\rangle\,\big]^2\,dt}\;, \qquad (8.33)$$

wobei hier noch zusätzlich mit $C(0)$ normiert wurde. In beiden Fällen ist eine analytische Ermittlung der Autokorrelationsfunktion nur für sehr einfache Funktionen möglich; im Regelfall muß man sie numerisch bestimmen.

BEISPIEL:
Es sei $f(t) = \exp\{i\omega t\}$. Damit gilt, daß $<f(t)> = 0$ und nach kurzer Rechnung erhält man die Autokorrelationsfunktion

$$C(\tilde{t}) = e^{\,i\omega\tilde{t}}\;. \qquad\qquad \Box$$

Alternativ zur Autokorrelationsfunktion betrachtet man

8.6 Das Leistungsspektrum

Das wegen seiner natur- und ingenieurwissenschaftlichen Anwendungen vermutlich vertrautere Leistungsspektrum einer kontinuierlichen |oder diskreten| Funktion ist - bis auf einen Proportionalitätsfaktor - der Fourier-Transformation der im letzten Abschnitt eingeführten Autokorrelationsfunktion gleich, eine Aussage, die als Wiener-Khintchin-Theorem bekannt ist (siehe Bergé et al. (1986) und Aufgabe 8.3).

8.6.1 Das Leistungsspektrum diskreter Systeme

Die Fourier-Transformation einer diskreten (Zeit)-Reihe x_j ist definiert als

$$\hat{x}_k = \frac{1}{\sqrt{n}}\sum_{j=1}^{n} x_j \exp\left\{-\,i\,\frac{2\pi j k}{n}\right\} \quad (k = 1, \cdots, n)\;. \qquad (8.34a)$$

Dabei ist n die Anzahl der Iterationen (bei iterierten Abbildungen) bzw. die Anzahl der diskreten Funktionswerte (bei Zeitreihen). i ist die imaginäre Einheit.
    Man kann leicht zeigen, daß

$$\hat{x}_k = \hat{x}_{n-k}^{*}\;, \qquad (8.34b)$$

d.h. die Fourier-Transformation von x_j wird durch

$$x_j = \frac{1}{\sqrt{n}}\sum_{k=1}^{n} \hat{x}_k \exp\left\{i\,\frac{2\pi k j}{n}\right\}$$

geleistet. Damit läßt sich der Begriff des Leistungsspektrums einer diskreten Funktion definieren:

DEFINITION 8.9 (Leistungsspektrum):
Als *Leistungsspektrum* einer diskreten Reihe x_j bezeichnet man die Folge

$$S = \{S_k\}_{k=1}^n \ , \tag{8.35a}$$

wobei die S_k gegeben sind als

$$S_k = |\hat{x}_k|^2 = \hat{x}_k \, \hat{x}_k^* = \frac{1}{n} \sum_{j=1}^n \sum_{l=1}^n x_j \, x_l^* \exp\left\{i \frac{2\pi k}{n}(l-j)\right\} \ . \tag{8.35b}$$

Für reelle Reihen x_j reduziert sich (8.35b) auf

$$S_k = \frac{1}{n} \sum_{j=1}^n \sum_{l=1}^n x_j \, x_l \cos\left\{\frac{2\pi k}{n}(l-j)\right\} \ . \tag{8.35c} \ \spadesuit$$

Das Leistungsspektrum einer reellen, diskreten Funktion hat die Eigenschaft, daß $S_k = S_{n-k}$, d.h. die Hälfte des Informationsgehalts des Leistungsspektrums ist redundant. Dieser Informationsverlust entspricht dem Verlust an Information über die Phase einer Komponente x_j, da in (8.35b) nur Beträge betrachtet werden (siehe Aufgabe 8.4).

Ist die diskrete Reihe keine endliche, stroboskopische Zeitreihe, sondern eine iterierte Abbildung, so ist prinzipiell S_k für $n \to \infty$ zu betrachten und das Leistungsspektrum der iterierten Abbildung $\{x_n\}_{n=1}^\infty$ lautet

$$S = \{S_k\}_{k=1}^\infty \ ; \tag{8.35d}$$

dabei ist

$$S_k = \lim_{n\to\infty} \frac{1}{n} \sum_{j=1}^n \sum_{l=1}^n x_j \, x_l^* \exp\left\{i \frac{2\pi k}{n}(l-j)\right\} \ . \tag{8.35e}$$

8.6.2 Das Leistungsspektrum kontinuierlicher Systeme

Analog zum diskreten Fall bezeichnet man als das Leistungsspektrum $S(\omega)$ einer kontinuierlichen Zeitfunktion $f(t)$ das Betragsquadrat pro Zeiteinheit seiner Fourier-Transformierten bei unendlich langer Beobachtungsdauer ($T \to \infty$), also

$$S(\omega) = \lim_{T\to\infty} \frac{1}{T} \left| \int_{-T}^T f(t) \, e^{-i\omega t} \, dt \right|^2 \ . \tag{8.36}$$

Das Leistungsspektrum einer rein periodischen Funktion ist überall Null mit Ausnahme der Stelle der Grundfrequenz und ihrer Harmonischen (siehe Beispiel).

Eine quasiperiodische Funktion mit den n Grundfrequenzen ω_1, ..., ω_n ist verschieden von Null bei diesen Frequenzen und allen (positiven) ganzzahligen Linearkombinationen (und Null sonst).

Chaotische Spektren ähneln denen des weißen Rauschens mit darüber sich erhebenden Spitzen bei den n Grundfrequenzen, ihren Harmonischen und den (positiven) ganzzahligen Linearkombinationen.

BEISPIEL:

Gesucht: das Leistungsspektrum der Funktion $f(t) = H(t) \exp\{i\omega_0 t\}$, wobei die Heaviside-Funktion $H(t)$ gegeben ist durch

$$H(t) = \begin{cases} 0 & (t < 0) \\ \dfrac{1}{2} & (t = 0) \\ 1 & (t > 0) \end{cases} \qquad . \tag{8.37}$$

Die Fourier-Transformierte $F(\omega)$ von $f(t)$ ist

$$F(\omega) = \int_{-\infty}^{\infty} H(t)\, e^{i\omega_0 t}\, e^{-i\omega t}\, dt = \frac{i}{\omega_0 - \omega} \quad .$$

Damit ist das Leistungsspektrum der zum Zeitpunkt $t = 0$ eingeschalteten harmonischen Funktion

$$S(\omega) = \lim_{T \to \infty} \frac{1}{T} \frac{1}{(\omega_0 - \omega)^2} \quad .$$

Diese Funktion ist für alle Frequenzen Null mit Ausnahme von $\omega = \omega_0$. ❑

Ein weiteres Charakteristikum chaotischer Systeme ist ihre Selbstähnlichkeit und ihre fraktale Struktur. Während die Selbstähnlichkeit einer geometrischen Kurve, einer Zeitfunktion, einer Fläche, eines Attraktors etc. ein eher qualitativer Begriff ist, läßt sich die fraktale Struktur quantitativ fassen, wie gezeigt werden wird.

8.7 Fraktale Strukturen und Dimensionen

8.7.1 Selbstähnlichkeit und Selbstaffinität

Man bezeichnet ein Objekt als selbstähnlich, wenn ein (mit einem passenden Parameter vergrößerter, *reskalierter*) Teil dieses Objekts nicht vom Objekt selbst unterschieden werden kann. Diese Selbstähnlichkeit kann statistischer oder geometrischer Natur sein. Bei statistischer Selbstähnlichkeit liegt ein Signalverlauf (Zeitverlauf) vor, dessen statistische Eigenschaften im gesamten Betrachtungsbereich, beispielsweise Mittelwert oder Streuung, mit diesen Eigenschaften in Teilbereichen des Signals identisch sind (oder besser, da dies ja üblicherweise numerische Untersuchungen sind, diesen sehr nahe kommen). Bei geometrischer Selbstähnlichkeit ist der Verlauf einer Kurve, die Gestalt eines Körpers etc. und der Verlauf eines Teilbereichs der Kurve, die

Gestalt eines Teilbereichs des Körpers etc. nach entsprechender Reskalierung auf die Ausdehnung des Ursprungsobjekts (fast) nicht von dem Ursprungsobjekt zu unterscheiden, d.h. selbstähnliche Objekte besitzen keinen natürlichen Maßstab. Dabei versteht man unter *Reskalierung* eine Maßstabsänderung mit i.a. unterschiedlichen Maßstabsfaktoren für die verschiedenen Richtungen.

BEISPIEL (Logarithmische Spirale):
Geometrisch selbstähnlich ist die logarithmische Spirale. Sie ist in Polarkoordinaten r, φ definiert als

$$r(\varphi) = r_0 \, e^{\varphi \cot \alpha} \ . \tag{8.38}$$

$r(\varphi)$ ist der Abstand der Punkte der Spirale vom Koordinatenursprung, φ ist der Winkel des Ortsvektors dieser Punkte mit einer fest gewählten Achse. Der Parameter α, der Winkel zwischen diesem Vektor und der Spiralentangente, ist konstant, wie man leicht sieht. In kartesischen Koordinaten lautet (8.38):

$$\begin{pmatrix} x(\varphi) \\ y(\varphi) \end{pmatrix} = r_0 \, e^{\varphi \cot \alpha} \begin{pmatrix} \cos \varphi \\ \sin \varphi \end{pmatrix} \ .$$

Betrachten wir die Spirale in dieser Darstellung nach n Umläufen (n ganz, φ beliebig), so ist

$$\begin{pmatrix} x(\varphi+n2\pi) \\ y(\varphi+n2\pi) \end{pmatrix} = r_0 \, e^{(\varphi+n2\pi) \cot \alpha} \begin{pmatrix} \cos (\varphi+n2\pi) \\ \sin (\varphi+n2\pi) \end{pmatrix} = e^{n2\pi \cot \alpha} \begin{pmatrix} x(\varphi) \\ y(\varphi) \end{pmatrix} \ ,$$

d.h. der Radiusvektor eines jeden Punktes wird nur um einen festen Faktor $k = \exp \{n2\pi \cot \alpha\}$ gestreckt. Diese *Ähnlichkeitstransformation* überführt also die Kurve in sich selbst; sie ist selbstähnlich. $\qquad\qquad\qquad\qquad\qquad\qquad\qquad\qquad\qquad\qquad\qquad\qquad\qquad\qquad\qquad\qquad\qquad\quad$ ❑

GEGENBEISPIEL (Archimedische Spirale):
Die Archimedische Spirale $r(\varphi) = r_0 \, \varphi$, oder, in kartesischen Koordinaten,

$$\begin{pmatrix} x(\varphi) \\ y(\varphi) \end{pmatrix} = r_0 \, \varphi \begin{pmatrix} \cos \varphi \\ \sin \varphi \end{pmatrix},$$

ist nicht selbstähnlich, wie folgende Überlegung zeigt: für ihre Selbstähnlichkeit müßte eine Zahl $k > 0$ so existieren, daß bei Multiplikation mit k der Radiusvektor $(x, y)^T$ nur gestreckt, aber nicht gedreht wird, d.h. es muß einen Punkt $(x(\varphi_2), y(\varphi_2))^T$ geben, der aus einem Punkt $(x(\varphi_1), y(\varphi_1))^T$ hervorgeht vermittels

$$\begin{pmatrix} x(\varphi_2) \\ y(\varphi_2) \end{pmatrix} = k \begin{pmatrix} x(\varphi_1) \\ y(\varphi_1) \end{pmatrix}. \tag{8.39}$$

Dies führt für die Archimedische Spirale auf

$$r_0 \, \varphi_2 \begin{pmatrix} \cos \varphi_2 \\ \sin \varphi_2 \end{pmatrix} = k \, r_0 \, \varphi_1 \begin{pmatrix} \cos \varphi_1 \\ \sin \varphi_1 \end{pmatrix}.$$

Daraus folgt, daß $\tan \varphi_2 = \tan \varphi_1$, also $\varphi_2 = \varphi_1 + n\,\pi$ (n ganz) ist. Für $n \neq 0$ liefert dies jedoch einen Widerspruch, denn nach Einsetzen in $(x(\varphi_2), y(\varphi_2))^T$ erhält man

$$\binom{x(\varphi_2)}{y(\varphi_2)} = r_0\,(\varphi_1 + n\pi)\binom{\cos(\varphi_1 + n\pi)}{\sin(\varphi_1 + n\pi)} = \pm\binom{x(\varphi_1)}{y(\varphi_1)} + r_0\,n\pi\binom{\cos\varphi_1}{\sin\varphi_1}.$$

Das obere Vorzeichen gilt für gerades, das untere für ungerades n, aber in beiden Fällen ist der letzte Ausdruck nicht von der Form (8.39). Die Archimedische Spirale ist also nicht selbstähnlich. ❏

Wie schon gesagt, wird eine exakte Selbstähnlichkeit im geometrischen Sinne bei realistischen physikalischen Systemen wohl kaum anzutreffen sein; daher führt man den etwas schwächeren Begriff der Selbstaffinität ein. Selbstähnlichkeit und Selbstaffinität sind definiert durch

DEFINITION 8.10 (Selbstähnlichkeit):
Ein geometrisches Objekt heißt *selbstähnlich*, wenn ein Ausschnitt aus diesem Objekt nach isotroper (in allen Richtungen uniformer) Reskalierung kongruent zum ursprünglichen Objekt ist. ♠

DEFINITION 8.11 (Selbstaffinität):
Ein geometrisches Objekt heißt *selbstaffin*, wenn ein Ausschnitt aus diesem Objekt nach anisotroper (von der Richtung abhängiger) Reskalierung kongruent zum ursprünglichen Objekt ist. ♠

Selbstähnlichkeit ist eine Eigenschaft fraktaler Mannigfaltigkeiten, Selbstaffinität eine Eigenschaft multi-fraktaler Mannigfaltigkeiten. Diese Begriffe werden im folgenden Abschnitt eingeführt.

8.7.2 Fraktale, Hausdorff-Dimension

Die gerade definierte Selbstähnlichkeit ist offensichtlich eine Eigenschaft gewisser geometrischer Gebilde, und zwar auch relativ einfacher, stetiger Kurven, wie das Beispiel der logarithmischen Spirale zeigt. Im 19. Jahrhundert stieß man bei der Diskussion des Stetigkeitsbegriffs bei Funktionen auf gewisse pathologische Gebilde, deren zwei bekannteste hier noch einmal referiert werden sollen:

i) Der Cantor-Staub:
Man teilt eine Strecke (der Länge l_0) in n Teile und entfernt jede zweite Teilstrecke (außer den Randpunkten). Anschließend verfährt man mit jeder verbleibenden Teilstrecke genauso usw. Schließlich, nach unendlich vielen Schritten, besteht das Objekt aus auf der Ursprünglichen Strecke mit unterschiedlicher Häufigkeit verteilten Punkten, dem Cantor-Staub. Für $n = 3$ entsteht so schrittweise Bild 8.3.

Welche geometrische Dimension soll man nun dieser Menge unendlich vieler Punkte zuweisen? Eins, die Dimension der Ausgangsstrecke, oder Null, die Dimension eines einzelnen Punktes?

	k	l_k	$N(l_k)$
———————————————	0	1	1
———— ————	1	1/3	2
—— —— —— ——	2	1/9	4
— — — — — — — —	3	1/27	8

Bild 8.3 Die Cantor-Menge

ii) Die von Kochsche Kurve:

Wieder geht man von einer Strecke der Länge l_0 aus, wieder schneidet man das mittlere Drittel weg, entfernt es aber nicht, sondern verdoppelt es und setzt die vier Teilstrecken jetzt neu zusammen (siehe Bild 8.4). Anschließend verfährt man mit jeder der vier Teilstrecken genauso usw.

Nach unendlich vielen Schritten hat man ein Gebilde endlicher Ausdehnung und unendlicher Länge, da ja bei jedem Schritt ein Drittel der gerade vorhandenen Länge hinzugefügt wird. Außerdem besteht diese Kurve nur noch aus Knicken, ist also an keinem Punkt mehr stetig differenzierbar.

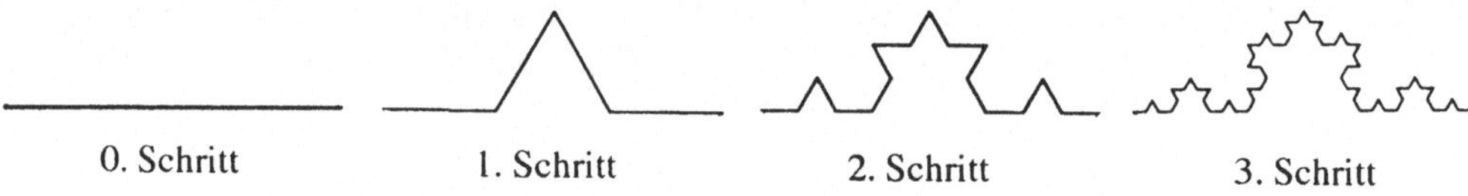

Bild 8.4 Die von Kochsche Kurve

Auch hier stellt sich die Frage nach der geometrischen Dimension des Objekts.

Betrachtet man die übliche topologische Dimension D_T, so hat der Cantor-Staub die Dimension $D_T = 0$, die Kochkurve die Dimension $D_T = 1$. Dabei gelten folgende Definitionen (siehe Hastings und Sugihara (1993)):

DEFINITION 8.12 (offene Kugel, Menge, Bedeckung):
Es sei $d(x, p) = |x-p|$ der Abstand zweier Punkte x, p im euklidischen Raum. Dann nennt man die Menge $K(p, r) = \{x: d(x, p) < r\}$ *offene Kugel* vom Radius r um den Punkt p. Diese Menge enthält also nur innere Punkte. Allgemeiner heißt jede Menge U, die nur innere Punkte enthält, *offene Menge*. Eine Familie offener Mengen, $\{U_j\}$, heißt *offene Bedeckung* von M, wenn M in der Vereinigungsmenge der offenen Mengen enthalten ist:

$$M \subset \bigcup U_j \, . \qquad \spadesuit$$

Nach diesen Vorbereitungen läßt sich die topologische Dimension definieren:

DEFINITION 8.13 (Verfeinerung, topologische Dimension):
Man betrachtet eine Familie offener Mengen U_j, z.B. Kugeln oder Boxen, die eine offene Bedeckung eines Objektes X bilden. Kann eine zweite offene Bedeckung gefunden werden , bei der jede offene Menge vollständig in einer offenen Menge der ursprünglichen offenen Bedek-

kung enthalten ist, so nennt man dies eine *Verfeinerung der offenen Bedeckung*. Erlaubt jede offene Bedeckung des Objekts eine Verfeinerung der offenen Bedeckung so, daß jeder Schnitt von mehr als D_T+1 unterschiedlichen offenen Mengen leer ist, so nennt man D_T die *topologische Dimension* des Objektes X.   ♠

BEMERKUNG:
D_T ist eine Anzahl von Mengen, d.h. D_T ist ganzzahlig.

Hausdorff (1919) hatte nun die Idee der Verallgemeinerung des bis dahin üblichen ganzzahligen Dimensionsbegriffs, so daß auch sehr allgemeine Mengen erfaßt werden können. Er ging aus von der Frage der 'Größe' einer im Euklidischen Raum eingebetteten Menge M und versuchte, diese Frage über die Bestimmung der Anzahl der offenen Kugeln zu beantworten, die nötig sind, um die Menge M zu bedecken, d.h. einzuschließen. Genauer:

DEFINITION 8.14 (Hausdorff-Dimension):
Man betrachte wieder die Bedeckung der Menge M durch offene Kugeln. Für jedes $r > 0$ sei $N(r)$ die kleinste Zahl offener Kugeln mit Radius r, die zur vollständigen Bedeckung von M nötig ist. Man kann zeigen, daß der Grenzwert

$$D_H = \lim_{r \to 0} \frac{\log N(r)}{\log r^{-1}} = -\lim_{r \to 0} \frac{\log N(r)}{\log r} \qquad (8.40)$$

existiert und nennt ihn *Hausdorff-Dimension* der Menge M.
Äquivalent dazu ist die Aussage, daß die Mindestanzahl der zur Bedeckung nötigen Kugeln, $N(r)$, invers proportional ist zu einer Potenz des Kugelradius r, also

$$N(r) \sim r^{-D_H} .$$ ♠

BEMERKUNG:
Man kann leicht zeigen, daß der Begriff der topologischen Dimension in dem der Hausdorff-Dimension enthalten ist.

Diese Überlegungen seien nun auf die beiden obigen Beispiele angewandt:

i) Cantor-Staub:
Nach dem ersten Schritt benötigt man zwei 'offene Kugeln' (die hier zu 1-dimensionalen Kugeln, also Strecken, ausarten). Die Länge jeder Strecke ist 1/3 der Ursprungslänge. Nach dem zweiten Schritt hat man 4 Strecken der Länge 1/9, und nach k Schritten 2^k Strecken der Länge $1/3^k$. Damit ergibt sich als Hausdorff-Dimension:

$$D_H = \frac{\log 2^k}{\log 3^k} = \frac{\log 2}{\log 3} = 0{,}63093\cdots .$$

ii) Koch-Kurve:
Hier hat man nach dem ersten Schritt 4 Strecken der Teillängen 1/3, nach zwei Schritten 16 Strecken der Teillängen 1/9, und nach k Schritten 4^k Strecken der Teillängen $1/3^k$. Damit ist die Hausdorff-Dimension

$$D_H = \frac{\log 4^k}{\log 3^k} = \frac{\log 4}{\log 3} = 1,26186\cdots \, ,$$

'zufällig' das doppelte des Wertes beim Cantor-Staub.

Wir sehen also, daß der Begriff der Hausdorff-Dimension - im Gegensatz zur topologischen Dimension - nicht-ganzzahlige Dimensionen geometrischer Objekte wie z.B. Kurven, Flächen etc. zuläßt und man definiert:

DEFINITION 8.15 (Fraktale Dimension, Fraktal):
Eine nicht-ganzzahlige Dimension heißt *fraktale Dimension*. Eine Mannigfaltigkeit heißt *Fraktal*, wenn sie selbstähnlich oder selbstaffin ist und fraktale Dimension hat.   ♠

BEMERKUNG:
Cantor-Menge und Koch-Kurve sind offensichtlich streng selbstähnlich.

Eine umfassende Darstellung der fraktalen Geometrie findet sich in der Monographie von Mandelbrot (1987). Eine gute mathematische Einführung bietet Feder (1988). Fraktale sind nicht nur von rein geometrischem, sondern auch von physikalischem Interesse, da die Zeitverläufe chaotischer Kurven ebenfalls fraktale Kurven sind.

8.7.2.1 Zufallsfraktale

Wir betrachten eine spezielle Zeitkurve, nämlich die der Brownschen Molekularbewegung, gegeben durch

DEFINITION 8.16 (Brownsche Bewegung):
Ein stetiger Vorgang $\{y(t)\}$ heißt zeitstetige Brownsche Bewegung, wenn für jedes Zeitintervall Δt gilt, daß die Zuwächse (Inkremente) $\Delta y(t) = y(t+\Delta t) - y(t)$
a) durch eine Gauß-Verteilung beschrieben werden;
b) der Mittelwert $<y(t)>$ Null ist;
c) die Varianz proportional zu Δt ist.
{die beiden letzten Punkte äquivalent zu der Forderung, daß sukzessive Zuwächse (Inkremente) $\Delta y(t)$ und $\Delta y(t+\Delta t)$ unkorreliert sein mögen}.   ♠

Die letzte Forderung c) bedeutet, daß

$$var(y(t_1) - y(t_0)) \sim |t_1 - t_0|$$

Damit sind die Zuwächse (Inkremente) vor und nach einer Reskalierung der Zeitachse, also

$$y(t_1) - y(t_0) \quad \text{und} \quad \frac{1}{\sqrt{\alpha}}(y(\alpha\, t_1) - y(\alpha\, t_0)) \, ,$$

statistisch selbstähnlich (selbstaffin), d.h. sie haben dieselben Verteilungsfunktionen für beliebige t_0 und t_1, solange $\alpha > 0$. Mit anderen Worten: die 'beschleunigte' Brownsche Bewegung $y(\alpha t)$ wird durch die Division durch $\sqrt{\alpha}$ selbstaffin reskaliert.

Wie bestimmt man nun die Hausdorff-Dimension der Brownschen Bewegung? Dazu verwenden wir wieder die Methode der Kugel-Überdeckungen und nehmen an, daß die Kurve der Brownschen Bewegung, $y(t)$, zwischen t_0 und t_1 durch n_0 Kugeln vom Radius r überdeckt wird. Nun halbieren wir diesen Radius und beachten, daß $y(t)$ und $y(2t)/\sqrt{2}$ dieselben statistischen Eigenschaften haben.

Wegen der Skalierungsinvarianz ändert sich das Amplitudenintervall (die Differenz zwischen maximaler und minimaler Amplitude) in der ersten Intervallhälfte, also von t_0 bis $(t_1-t_0)/2$, um den Faktor $1/\sqrt{2}$; dasselbe gilt natürlich auch im zweiten Amplitudenintervall. Für jedes Halbintervall benötigt man nun $2n_0/\sqrt{2}$ Kugeln vom Radius $r/2$ zur vollständigen Überdeckung; dies sind für das *gesamte* Ausgangsintervall n_1 Kugeln, wobei

$$n_1 = 2\,\frac{n_0}{\sqrt{2}} = 2^{3/2}\,n_0 \quad ,$$

d.h. nach k Halbierungen des Kugelradius benötigt man $n_k = 2^{3/2k}\,n_0$ Kugeln vom Radius $r_k = r_0/2^k$. Damit ergibt sich die fraktale Dimension der Brownschen Bewegung zu

$$D_H = \lim_{k \to \infty} \frac{\log\left(2^{3/2k}\,n_0\right)}{\log\left(2^k/r_0\right)} = 1{,}5 \quad .$$

VERALLGEMEINERUNG:
Gibt man die Forderung b) aus Definition 8.16 in der vorliegenden Form auf und postuliert allgemeiner, daß

$$\mathrm{var}\left(y(t_1) - y(t_0)\right) \sim \left|t_1 - t_0\right|^{2H}$$

ist, so erhält man mit analogen Überlegungen wie oben statistische Selbstähnlichkeit für $y(t)$ und $y(\alpha t)/\alpha^H$. Die fraktale Dimension dieser verallgemeinerten Brownschen Bewegung ist

$$D_H = 2 - H \quad .$$

H ist dabei der *Hurst-Exponent*; bei gewöhnlicher Brownscher Bewegung ist $H = 1/2$ (siehe Aufgabe 8.5).

Die Hausdorff-Dimension mit ihren Überdeckungen durch Kugeln ist ein Konzept, das im Prinzip funktioniert, aber relativ schwierig rechnerisch auszuwerten ist. Für praktische Zwecke ist es sinnvoll, statt ihrer praktikablere Begriffe wie Box-Dimension oder Selbstähnlichkeits-Dimension zu benutzen.

8.7.2.2 Multi-Fraktale

Die Definition des Begriffes *Fraktal* benutzte die Selbstähnlichkeit, von der wir wissen, daß sie zwar für mathematisch abstrakte Objekte wie z.B. Cantor-Menge oder Koch-Kurve zutrifft, in der Natur oder in nichtlinearen dynamischen Systemen aber eher nicht vorkommt. Daher hat man den Begriff der Selbstaffinität eingeführt. Wir setzen diesen nun an die Stelle der Selbstähnlichkeit in der Definition 8.15, d.h. wir lassen eine Richtungsabhängigkeit der Größe der Reskalierungsfaktoren zu, womit das betrachtete Objekt mehr als einen Längenmaßstab besitzt. Daher müssen wir den Begriff *Fraktal* modifizieren und führen den des *Multi-Fraktals* ein:

DEFINITION 8.17 (Multi-Fraktal):
Eine Mannigfaltigkeit heißt *Multi-Fraktal*, wenn sie selbstaffin ist und fraktale Dimension hat. ❑

Dies sei illustriert an einem einfachen Beispiel. Wir betrachten eine Variante der Cantor-Menge:

BEISPIEL (Cantor-Fläche):
An Stelle der Cantor-Menge, die als Grundelement die Strecke der Länge l_0 hatte, betrachten wir
hier als Grundelement eine Fläche des Inhalts F_0, der Länge l_0 und der Breite b_0. Man entfernt
wieder das mittlere Drittel, vergrößert aber gleichzeitig die Breite so, daß der Gesamtflächenin-
halt erhalten bleibt, d.h. die Breite nimmt um die Hälfte zu. Wie beim Cantor-Staub fährt man
jetzt weiter fort, wobei sich bei jedem Schritt k die Anzahl der Teile N_k verdoppelt, der einzelne
Flächeninhalt F_k halbiert, die Länge l_k jedes Teils auf ein Drittel sinkt und die Breite b_k auf das
Eineinhalbfache steigt (siehe Bild 8.5).

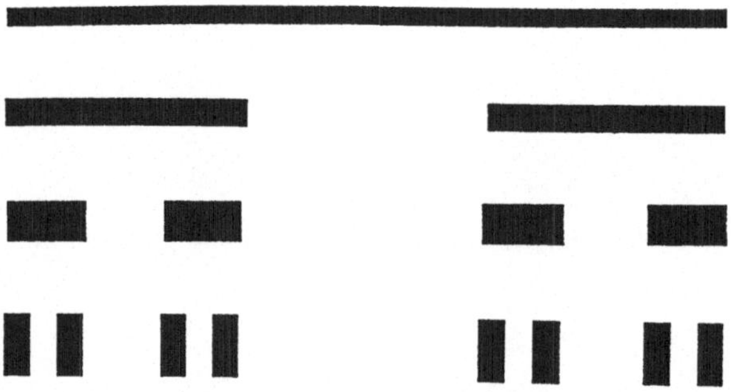

k	l_k	b_k	F_k	$N(l_k)$
0	1	1	1	1
1	1/3	3/2	1/2	2
2	1/9	9/4	1/4	4
3	1/27	27/8	1/8	8

Bild 8.5 Multi-Fraktale: Die Cantor-Fläche

Wie skalieren nun die l_k und b_k? Es gilt für die geometrischen Größen, daß

$$N_k = 2^k : \; l_k = l_0\, 3^{-k} \,, \quad b_k = b_0 \left(\frac{3}{2}\right)^k \,, \quad F_k = l_k\, b_k = l_0\, b_0\, 2^{-k} = F_0\, 2^{-k} \;.$$

Setzt man $F_k = (l_k)^\alpha$, so folgt nach kurzer Rechnung, daß

$$\alpha = \frac{\ln 2}{\ln 3} \,,$$

d.h. man erhält für die l_k das bekannte Skalierungsverhalten der Cantor-Menge. Wie skalieren
nun die b_k? Wir benutzen die Beziehung

$$b_k = \frac{F_k}{l_k} = l_k^{\alpha-1} \,,$$

d.h. sie skalieren mit $\alpha-1$ und es gilt

$$\lim_{k\to\infty} l_k = 0 \,, \; \text{und, da } \alpha-1 < 0, \; \lim_{k\to\infty} b_k = \infty \;.$$

Ganz offensichtlich liegt unterschiedliches Skalierungsverhalten in horizontaler und vertikaler Richtung vor: um die Mannigfaltigkeit in sich zu überführen, muß man horizontal mit α und vertikal mit $\alpha-1$ reskalieren.

α, der Reskalierungs-Exponent, trägt den Namen *Lipschitz-Hölder-Exponent*.   ❏

8.7.3 Selbstähnlichkeits-Dimension

Eine einfachere, praktikablere Definition als die der Hausdorff-Dimension ist abgeleitet aus der Beobachtung, daß bei selbstähnlichen Strukturen die Anzahl n der Teile der Länge s, in die man eine solche Struktur aufbrechen kann, gleich dem Kehrwert einer Potenz dieser Länge ist:

$$n = \frac{1}{s^{D_S}}, \quad \text{d.h.} \quad D_S = \frac{\log n}{\log 1/s} \ . \tag{8.41}$$

D_S heißt *Selbstähnlichkeits-Dimension*.

8.7.4 Box-Dimension

Die Vorgehensweise zur Bestimmung der Box-Dimension (engl. *box counting dimension*) sei erläutert am Beispiel einer ebenen Kurve: man legt ein Quadratgitternetz über die Kurve; die Seitenlänge der Quadrate ist l, ihre Anzahl ist N(l). Eine Untermenge von N(l), n(l), enthält die Kurvenpunkte, N(l)-n(l) Quadrate enthalten keine Kurvenpunkte. Nun verkleinert man l, damit steigt N(l) und man bestimmt n(l) neu. Bei einer glatten Kurve wird sich n(l) bei einer Halbierung von l verdoppeln, n(l) und 1/l sind also proportional und bei doppeltlogarithmischer Auftragung entsteht eine Gerade der Steigung eins. Trägt man bei einer nicht-glatten, fraktalen Kurve n(l) über 1/l doppeltlogarithmisch auf und versucht, eine Gerade durch die Punkte zu legen, so bezeichnet man die Steigung dieser Geraden als die Box-Dimension D_B:

Halbiert man z.B. die Kantenlänge bei jedem Schritt, so erhält man für die Seitenlängen 2^{-k} Zahlen $n(2^{-k})$, aus denen man - vorausgesetzt, man beobachtet wirklich eine Gerade - die Box-Dimension berechnen kann als

$$D_B = \frac{\log\left[n(2^{-(k+1)})\right] - \log\left[n(2^{-k})\right]}{\log 2^{k+1} - \log 2^k} = \frac{1}{\log 2} \log \frac{n(2^{-(k+1)})}{n(2^{-k})} = \text{ld} \frac{n(2^{-(k+1)})}{n(2^{-k})} \ . \tag{8.42}$$

ld ist dabei der logarithmus dualis, d.h. zur Basis 2.

BEMERKUNG:
Bei höherdimensionalen Mannigfaltigkeiten ist die Dimension zu erhöhen, z.B. man nimmt im 3-dimensionalen Raum an Stelle der Quadrate Kuben zu Bestimmung von D_B und verfährt entsprechend.

Man sieht leicht ein, daß auch hier für nicht-fraktale Mannigfaltigkeiten die Box-Dimension ganzzahlige Ergebnisse liefert (siehe Aufgabe 8.6).

Die bisher eingeführten Dimensionen waren rein geometrisch motiviert und sind für die Anwendung bei dynamischen Systemen nicht sehr praktikabel; daher wird man für solche Systeme besser handhabbare Dimensionsgrößen einführen. Es soll aber noch darauf hingewiesen werden, daß bereits diese rein geometrischen Dimensionen nicht immer übereinstimmen, sondern für gewisse Mannigfaltigkeiten zu unterschiedlichen Ergebnissen führen können.

Im Folgenden werden Dimensionen abgeleitet, die, im Gegensatz zu den obigen geometrischen, das Zeitverhalten eines dynamischen Systems ausnützen.

8.7.5 Die Informationsdimension

Die Informationsdimension D_I beschreibt die Häufigkeit oder Frequenz, mit der Punkte im Phasenraum angelaufen werden. Die Idee ist ähnlich der bei der Bestimmung der Hausdorff- und Box-Dimension: man überdeckt den Phasenraum mit n(r) Volumenelementen (Kugeln vom Radius r, Kuben der Seitenlänge r o.ä.) und bestimmt die relative Frequenz p_i, mit der die Trajektorie des dynamischen Systems dies i-te Element der Phasenraumüberdeckung anläuft. Damit ist die Informationsdimension D_I definiert als

$$D_I = \lim_{r \to 0} \frac{H(r)}{\ln r^{-1}} \; , \tag{8.43}$$

wobei

$$H(r) = - \sum_{i=1}^{n(r)} p_i \ln p_i \tag{8.44}$$

ist. Mit statistischer Thermodynamik oder Informationstheorie vertraute Leser werden H(r) als Entropie erkennen. p_i wird auch als das *natürliche Maß* des i-ten Elements, H(r) als *Shannonsches Informationsmaß* bezeichnet (Shannon und Weaver (1949)).

BEISPIEL (Cantor-Menge):
Dazu betrachten wir Bild 8.3: Bei k = 1, nach dem ersten Schritt, besteht die Cantor-Menge aus zwei Teilen, einem linken, L, und einem rechten, R. Bei k = 2 haben wir vier Teile: der bei k = 1 linke hat wieder einen linken, LL, und einen rechten, LR, und der bei k = 1 rechte hat einen linken, RL, und einen rechten, RR.

Diese Betrachtung wird fortgeführt und jedes Element der Cantor-Menge läßt sich nach dem k-ten Schritt eindeutig beschreiben durch ein 'Wort' mit k Buchstaben, bestehend aus L und R. Wenn die Wahrscheinlichkeit, bei k = 1 im linken (rechten) Unterintervall zu sein, $0 \le p_L \le 1$ (p_R, wobei $p_R = 1 - p_L$) ist, so ist die Wahrscheinlichkeit, sich (beispielsweise) bei k = 4 im Intervall [8/81, 9/81], also auf dem Element LLRR, zu befinden, $p_L\, p_L\, p_R\, p_R$. Damit erhält man als Informationsentropie (siehe Parker und Chua (1989))

$$S(r) = - p_L \ln p_L - p_R \ln p_R.$$

Üblicherweise nimmt man für ein solches geometrisches Problem Gleichwahrscheinlichkeit an, also $p_L = p_R = 1/2$, und damit erhält man für D_I denselben Wert wie für D_H:

$$D_I = \frac{-\frac{1}{2} \ln \frac{1}{2} - \frac{1}{2} \ln \frac{1}{2}}{\ln 3} = \frac{\ln 2}{\ln 3} \; .$$

Ist jedoch $p_L \ne p_R$, so ist stets $D_I < D_H$.   ❑

8.7.6 Korrelationsdimension

Die Korrelationsdimension D_K beruht ebenfalls auf der Untersuchung von Anlaufwahrscheinlichkeiten der Trajektorien in Unterbereichen des Phasenraums und ist definiert als

$$D_K = \lim_{r \to 0} \frac{\ln K(r)}{\ln r} \; ,$$

wobei $K(r)$ gegeben ist als

$$K(r) = \sum_{i=1}^{n(r)} p_i^2 \; . \tag{8.45}$$

Wie in 8.7.5 ist p_i die relative Frequenz, mit der eine Trajektorie das i-te Volumenelement anläuft.

   $K(r)$ ist, wie man zeigen kann, die Korrelationsfunktion, eigentlich definiert als

$$K(r) = \lim_{N \to \infty} \frac{1}{N^2} \sum_{\substack{j,k=1 \\ j \neq k}}^{N(r)} H(r - |\mathbf{x}_j - \mathbf{x}_k|) \; . \tag{8.46}$$

H ist die in (8.37) definierte Heaviside-Funktion. Damit zählt $K(r)$ diejenigen Punktepaare $(\mathbf{x}_j, \mathbf{x}_k)$, deren Abstand kleiner ist als ein vorgegebener Abstand r. Dabei sind die $\mathbf{x}_i$ (mit $i = 1$, ..., N) N Vektoren des n-dimensionalen Phasenraums mit den Komponenten

$$\mathbf{x}_i = (x(t_i), x(t_i + \tau), x(t_i + 2\tau), ..., x(t_i + (n-1)\tau))^T,$$

d.h. die Komponenten ergeben sich aus einer mit festem Zeitinkrement τ abgetasteten Zeitfunktion $x(t)$ bei variablem Anfangspunkt t_i. Begründung der Übereinstimmung von (8.45) und (8.46): falls N_i Punkte im i-ten Volumenelement liegen, dann ist

$$p_i = \lim_{N \to \infty} \frac{N_i}{N} \; .$$

Das Volumenelement (Kubus) hat die Seitenlänge r; damit haben die N_i Punkte höchstens den Abstand r voneinander. Die Anzahl n_i der Punktepaare im i-ten Volumen ist

$$n_i = N_i^2 - N_i \; ,$$

und die Korrelationsfunktion (8.46) ist

$$K(r) = \lim_{N \to \infty} \frac{1}{N^2} \sum_{i=1}^{N(r)} (N_i^2 - N_i) = \lim_{N \to \infty} \left[\sum_{i=1}^{N(r)} \frac{N_i^2}{N^2} - \sum_{i=1}^{N(r)} \frac{N_i}{N^2} \right] = \lim_{N \to \infty} \left[\sum_{i=1}^{N(r)} P_i^2 - \sum_{i=1}^{N(r)} \frac{N_i}{N^2} \right] = \sum_{i=1}^{\infty} P_i^2 \; .$$

BEISPIEL:
Wir betrachten wieder die Cantor-Menge. Dann gilt

$$D_K = \frac{\ln\left(p_L^2 + p_L^2\right)}{\ln 3^{-1}} \; .$$

Bei gleichen Wahrscheinlichkeiten ($p_L = p_R$) ergibt sich der bekannte Zahlenwert aus Abschnitt 8.7.2); bei $p_L \neq p_R$ ist die Korrelationsdimension kleiner als die Hausdorff-Dimension. ☐

8.7.7 Lyapunov-Dimension

Für das Lyapunov-Spektrum $\lambda_1 \geq \ldots \geq \lambda_n$ des Attraktors eines kontinuierlichen dynamischen Systems haben Kaplan und Yorke (1979) die Lyapunov-Dimension folgendermaßen definiert:

DEFINITION 8.18 (Lyapunov-Dimension):

Bestimmt man j als den größten Index, für den $\sum\limits_{i=1}^{j} \lambda_i \geq 0$ gilt, dann nennt man die Größe

$$D_L = j + \frac{\sum\limits_{i=1}^{j} \lambda_i}{\left|\lambda_{j+1}\right|} \tag{8.47}$$

die Lyapunov-Dimension des Attraktors. Existiert ein solches j nicht, so setzt man $D_L = 0$. ♠

Begründung:

Für den Attraktor eines n-dimensionalen Systems ist immer $\sum\limits_{i=1}^{n} \lambda_i < 0$, d.h. $j < n$. Z.B. ist für einen k-periodischen Vorgang der k-Torus der Attraktor und damit $D_L = k$ (siehe Aufgabe 8.7).

Bei chaotischen Vorgängen ist D_L immer nicht-ganzzahlig: betrachten wir z.B. ein 3-dimensionales chaotisches System, so gilt $\lambda_1 > 0$, $\lambda_2 = 0$, $\lambda_3 < 0$. Damit ist $j = 2$ und

$$D_L = 2 + \frac{\lambda_1}{|\lambda_3|} \; .$$

Da für Attraktoren $\sum \lambda_i = \lambda_1 + \lambda_3 < 0$ sein muß, also $|\lambda_3| > |\lambda_1|$, so ist D_L nicht-ganzzahlig.

Die Herleitung der Lyapunov-Dimension durch Kaplan und Yorke ist mathematisch nicht rigoros, daher soll ihr Zusammenhang mit der Hausdorff-Dimension durch eine Plausibilitätsbetrachtung begründet werden (siehe Bild 8.6):

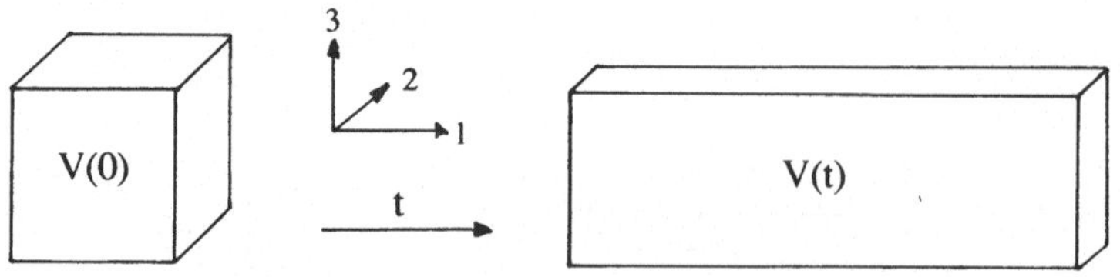

Bild 8.6 Verformung eines Würfels im Phasenraum 3-dimensionaler chaotischer Systeme: Expansion in 1-Richtung, Kontraktion in 2-Richtung, neutrales Verhalten in 3-Richtung

Wir betrachten 3-dimensionale Systeme wie z.B. den Lorenz-Attraktor (8.23) oder den Rössler-Attraktor, bei denen $\lambda_1 > 0$, $\lambda_2 = 0$ und $\lambda_3 < 0$ ist (mit Kontraktion des Attraktors, also $\Sigma \lambda_i < 0$). Ein zum Anfangszeitpunkt $t = 0$ würfelförmiges Testvolumen $V(0) = \varepsilon^3$ wird also in einer Raumrichtung gedehnt, in der zweiten nicht geändert und in der dritten gestaucht. Damit ist das Volumen zum Zeitpunkt t

$$V(t) = \varepsilon\, e^{\lambda_1 t}\, \varepsilon\, e^{\lambda_2 t}\, \varepsilon\, e^{\lambda_3 t} = \varepsilon^3\, e^{(\lambda_1+\lambda_3)t} \ .$$

Kürzeste Seitenlänge ist nun $s(t) = \varepsilon\,\exp(\lambda_3 t)$. Ist $N(t)$ die Anzahl der Würfel dieser Seitenlänge, die man benötigt, um zum Zeitpunkt t das Volumen $V(t)$ vollständig zu überdecken, also

$$N(t)\left(\varepsilon\, e^{\lambda_3 t}\right)^3 = \varepsilon^3\, e^{(\lambda_1+\lambda_3)t} \quad \text{oder} \quad N(t) = e^{(\lambda_1 - 2\lambda_3)t} \ ,$$

so erhält man damit als Hausdorff-Dimension

$$D_{II} = \lim_{t\to\infty} \frac{\ln N(t)}{\ln s^{-1}(t)} = \lim_{t\to\infty} \frac{(\lambda_1 - 2\lambda_3)\,t}{-\lambda_3\, t - \ln \varepsilon} = 2 + \frac{\lambda_1}{|\lambda_3|} \ .$$

BEMERKUNG:
Es soll allerdings nicht verschwiegen werden, daß dies in der Tat nur eine Plausibilitätsbetrachtung ist. Für ein n-dimensionales System mit Lyapunov-Spektrum $\lambda_1 \geq \ldots \geq \lambda_n$ überdeckt man das aus dem Volumen $V(0) = \varepsilon^n$ zum Zeitpunkt t entstandene Volumen $V(t) = \varepsilon^n \exp(\Sigma \lambda_i t)$ mit $N(t)$ n-dimensionalen Würfeln der Kantenlänge $s(t) = \varepsilon\,\exp(\lambda_n t)$, also den kleinstmöglichen. Für das Gesamtvolumen gilt

$$N(t)\left(\varepsilon\, e^{\lambda_n t}\right)^n = \varepsilon^n\, e^{\Sigma \lambda_i t} \quad \text{oder} \quad N(t) = e^{(\Sigma \lambda_i t - n\lambda_n)t} \ .$$

Man erhält die Hausdorff-Dimension

$$D_{II} = \lim_{t\to\infty} \frac{\ln N(t)}{\ln s^{-1}(t)} = \lim_{t\to\infty} \frac{\left(\sum_{i=1}^{n} \lambda_i - n\lambda_n\right)t}{-\lambda_n\, t - \ln \varepsilon} = \frac{\sum_{i=1}^{n} \lambda_i - n\lambda_n}{-\lambda_n} = n - 1 + \frac{\sum_{i=1}^{n-1} \lambda_i}{|\lambda_n|} \ , \tag{8.47'}$$

was nicht dasselbe ist wie (8.47).

Die Lyapunov-Dimension erweist sich der Box-Dimension überlegen bei Systemen hoher Dimension, wo das Zahlverfahren schnell zu aberwitzig großer Kastenanzahl führen kann.
Eine graphische Veranschaulichung des Lyapunov-Dimension eines n-dimensionalen Systems findet sich in Bild 8.7: hier sind die Größen μ_i, definiert durch

$$\mu_i = \sum_{k=1}^{i} \lambda_k \ ,$$

über i aufgetragen ($i = 1, 2, \ldots, n$). Es entsteht eine Kurve, aus der die Lyapunov-Dimension abgelesen werden kann.

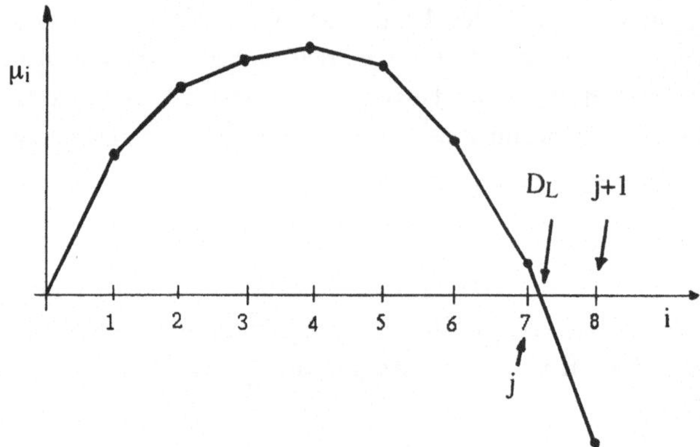

Bild 8.7 Graphische Ermittlung der Lyapunov-Dimension D_L.

8.7.8 Die Rényi-Dimension

Gewisse Überlegungen zur Verallgemeinerung bzw. Vereinheitlichung dieser Dimensionsbegriffe stammen von Rényi (1977): man ersetzt in (8.43) das Shannonsche Informationsmaß H(r) durch die verallgemeinerten Rényi-Informationen q-ter Ordnung $R_q(r)$, definiert durch

$$R_q(r) = \frac{1}{1-q} \, \mathrm{ld} \sum_{i=1}^{n(r)} p_i^q \quad (\text{mit } q \geq 0) \tag{8.48}$$

und definiert die Rényi-Dimension durch

$$D_{R_q} = \lim_{r \to 0} \frac{R_q}{\mathrm{ld}\, r^{-1}} \; . \tag{8.49}$$

Man sieht leicht, daß die Rényi-Dimension für verschiedene q auf bereits betrachtete Dimensionen führt:

q = 0:
Für q = 0 ergibt sich sofort, daß $R_0(r) = \mathrm{ld}\, n(r)$ ist und man erhält

$$D_{R_0} = \lim_{r \to 0} \frac{\mathrm{ld}\, n(r)}{\mathrm{ld}\, r^{-1}} \; .$$

Dies ist nichts anderes als die Hausdorff- und Box-Dimension.

q = 1:
Mit der Regel von de l'Hospital gilt, daß

$$\lim_{q \to 1} \frac{\mathrm{ld} \sum\limits_{i=1}^{n(r)} p_i^q}{1-q} = -\lim_{q \to 1} \frac{\sum\limits_{i=1}^{n(r)} p_i^q \ln p_i}{\sum\limits_{i=1}^{n(r)} p_i^q \ln 2} = -\lim_{q \to 1} \frac{\sum\limits_{i=1}^{n(r)} p_i^q \,\mathrm{ld}\, p_i}{\sum\limits_{i=1}^{n(r)} p_i^q} = \frac{-\sum\limits_{i=1}^{n(r)} p_i \,\mathrm{ld}\, p_i}{\sum\limits_{i=1}^{n(r)} p_i} = -\sum_{i=1}^{n(r)} p_i \,\mathrm{ld}\, p_i \; .$$

Dies ist wieder die Shannonsche Informationdimension, und es gilt $D_{R_1} = D_I$.

$q = 2$:

Wie man leicht sieht, sind für q = 2 Rényi- und Korrelationsdimension gleich: $D_{R_2} = D_K$.

Die Rényi-Informationen und damit die Rényi-Dimensionen sind fallende Funktionen (in Abhängigkeit vom Index q), d.h. es gilt $D_{R_q} \leq D_{R_p}$ für q > p (siehe Aufgabe 8.8). Falls die Rényi-Dimension monoton fällt, dann ist der Attraktor multi-fraktal (siehe 8.7.2.2). Damit hat man die Hierarchie von Dimensionen

$$D_H = D_{BC} \geq D_I \geq D_K \quad . \tag{8.50}$$

8.7.9 Die Kolmogorov-Entropie

Bei seinen Überlegungen zur Informationsänderung in komplexen Systemen ging Kolmogorov (1959) aus von (8.44), der Shannonschen Informationsentropie H(r). Diese läßt sich informationstheoretisch so interpretieren: man überdeckt den Phasenraum mit n Volumina. Dies können Kugeln sein, oder, besser und einfacher bei der üblichen kartesischen Darstellung, Kuben der Seitenlänge r.

H(r) ist die benötigte Information, um das betrachtete System in einem bestimmten Zustand i* zu finden, oder, mit anderen Worten: falls wir wissen, daß n Systemzustände mit den Wahrscheinlichkeiten p_i (i = 1, ..., n) auftreten können, wobei $\Sigma\ p_i = 1$, und wir stellen (z.B. durch Messung) fest, daß das Ereignis k eingetreten ist, so ist unser Zuwachs an Information H(r).

Die Kolmogorov-Entropie mißt nun die 'Chaotizität' eines Systems und ist ein Maß dafür, wie schnell Information über den Systemzustand verlorengeht. Dazu stellte Kolmogorov (1959) die folgenden Überlegungen an:

Man betrachtet die Trajektorie $\mathbf{x}(t)$ eines k-dimensionalen Systems und zerlegt den Phasenraum in Kuben i_l der Kantenlänge r und dem Volumen r^k. Der Systemzustand wird nun in diskreten Zeitabständen τ bestimmt. $P_{i_0 \ldots i_n}$ beschreibe nun die Wahrscheinlichkeit, daß sich die Trajektorie zum Zeitpunkt t = 0 in Kubus i_0, bei t = τ in i_1, und schließlich bei t = nτ in i_n befinde. Nach Shannon ist die Größe

$$S_n = -\sum_{i_0 \cdots i_n} P_{i_0 \cdots i_n} \log P_{i_0 \cdots i_n} \tag{8.51}$$

proportional zur Information, die man benötigt, um das System auf einer speziellen Trajektorie $i_0^* \cdots i_n^*$ mit einer gewissen Genauigkeit r, der Kubus-Abmessung, zu finden. Daher ist die Größe $S_{n+1} - S_n$ die benötigte Zusatzinformation, die man braucht, um den Kubus zu bestimmen, in dem sich das System im (nächsten) Zeitpunkt t = (n+1)τ befindet (bei Kenntnis der $i_0^* \cdots i_n^*$), d.h. daß die Größe $S_{n+1} - S_n$ den Informationsverlust in diesem Zeitintervall, von nτ bis (n+1)τ, mißt.

Kolmogorov definierte dann die *metrische Entropie* K, d.h. die durchschnittliche Informationsverlustrate, als den Grenzwert

$$K = \lim_{\tau, r \to 0} \lim_{N \to \infty} \frac{1}{N\tau} \sum_{n=0}^{N-1} (S_{n+1} - S_n) = -\lim_{\tau, r \to 0} \lim_{N \to \infty} \frac{1}{N\tau} \sum_{i_0 \cdots i_{N-1}} P_{i_0 \cdots i_{N-1}} \log P_{i_0 \cdots i_{N-1}} \quad . \tag{8.52}$$

Dabei wird der Grenzübergang für die Kubus-Abmessung r vor dem für die Zeitschrittanzahl N durchgeführt. Bei diskreten Zeitreihen entfällt der τ-Grenzübergang.

BEISPIEL:
Wir erläutern diese Begriffsbildung am Beispiel von allgemeinen, eindimensionalen Systemen mit unterschiedlichem Verhalten:

i) Reguläres Verhalten
Es sei ρ die Wahrscheinlichkeit, daß sich zwei benachbarte Trajektorien des Systems zum Zeitpunkt $t = 0$ im Kubus i_0 befinden. Dann ist die Wahrscheinlichkeit Eins, daß sie sich nach einer kurzen Zeitspanne τ gemeinsam im benachbarten Kubus i_1 befinden, und so fort. Es ist also

$$P_{i_0} = \rho, \quad P_{i_0 i_1} = \rho \cdot 1, \quad P_{i_0 i_1 i_2} = \rho \cdot 1 \cdot 1, \quad \text{etc.,}$$

und damit $K = 0$.

ii) Chaotisches Verhalten
In einem chaotischen System findet, wie wir gesehen haben, eine exponentielle Trennung der Trajektorien statt, d.h.

$$P_{i_0} = \rho, \quad P_{i_0 i_1} = \rho \, e^{-\lambda}, \quad P_{i_0 i_1 i_2} = \rho \, e^{-\lambda} e^{-\lambda}, \quad \text{etc.,}$$

und damit $K = \lambda > 0$.

iii) Stochastisches Verhalten
Hier sind alle Zustände gleichwahrscheinlich, d.h.

$$P_{i_0} = \rho, \quad P_{i_0 i_1} = \rho \, \rho, \quad P_{i_0 i_1 i_2} = \rho \, \rho \, \rho, \quad \text{etc.,}$$

und damit $K = - \log \rho \; (\to \infty)$. $\square$

Fall ii) legt die Vermutung nahe, daß die Kolmogorov-Entropie auch bei höherdimensionalen Systemen etwas mit den Lyapunov-Exponenten des Systems zu tun haben könnte. Dazu stellen wir folgende Betrachtung an: Negative Lyapunov-Exponenten beschreiben kontrahierendes, verschwindende Lyapunov-Exponenten beschreiben neutrales und positive Lyapunov-Exponenten beschreiben expansives Verhalten der Systemtrajektorien. Pesin (1977) hatte die einleuchtende Idee, das expansive Verhalten mit dem Informationsverlust zu identifizieren (und umgekehrt): dazu betrachtete er die Wahrscheinlichkeit $\rho(\xi)$, das System $\mathbf{x}(t)$ in einem Zustand ξ auf dem Attraktor zu finden. Er konnte zeigen, daß der Mittelwert über die Wahrscheinlichkeit, daß das System positive Lyapunov-Exponenten, $\lambda_i^+(\xi)$, besitzt, der Kolmogorov-Entropie gleich ist:

$$K = \int \sum_i \lambda_i^+(\xi) \, d\rho(\xi) \; . \tag{8.53}$$

Die Integration (Mittelung) erfolgt dabei über alle möglichen Startwerte (Zustände) ξ_0 des Systems. Sind die Lyapunov-Exponenten unabhängig von den Startwerten, so gilt, da das Integral über die Wahrscheinlichkeitsfunktion $\rho(\xi)$ Eins ist, daß

$$K = \sum_i \lambda_i^+(\xi) \; , \tag{8.53'}$$

d.h. die Kolmogorov-Entropie ist in diesem Fall gleich der Summe der *positiven* Lyapunov-Exponenten.

Wie wir gesehen haben, hat Kolmogorov seine Entropiegröße aus dem Shannonschen Informationsmaß H(r) hergeleitet, einer speziellen Form der verallgemeinerten Rényi-Information $R_q(r)$. Benutzt man diese, so erhält man die verallgemeinerte Kolmogorov-Entropie.

8.8 Rekonstruktion eines Attraktors aus einer Zeitreihe

Diese Betrachtung dient der Beschreibung eines Verfahrens, mit dem man aus der Kenntnis des Verhaltens einer einzigen Variablen eines n-dimensionalen Systems der Attraktor im Phasenraum rekonstruiert werden kann. Diese auf den ersten Blick erstaunliche Möglichkeit geht zurück auf Takens (1981) und spätere Arbeiten und ist besonders nützlich bei experimentell gewonnenen Zeitreihen n-dimensionaler Systeme, bei denen nicht alle n Zeitfunktionen gleichzeitig gemessen werden können oder wo n selbst nicht exakt bekannt ist. Diese Rekonstruktion der Trajektorie $\mathbf{x}(t) = (x_1(t), x_2(t), ..., x_n(t))^T$ aus *einer einzigen* Zeitreihe $x_k(t)$ ($1 \le k \le n$) reduziert zusätzlich den experimentellen Aufwand und Speicherbedarf bei der Untersuchung chaotischer Systeme erheblich.

Die Vorgehensweise ist dabei die folgende: Man wählt ein n, die *Einbettungsdimension* des Rekonstruktionsraumes, auf Grund gewisser Kenntnisse über das betrachtete System und bildet dann mit der diskreten Zeitreihe x(t), oben $x_k(t)$ genannt, die man zu N verschiedenen Zeitpunkten im Abstand τ kennt, die Vektoren

$$\xi_0(t) = (x(t_0), x(t_0+\tau), x(t_0+2\tau), \cdots, x(t_0+n\tau))^T \ ,$$

$$\xi_1(t+\tau) = (x(t_0+\tau), x(t_0+2\tau), x(t_0+3\tau), \cdots, x(t_0+(n+1)\tau))^T \ ,$$

$$\vdots$$

Die Vektoren $\xi_i(t_0+i\tau)$ sind nun die Diskretisierung des Attraktors: sie können zur graphischen Veranschaulichung des Attraktors und zur Bestimmung chaotischer Größen wie z.B. der fraktalen Dimension dienen.

Ist die Systemdimension n nicht genau bekannt, so muß zuvor noch eine weitere Betrachtung angestellt werden: man wählt ein n, das höchstens so groß ist wie die wirkliche Systemdimension, d.h. sicherheitshalber ein eher kleineres, z.B. n = 1, rekonstruiert den Attraktor über die Bildung der Vektoren $\xi_i(t+i\tau)$ und bestimmt die fraktale Dimension des rekonstruierten Attraktors. Dann vergrößert man n auf 2 und verfährt genauso. Ist die fraktale Dimension bei n = 2 dieselbe wie bei n = 1, so ist n = 1 die richtige Einbettungsdimension. Ändert sich die Dimension, so vergrößert man n weiter um 1 usw. Die richtige Einbettungsdimension n ist schließlich diejenige, bei der sich die fraktale Dimension bei Vergrößerung von n nicht mehr ändert.

Wahl von τ: Die Wahl von τ, dem Zeitinkrement der Rekonstruktion, ist unkritisch; allerdings sollte τ - wie immer bei der Diskretisierung zeitkontinuierlicher Systeme - nicht zu klein oder zu groß sein:

Ist τ zu klein, so unterscheiden sich aufeinander folgende Funktionswerte kaum und der Attraktor artet zur Diagonalen aus.

Ist τ zu groß, so erscheinen bei chaotischen Systemen aufeinander folgende Funktionswerte als unkorreliert und der Attraktor verliert seine Struktur.

Ist außerdem τ bei (multi-)periodischen Systemen zu nahe an einer Periode, so wird diese Periode in der Rekonstruktion unterrepräsentiert sein.

BEISPIEL:
Wir betrachten das 2-dimensionale System

$$\begin{pmatrix} \dot{x} \\ \dot{y} \end{pmatrix} = \begin{pmatrix} f_1(x,\,y) \\ f_2(x,\,y) \end{pmatrix}.$$

Zum Zeitpunkt t läuft die Trajektorie durch $\mathbf{x}(t) = (x(t),\,y(t))^T$, bei $t+\tau$ läuft sie durch $\mathbf{x}(t+\tau) = (x(t+\tau),\,y(t+\tau))^T$ und die Trajektorien können sich nicht schneiden, da deterministische Systeme eindeutig durch ihre Anfangsbedingungen bestimmt sind. Wir betrachten jetzt nur die Funktion $x(t)$ im Abstand τ und bestimmen

$$\xi_0(t) = \big(\,x(t),\,x(t+\tau)\,\big)^T \cdot$$
$$\xi_1(t+\tau) = \big(\,x(t+\tau),\,x(t+2\tau)\,\big)^T \cdot \quad \text{etc.}$$

Damit gilt für die Komponenten des Vektors $\xi_0(t)$ (und dazu analog für alle weiteren $\xi(t+n\tau)$):

$$\xi_{0x}(t) = x(t) \cdot$$
$$\xi_{0y}(t) = x(t+\tau) = x(t) + \int_t^{t+\tau} f_1(x(t'),\,y(t'))\;dt' \approx x(t) + \tau\,f_1(x(t),\,y(t))\ .$$

Man sieht: die Zeitfunktionen $x(t)$ und $y(t)$ sind nicht vollkommen unkorreliert, $x(t+\tau)$ hängt von $y(t)$ an einer früheren Stelle ab. Damit wird plausibel, daß der Informationsgehalt des durch $\mathbf{x}(t)$ beschriebenen Attraktors dem von $\xi(t)$ gleich ist und beide daher auch dieselben charakteristischen Dimensionen besitzen.

Diese letzten Überlegungen kann man sehr einfach am Beispiel des Kreises begründen: dieser hat die vektorielle Trajektorie

$$\begin{pmatrix} x(t) \\ y(t) \end{pmatrix} = \begin{pmatrix} r\cos t \\ r\sin t \end{pmatrix}\,,$$

die sich durch $x(t)$ allein darstellen läßt:

$$\xi(t) = \begin{pmatrix} \xi_1(t) \\ \xi_2(t) \end{pmatrix} = \begin{pmatrix} x(t) \\ x(t-\pi/2) \end{pmatrix} = \begin{pmatrix} r\cos t \\ r\cos(t-\pi/2) \end{pmatrix}\,. \qquad\qquad \square$$

Aufgaben

8.1 Zeigen Sie die Äquivalenz der beiden Beziehungen (8.8a) und (8.8b) für die Lyapunov-Exponenten.

8.2 Zeigen Sie, daß die Summe aller Lyapunov-Exponenten eines Systems gleich seiner Lie-Ableitung ist.

8.3 Zeigen Sie für diskrete und kontinuierliche Funktionen, daß das Leistungsspektrum proportional zur Fourier-Transformation ihrer Autokorrelationsfunktion ist (Wiener-Khinchin-Theorem).

8.4 Zeigen Sie, daß das Leistungsspektrum einer reellen, diskreten Reihe achsensymmetrisch ist.

8.5 Zeigen Sie, daß unter der Annahme, daß

$$\mathrm{var}(y(t_1) - y(t_0)) \sim |t_1 - t_0|^{2H}$$

ist, die verallgemeinerte Brownsche Bewegung die fraktale Dimension $D_H = 2 - H$ hat.

8.6 Zeigen Sie, daß nicht-fraktale Mannigfaltigkeiten ganzzahlige Box-Dimensionen haben.

8.7 Zeigen Sie, daß für die Lyapunov-Dimension D_L eines k-periodischen Vorgangs $D_L = k$ gilt.

8.8 Zeigen Sie, daß die Rényi-Dimension eine mit steigendem Index fallende Funktion ist.

Literatur

Allen, J. S., et al.: Chaos in a model of forced quasi-geostrophic flow over topography, J. Fluid Mech **236**, 1991, p. 511-547

Arneodo, A., Coullet, P., Tresser, C.: Oscillations with chaotic behavior: An illustration of a theorem of Shilnikov, J.Stat. Phys. **27**, 1982, p. 171-181

Arnold, V.I.: Ordinary Differential Equations, Cambridge: M.I.T. Press 1973

Arnold, V. I.: Geometrical Methods in the Theory of Ordinary Differential Equations, New York, Heidelberg, Berlin: Springer-Verlag 1983

Arnold, V.I., Avez, A.: Ergodic Problems in Classical Mechanics, New York: W.A. Benjamin 1961

Avetisov, V.A., Goldanskii, V.I., Kuz´min. V.V.: Handedness, origin of life and evolution, Phys. Today **44** No. 7, 1991, p. 33-41

Bartuccelli, M., Christiansen, P.L., Pedersen, N.F., Salerno, M.: "Horseshoe chaos" in the space-independent double Sine-Gordon system, Wave Motion **8**, 1986, p. 581-594

Benettin, G., Galgani, L., Giorgilli, A., Strelcyn, J.-M.: Lyapunov characteristic exponents for smooth dynamical systems and for Hamiltonian systems; A method for computing all of them. Part 1: Theory, Part 2: Numerical application, Meccanica **1 5**, 1980, p. 9-30

Bergé, P., Pomeau, Y., Vidal, Ch.: Order within Chaos, New York: John Wiley 1986

Bogdanov, R.I.: Versal deformations of a singular point on the plane in the case of zero eigenvalues, Functional Anal. Appl. **9**, 1975, p. 144-145

Bryuno, A.D.: Local Methods in Nonlinear Differential Equations. Part I: The Local Method of Nonlinear Analysis Of Differential Equations. Part II: The Sets of Analyticity of a Normalizing Transformation, New York, Heidelberg, Berlin: Springer-Verlag 1989

Carr, J.: Applications of Center Manifold Theory, New York, Heidelberg, Berlin: Springer-Verlag 1981

Coddington, E., Levinson, E. N.: Theory of Ordinary Differential Eqations, New York: McGraw Hill 1955

Devaney, R. L.: Blowing up singularities in classical mechanical systems, Amer. Math. Monthly **8 9**, 1982, p. 535-552

Doedel, E.: AUTO: Software forContinuation and Bifurcation Poblems in Ordinary Differential Equations, Pasadena, Cal.: CIT Press 1986

Dubrovin, B.A., Fomenko, A.T., Novikov, S.P.: Modern Geometry - Methods and Applications. Part I: The Geometry of Surfaces, Transformation Groups, and Fields, New York, Heidelberg, Berlin: Springer-Verlag 1984

Dubrovin, B.A., Fomenko, A.T., Novikov, S.P.: Modern Geometry - Methods and Applications. Part II: The Geometry and Topology of Manifolds, New York, Heidelberg, Berlin: Springer-Verlag 1985

Feder, J.: Fractals, New York: Plenum Press 1988

Fenichel, N.: Persistence and smoothness of invariant manifolds for flows, Indiana Univ. Math. J. **21**, 1971, p. 193-225

Franjione, J. G., Ottino, J. M.: Chaotic mixing in two continuous systems, Bull. Am. Phys. Soc. **32**, 1987, p. 2026

Gantmacher, F. R.: Theory of Matrices, Vol. I, New York: Chelsea 1977

Gantmacher, F. R.: Theory of Matrices, Vol. II, New York: Chelsea 1989

Goldstein, H.: Classical Mechanics, 2nd ed., Reading, MA.: Addison-Wesley 1980

Golubitsky, M., Schaeffer, D. G.: Singularities and Groups in Bifurcation Theory, Vol. I, New York, Heidelberg, Berlin: Springer-Verlag 1985

Golubitsky, M., Stewart, I., Schaeffer, D. G.: Singularities and Groups in Bifurcation Theory, Vol. II, New York, Heidelberg, Berlin: Springer-Verlag 1988

Guckenheimer, J., Holmes, P.: Nonlinear Oscillations, Dynamical Systems, and Bifurcation of Vector Fields, New York, Heidelberg, Berlin: Springer-Verlag 1983

Hale, J.K.: Ordinary Differential Equations, New York: Wiley-Interscience 1966

Hale, J., Koçak, H.: Dynamics and Bifurcations, New York, Heidelberg, Berlin: Springer Verlag 1991

Hastings, H.M., Sugihara, G.: Fractals, Oxford: Oxford U.P. 1993

Hausdorff, F.: Dimension und äußeres Maß, Math. Ann. **79**, 1919, p. 157-179

Hille, E.: Lectures on Ordinary Differential Eqations, Reading, Mass.: Addison-Wesley 1969

Hochstadt, H.: Differential Equations. A Modern Approach, New York: Dover Publications 1975

Holmes. C., Holmes, P. J.: Second order averaging and bifurcations to subharmonics in Duffing's equation, J. Sound Vibr. **78**, 1981, p. 161-174

Holmes, P.J., Marsden, J.E.: A partial differential equation with infinitely many periodic orbits: chaotic oscillations of a forced beam, Arch. Rat. Mech. Anal. **76**, 1981, p. 135-166

Holmes, P.J., Marsden, J.E.: Melnikov's method and Arnold diffusion for perturbations of integrable Hamiltonian systems, J. Math. Phys. **23**, 1982, p. 669-675

Holmes, P. J., Marsden, J. E.: Horseshoes in perturbations of Hamiltonian systems with two degrees of freedom, Comm. Math. Phys. **82**, 1982, 523-544

Holmes, P.J., Marsden, J.E.: Horseshoes and Arnold diffusion for Hamiltonian systems on Lie groups, Indiana Unlv. Math. J. **32**, 1983, 273-310

Hubbard, J.H., West, B.H.: MacMath, New York, Heidelberg, Berlin: Springer-Verlag 1991

Jackson, A.: Perspectives of Nonlinear Dynamics, Cambridge: Cambridge University Press 1993

Jenkins, E.A.: Perspectives of Nonlinear Dynamics, Cambridge: Cambridge U.P. 1991

Joseph, D.D., Sattinger, D.H.: Bifurcating time-periodic solutions and their stability, Arch. Rational Mech. Anal. **45**, 1983, p. 79-108

Kaplan, J.L., Yorke, J.A.: Chaotic behavior of multidimensional difference equations. In: Peitgen, H.-O., Walter, H.-O. (ed.s): Functional difference equations and approximation of fixed points, Berlin: Springer-Verlag, Lect. Notes in Mathematics **730**, 1979, p. 228-237

Koçak, H.: Differential and Difference Equations through Computer Experiments (2nd ed.), New York, Heidelberg, Berlin: Springer-Verlag 1989

Kolmogorov, A.N.: Über die Entropie zur Zeit Eins als metrische Invariante von Automorphismen (in russ.) Dokl. Akad. Nauk SSSR **124**, 1959, p. 754

Kubicek, M., Marek, M.: Computational Methods in Bifurcation Theory and Dissipative Structures, New York, Heidelberg, Berlin: Springer-Verlag 1988

Lewis, D., Marsden, J.: A Hamiltonian-dissipative decomposition of normal forms of vector fields, Univ. of California, Berkeley, 1989

Lichtenberg, A.J., Lieberman, M.A.: Regular and Stochastic Motion, New York, Heidelberg, Berlin: Springer-Verlag 1982

Lipschutz, S.: Linear Algebra, Schaum Outlines, New York: McGraw-Hill, 1991

Malik, S. K., Singh, M.: Chaos in Kelvin-Helmholtz instability in magnetic fluids, Physics of Fluids A **4**, 1993, p. 2915-2922

Mandelbrot, B.B.: Die fraktale Geometrie der Natur, Basel, Boston: Birkhäuser 1987

Melnikov, V. K.: On the stability of the center for time periodic perturbations, Trans. Mosc. Math. Soc. **12**, 1963, p. 1-57

Moser, J.: Stable and Random Motions in Dynamical Systems, Princeton: Princeton U.P., 1962

Nayfeh, A. H.: Introduction to Perturbation Techniques, New York: John Wiley 1981

Olver, P. J., Shakiban, C.: Dissipative decomposition of ordinary differential equations, Proc. Roy. Soc. Edinburgh Sect A **109**, 1988, p. 297-317

Ottino, J. M.: The Kinematics of Mixing: Stretching, Chaos and Transport, Cambridge: Cambridge U. P. 1990.

Parker, T.S., Chua, L.O.: Practical Numerical Algorithms for Chaotic Systems, Berlin, Heidelberg, New York: Springer-Verlag 1989

Peitgen, H.-O., Jürgens, H., Saupe.: Chaos and Fractals, Berlin, Heidelberg, New York: Springer-Verlag 1992

Pesin, Ja. B.: Characteristic Lyapunov exponent and smooth ergodic theory, Russian Math. Surveys **32**, 1977, p. 55-11

Plaschko, P., Berger, E., Brod, K.: Transition of flow induced cylinder vibrations to chaos, Nonlinear Dynamics **4**, 1993, p. 251-268

Plaschko, P., Berger, E., Peralta-Fabi, R.: Periodic flow in the near wake of straight circular cylinders, Phys. Fluids A **5**, 1993, p. 1718-24

Plaschko, P., Brod, K.: Höhere mathematische Methoden für Ingenieure und Physiker, Berlin, Heidelberg, New York: Springer-Verlag 1989

Rand, R.H., Armbruster, D.: Perturbation Methods, Bifurcation Theory and Computer Algebra, New York, Heidelberg, Berlin: Springer-Verlag 1987

Rényi, A.: Wahrscheinlichkeitstheorie, Berlin: Deutscher Verlag der Wissenschaften 1977

Rosenbaum, R.A.: Projective Geometry and Modern Analysis, Reading, Mass.: Addison-Wesley 1963

Saunders, P. T.: An Introduction to Catastrophe Theory, Cambridge: Cambridge U. P. 1985

Seydel, R.: From Equilibrium to Chaos, New York: Elsevier 1988

Shannon, C.E., Weaver, W.: The Mathematical Theory of Information, Urbana: University of Ill. Press 1949

Sotomayor, J.: Generic bifurcations of dynamical systems, in: Peixoto, M.M. (ed.): Dynamical Systems, New York: Academic Press, 1973

Sparrow, C.: The Lorenz Equations, New York, Heidelberg, Berlin: Springer-Verlag 1982

Steeb, W.-H.: A Handbook of Terms Used in Chaos and Quantum Chaos, Mannheim, Wien, Zürich: BI Wissenschaftsverlag 1991

Sternberg, S.: On local C^n contractions of the real line, Duke Math. J. **24**, 1957, p. 97-102

Sternberg, S.: Local contractions and a theorem of Poincaré, Amer. J. Math. **79**, 1957, p. 809-824
Sternberg, S.: On the structure of local homeomorphisms of Euclidian n-space, Amer. J. Math. **80**, 1958, p. 623-631

Takens, F.: Singularities of vector fields, Publ. Math IHES **43**, 1974, p. 47-100

Takens, F.: Detecting strange attractors in turbulence, In: Rand, D.A., Young, L.S. (ed.s): Dynamical Systems and Turbulence, Berlin: Springer-Verlag, Lecture Notes in Mathematics **898**, 1981, p. 366-81

Troger, H., Steindl, A.: Nonlinear Stability and Bifurcation Theory, Wien: Springer-Verlag 1991

Van Dyke, M.: Perturbation Methods in Fluid Dynamics, Stanford: Parabolic Press 1975

Wiggins, S.: Introduction to Applied Nonlinear Dynamical Systems and Chaos, New York, Heidelberg, Berlin: Springer-Verlag 1990

Wiggins, S.: Global Bifurcations and Chaos, New York, Heidelberg, Berlin: Springer-Verlag 1988

Wolfram, S.: Mathematica, Reading, Mass.: Addison-Wesley 1988

Sachwortverzeichnis

Abbildung   9-25
—, Bernoulli-   11, 12
—, Dreiecks-   202
—, flächenerhaltende   133-163
—, globale (Def.)   80
—, Hénon-   14-17
—, iterierte   3-25
—, logistische   12-14
—, lokale (Def.)   80
—, Poincaré-   17-25
—, Standard-   133-140
Äquivalenz   74
—, topologische   191
Anziehungsgebiet   36, 37
asymptotische Eigenschaften   35-37
asymptotische Methoden   116-131
Attraktor (Def.)   191
—, chaotischer   *s. seltsamer*
—, -Kontraktion   201
—, Lorenz-   192, 201
—, -Rekonstruktion   221, 222
—, seltsamer   191
—, -Volumen   199-201
Autokorrelationsfunktion   201-203
—, diskrete Systeme   202
—, kontinuierliche Systeme   202-203

Bewegung, subharmonische   102
Bifurkation   71-112, 133-186
—, dynamische   71
—, Flip-   77
—, globale   80, 182
—, heterokline   157
—, homokline   133-163
—, Hopf-   86-96, 106-111, 182-185
, Isola   167
—, lokale   71-112
—, mit höherer Ko-Dimension   166-185
—, quasi-statische   71
—, Periodenverdoppelungs-   13, 16, 102
—, Pitchfork-   80, 85, 86
—, Sattel-Knoten-   80-84
—, Scheitel-   175
—, Schmetterlings-   175
—, Schwalbenschwanz-   172
—, statische   71
—, subkritische   57, 85, 90, 94
—, superkritische   57, 85, 90, 94
—, transkritische   80, 84, 85
—, Verallg. der Grundtypen   166-168

Bifurkationsmenge   173
Bi-Periodizität   33, 127
Brownsche Bewegung   210, 211

Cantor-Fläche   212
Cantor-Menge (-Staub)   207-210
Chaos, deterministisches (Def.)   191

Diffeomorphismus (Def.)   31
Differentialgleichung
—, autonome   3
—, nicht-autonome   31
—, partielle   106-111
—, reduzierte   54-58
Dimension
—, Box-   213, 214
—, fraktale   207-219
—, Hausdorff-   207-210
—, Informations-   214
—, Kaplan-Yorke-   *s. Lyapunov-*
—, Korrelations-   215, 216
—, Lyapunov-   216-218
—, Rényi-   218, 219
—, Selbstähnlichkeits-   213
—, topologische   208, 209
Diskretisierung
—, Differentialgleichung   3, 9
Duffing-Oszillator   37, 128, 131, 164

Eichtransformation   180-182
Eigenvektor
—, dynamische Systeme   39-44
—, Jacobi-Matrix   5-7
—, verallgemeinerter   25-28
Eigenwert
—, algebraische Vielfachheit   25
—, dynamische Systeme   39-44
—, Jacobi-Matrix   5-7
—, semi-einfacher   25
—, verallgemeinerter   25-28
Einbettung   180-185
—, -sdimension   221
Einzugsgebiet eines Fixpunkts   44
Elementarkatastrophe   178
Empfindliche Abhängigkeit von den
Anfangsbedingungen   191
Entfaltung
—, miniversale   *s. universale*
—, universale   77, 78, 174-183
—, versale   175, 185, 186

Entropie
—, Informations- 214, 219
—, Kolmogorov- 219-221

Feigenbaum-Zahl 14
Fixpunkt (Def.) 1
—, elliptisch 136, 140
—, flächenerhaltende Abbildungen 135-140
—, hyperbolisch 10, 39
—, iterierte Abbildungen 3-9
—, Klassifikation 10, 11, 45-47
—, kontinuierliche Systeme 37-49
—, Lösungsverhalten nahe 40-45
—, parabolisch 136
—, stabil 7-9, 38-40
Fixpunkt-Theorem, Banachsches 4
Floquet
—, -Exponent 100-105
—, -Multiplikator 100-105
—, -Theorie 96-105
Fluß s. Phasenfluß
Fraktal 205-222
Fredholm-Alternative 92, 93, 105
Fundamental-Matrix s. Jacobi-Matrix

generisch 78
—, Polynom N-ten Grades 173
Grenzzyklus 19, 71, 86, 123, 127, 128

Hamilton-System 50-52
—, mit zwei Freiheitsgraden 158-162
—, periodisch gestörtes 133-163
—, schwach gestörtes 143-146, 158-162
Hartman-Grobman, Satz von 40
Hausdorff-Dimension s. Dimension
Heaviside-Funktion 205
Hénon-Abbildung s. Abbildung
heterokline Bahn 137
homokline Bahn 138, 147
homokline Koordinaten 148
Hopf, Theorem von, 88, 89
Hopf-Bifurkation s. Bifurkation
Hurst-Exponent 211
hyperbolischer Fixpunkt s. Fixpunkt

implizite Funktionen, Satz über 38
Informations-Dimension s. Dimension
Isola 167
Iteration 3-25
—, konjugierte 19, 20
—, Twist- 163
iterierte Abbildung

Jacobi-Matrix (Def.) 5
Jordan
—, -Blockform 5, 25-28
—, -Formen 25-28

KAM-Kurven 140
Kapazitäts-Dimension s. Dimension
Katastrophenpunkt 71
v. Kochsche Kurve 208
Ko-Dimension 65, 71
—, höhere 166-187
Kolmogorov-Entropie 219-221
Koordinaten, homokline 148

Landau-Ginzburg-Gleichung 115
Leistungsspektrum 203-205
—, diskrete Systeme 203, 204
—, kontinuierliche Systeme 204, 205
Lie-Ableitung 200, 201
Lindstedt-Poincaré-Entwicklung 90, 91
Linearisierungsmethode 5
Lipschitz-Bedingung 32
Lorenz-Gleichungen 14, 201
Lösung, stationäre 1
Lyapunov-Dimension s. Dimension
Lyapunov-Exponent 192-201
—, diskrete 1D-Systeme 193, 194
—, mehrdimensionale Systeme 194-198
—, numerische Bestimmung 198, 199
Lyapunov-Stabilität 34

Mandelbrot 210
Mannigfaltigkeiten
—, homokline 148
—, invariante 35, 137
—, Schnittpunkte von 138
—, zentrale 52-58
Melnikov
—, -Bedingung 140
—, -Funktion 149-157
—, -Kriterium 147-162
—, -Theorie 147-162
—, -Vektor 145
Menge
—, anziehende 36, 191
—, Cantor- 207-210
—, invariante 35, 190
—, nicht-wandernde 36
Methode
—, Linearisierungs- 5
—, Melnikov- 147-162
—, Mittelwert- 116-124
—, der Projektionen 89-96
—, Vielvariablen- 125-131
Mittelwertmethode 116-124
Modulo-Funktion 33
Monodromie-Matrix 98-104
Monome 59, 61
Multi-Fraktal 211-213

Nabelpunkt 176-178
Nichtlinearität

—, quadratische   166-168
—, quartäre   171, 172
—, kubische   168-171
Normalformen   58-68
—, von Bogdanov   62, 180
—, von Takens   62
—, -Theorem   60

Orbit   10
—, heterokliner   147
—, homokliner   147
—, periodischer   10
Orientierungserhaltung   21
Oszillator
—, nichtlinear gedämpfter   94-96
—, schwach nichtlinearer   120-124
—, ungedämpfter   131

Parameter, kritischer   71
Peixoto, Theorem von,   79
Pendel
—, einfaches   33, 142, 143
—, Doppel-   49, 51, 52
—, mit Reibung   47-49
—, mit zwei Freiheitsgraden   160-162
—, periodisch angeregtes   154-156
Periodenverdoppelung   13, 16, 102
Phasenebene   s. Phasenraum
Phasenfluß   32, 188-190
Phasenraum   33
Poincaré-Abbildung   s. Abbildung
Poincaré-Karten   20, 21
—, global   20, 21
—, lokal   20
—, Äquivalenz   21
—, Orientierungserhaltung   21
Poincaré-Birkhoff, Theorem von,   135, 136
Punkt
—, Bifurkations-   7
—, Katastrophen-   7
—, kritischer   7, 71
—, nicht-wandernder   36
—, Katastrophen-   7

Quelle   10

Reduktionsverfahren   159
reduzierte Differentialgleichung   54-56
—, Lösungsverhalten   55
Rényi-Dimension   s. Dimension
Reskalierung   206
Resonanz, Ordnung der   121

Sattelpunkt   10, 45-47
—, flächenerhaltende Abbildungen   137-139
—, hyperbolischer   135
Satz   s. Theorem

Schwalbenschwanz-Bifurkation   172
Selbstaffinität   205-207
Selbstähnlichkeit   15, 205-207
seltsamer Attraktor   s. Attraktor
Senke   10
Shilnikov-Phänomen   162, 163
sine-Gordon-Gleichung   114
—, Double-   164
Spirale   45-47
Stabilität
—, asymptotische   34
—, Fixpunkt diskreter Systeme   7
—, Fixpunkt von Schachtelungen   8
—, Lyapunov-   34
—, periodischer Lösungen   96-105
—, strukturelle   71, 72, 75-80, 173
Stabilitätstheorem   39
stroboskopische Beleuchtung   17
subkritisch   57, 85, 94
superkritisch   57, 85, 94
System
—, äquivalentes   74
—, autonomes   3, 188-190
—, konjugiertes   72
—, nicht-autonomes   31, 190
—, Potential-   175-178

Theorem
—, Banachsches Fixpunkt-   3
—, von Hartman-Grobman   40
—, von Hopf   88, 89
—, über implizite Funktionen   38
—, Mittelwert-   117
—, über Normalformen   60
—, von Peixoto   79
—, von Poincaré-Birkhoff   135, 136
—, Stabilitäts-   39
—, der Vielvariablen-Methode   127
—, über zentrale Mannigfaltigkeiten   54
topologische Äquivalenz   20, 40
topologische Transitivität   191
Torus   33, 49, 102, 103, 124
Transformation
—, Ähnlichkeits-   206
—, fast-identische   58, 64, 65
—, Fourier-   203-205
Transitivität, topologische   191
Twist-Iteration   163

van der Pol-Oszillator   45, 122, 127
—, verallgemeinerter   106-111
van der Pol-Transformation   121
Verzweigung   s. Bifurkation
Vielvariablenmethode   125-131

Windungspunkt   45-47
Winkelvariable   140-146

Wirbel, blinkende 156, 157
Wirkungsvariable 140-146
Wirrwarr, chaotischer 139

Zeitreihe, experimentelle 221, 222
Zentrum 45-47
Zufallsfraktal 210, 211